(4) **SI組立単位**(特別な名称をもつもの)*

物理量	名称	記号**	定義
力	ニュートン	N	$m\ kg\ s^{-2}$
圧力	パスカル	Pa	$m^{-1}\ kg\ s^{-2}\ (=N\ m^{-2})$
エネルギー	ジュール	J	$m^2\ kg\ s^{-2}$
仕事率	ワット	W	$m^2\ kg\ s^{-3}\ (=J\ s^{-1})$
電荷	クーロン	C	$A\ s$
電位, 起電力	ボルト	V	$m^2\ kg\ s^{-3}\ A^{-1}\ (=J\ C^{-1})$
電気抵抗	オーム	Ω	$m^2\ kg\ s^{-3}\ A^{-2}\ (=V\ A^{-1})$
コンダクタンス	ジーメンス	S	$m^{-2}\ kg^{-1}\ s^3\ A^2\ (=A\ V^{-1}=Ω^{-1})$

*本書に関係あるもののみを示す.
**すべて人名に由来する.

(5) **基本物理定数***

量	記号	値
真空中の光速度	c_0	$2.997\ 924\ 58 \times 10^8\ m\ s^{-1}$ (定義)
電気素量	e	$1.602\ 176\ 487 \times 10^{-19}\ C$
プランク定数	h	$6.626\ 068\ 96 \times 10^{-34}\ J\ s$
	$\hbar = h/(2\pi)$	$1.054\ 571\ 628 \times 10^{-34}\ J\ s$
アボガドロ定数	L, N_A	$6.022\ 141\ 79 \times 10^{23}\ mol^{-1}$
電子の静止質量	m_e	$9.109\ 382\ 15 \times 10^{-31}\ kg$
ファラデー定数	$F = Le$	$9.648\ 533\ 99 \times 10^4\ C\ mol^{-1}$
気体定数	R	$8.314\ 472\ J\ K^{-1}\ mol^{-1}$
		$= 8.205\ 746 \times 10^{-2}\ dm^3\ atm\ K^{-1}\ mol^{-1}$
		$= 8.314\ 472 \times 10^{-2}\ dm^3\ bar\ K^{-1}\ mol^{-1}$
セルシウス温度目盛におけるゼロ点	T_0	$273.15\ K$ (定義)
標準大気圧	P_0, atm	$1.013\ 25 \times 10^5\ Pa$ (定義)
理想気体の標準モル体積	$V_m = RT_0/P_0$	$2.241\ 399\ 5 \times 10^{-2}\ m^3\ mol^{-1}$
ボルツマン定数	$k = R/L$	$1.380\ 650 \times 10^{-23}\ J\ K^{-1}$
自由落下の標準加速度	g_n	$9.806\ 65\ m\ s^{-2}$ (定義)

*本書に関係あるもののみを示す.

化 学 熱 力 学

東京大学名誉教授
理学博士

原 田 義 也 著

（修 訂 版）

東 京 裳 華 房 発行

JCOPY 〈(社)出版者著作権管理機構 委託出版物〉

まえがき

　熱力学は物理学や化学の基礎を成しているばかりでなく，生命科学，宇宙物理学，工学などの諸分野で広く用いられている．さらに最近のエネルギー，資源，環境などの問題に関連してその重要性はますます増している．ところが，熱力学は難解なことでは定評のある学問である．その議論において，最初は熱や温度というわれわれの日常経験に根ざした概念が用いられるが，次第に準静的過程，可逆過程，不可逆過程などの抽象的な用語や概念が導入され，熱力学第二法則に至るとエントロピーという初学者にとって不可解な量が登場する．実際エントロピーという言葉は，その不可解さが魅力になるためか，最近では流行語として自然科学以外の分野でも濫用されている状態である．しかしながら，熱力学は本来第一法則と第二法則に基礎をおく整然たる理論体系であって，その用語や概念が正しく定義され適用されるならば，不可解さの入り込む余地がないはずのものである．

　本書は，熱力学の基本原理とその化学への応用（化学熱力学）を初学者にも理解できるように解説することを目的としている．そのため抽象的な用語や概念を導入するときは，実例を上げて詳しく説明するとともに，議論を展開する際に論旨の飛躍を極力避けることにした．また大学の初年級の読者にも読み通せるように，付録に偏微分についての解説を加え，本文中の式の誘導の過程も詳しく記してある．なお学生諸君の自習の便のため，章末の練習問題にやや詳しい解答を付した．

　化学熱力学の本は化学への応用に重点をおくあまり，熱力学の基本原理についての解説が不十分なものが少なくない．しかし基本原理についての理解が曖昧なままでは，新しい問題を考えるとき困難を生じたり，誤った結論を導くことになりやすい．この点を考慮して，本書では基本原理の解説にかなりのページ数を費している．特に状態量の性質（§ 2・1, § 7・2）および第二法則とエン

トロピー（§ 3·2〜§ 3·7）についてはやや冗長になる程度まで説明を加えた．このような方法は一見まわりくどいようであるが，化学熱力学の基礎を理解する上でかえって早道であると信じている．なお他書と異って，本書では化学平衡（4 章）を相平衡や溶液（5 章）の前に取り上げた．化学熱力学のもっとも大きい成果は，実際に化学反応の実験を行なうまでもなく，熱力学的データから反応の平衡定数を計算できることである．したがって本書を4章までゆっくり読んでいただければ，著者の意図の大半は達成されると考えている．

　本書は著者の東京大学教養学部における 15 年間にわたる講義を基にしてまとめたものである．その間に先輩や同僚諸氏に有益な示唆を与えられたことが少なくない．特に前川恒夫氏には，原稿を通読していただき，誤りや不適切な箇所を指摘していただいたことを深く感謝している．

　最後に本書は裳華房の遠藤恭平氏の御尽力と坂倉正昭氏の一方ならぬお世話によって完結したものである．これらの方々に厚く御礼申上げる．

　1984 年 11 月

著　者

目 次

1. 序 論

		頁			
§ 1·1	熱力学	1	§ 1·5	気体分子運動論	13
§ 1·2	状態量	4	§ 1·6	実在気体	19
§ 1·3	温度	5	§ 1·7	気体の液化	20
§ 1·4	理想気体	9	問題		23

2. 熱力学第一法則

§ 2·1	状態量の性質	25	§ 2·8	気体の熱容量	46
§ 2·2	仕事と熱	29	§ 2·9	相変化に伴う熱量	48
§ 2·3	熱力学第一法則	31	§ 2·10	反応熱	51
§ 2·4	準静的過程	35	§ 2·11	反応熱の温度依存性	57
§ 2·5	エンタルピー	38	§ 2·12	理想気体の断熱変化	59
§ 2·6	熱容量	40	問題		61
§ 2·7	Joule の法則	42			

3. 熱力学第二法則

§ 3·1	Carnot サイクル	63	§ 3·7	エントロピー	88
§ 3·2	熱力学第二法則	66	§ 3·8	エントロピーの計算	91
§ 3·3	可逆過程と不可逆過程	71	§ 3·9	エントロピーの分子論的意味	98
§ 3·4	熱機関の効率	76	§ 3·10	熱力学第三法則	102
§ 3·5	熱力学的温度	80	§ 3·11	標準エントロピー	104
§ 3·6	Clausius の式	84	問題		106

4. 自由エネルギーと化学平衡

§ 4·1	自由エネルギー	109	§ 4·7	質量作用の法則	128
§ 4·2	平衡条件	113	§ 4·8	標準生成 Gibbs エネルギー	134
§ 4·3	熱力学の関係式	114	§ 4·9	平衡定数の温度変化	138
§ 4·4	開いた系	119	§ 4·10	熱力学と平衡定数	141
§ 4·5	化学ポテンシャルの性質	122	問題		147
§ 4·6	理想気体の化学ポテンシャル	124			

5. 相平衡と溶液

§ 5・1 相　律 ……………150
§ 5・2 二成分系の相平衡 ……152
§ 5・3 Clapeyron-Clausiusの式 …157
§ 5・4 理想溶液 ………………161
§ 5・5 Raoult の法則 …………164
§ 5・6 部分モル量 ……………168
§ 5・7 希薄溶液 ………………171
§ 5・8 Henry の法則 …………174
§ 5・9 沸点上昇と凝固点降下 …175
§ 5・10 浸透圧 …………………180
§ 5・11 活　量 …………………183
問　題 ……………………191

6. 電解質溶液と電池

§ 6・1 電解質溶液の電離 ……193
§ 6・2 電解質溶液の電気伝導 …195
§ 6・3 弱電解質溶液 …………201
§ 6・4 強電解質溶液 …………205
§ 6・5 電池とその起電力 ……208
§ 6・6 半電池 …………………212
§ 6・7 電池の起電力と Gibbs
　　　　エネルギー ……………214
§ 6・8 標準電極電位 …………218
§ 6・9 起電力測定の応用 ……222
問　題 ……………………229

7. 付　録

§ 7・1 多変数関数の微分 ……232
§ 7・2 状態量の微分 …………236
§ 7・3 電気化学ポテンシャル …239
§ 7・4 電池の起電力 …………244

問題解答 ……………………………246
索　引 ………………………………254

1 序論

　熱力学は，熱的現象と力学的現象を統一的に説明しようとする立場から発達してきた学問である．本章では，はじめに現在の熱力学で取扱われる問題の概略を述べた．これに伴って，熱力学で使われるいくつかの用語を説明した．次に温度の概念を導入した後，理想気体，実在気体，気体の液化などについて解説した．

§1·1　熱力学

　はじめに，**熱力学**（thermodynamics）で用いるいくつかの用語を定義しておこう．われわれが熱力学で考察の対象とする部分を**系**（system）とよび，それ以外の部分を**外界**（surrounding）という．一般に，系と外界の間には物質やエネルギーの出入がある（図1·1）．系を二つに分けて，外界との間に物質の出入がある系を**開いた系**（open system），物質の出入がない系を**閉じた系**（closed system）という．閉じた系と外界との間では物質の出入はないが，エネルギーは出入し得る．閉じた系のうちで，外界との間にエネルギーの出入が

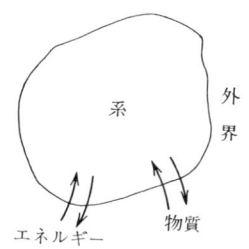

図1·1　系と外界

ない系，すなわち外界と全く交渉がない系を，**孤立系**（isolated system）という．

　われわれの経験によると，孤立系を長時間放置しておくと，最初系がどのような状態にあったとしても，終局的には巨視的*に見て一定の状態に到達する．この状態を**熱平衡状態**（thermal equilibrium state），または単に**平衡状態**

---

*　われわれの五感で感知できる現象を巨視的（macroscopic）現象という．これに対し原子，分子レベルでの現象を微視的（microscopic）現象という．

(equilibrium state) とよぶ．平衡状態においては，系の体積，温度，圧力などの巨視的量は一定値をとる．ただし系内の個々の原子や分子の運動は，平衡状態においても一定ではない．

例をあげよう．図 1·2 のように，ピストンのついた容器の中の気体を考える．われわれが熱力学でこの気体の性質を研究の対象とするとき，気体が系に，容器とそれを囲む空間が外界に相当する．ピストンを適当な位置に固定し，容器の壁を通しての外部からの影響を断っておくと，すなわちこの気体を孤立系にしておくと，気体は一定の状態（熱平衡状態）に達する（図 1·2 a）．この状態において，気体は一定の体積と圧力をもつ．ただし一定値をとるのは体積，圧力，密度，温度などの巨視的な量であって，気体分子は容器内で互いに衝突したり，容器の壁と衝突したりして，絶えず位置と速度を変えながら運動している．

図 1·2 気体の系. (a)：平衡状態, (b)：非平衡状態

逆にいうと，原子，分子のレベルでは，すなわち微視的な見地からは，複雑な運動状態にある気体も，これらの運動の総合的な結果である巨視的性質は一定となるのである．例えば §1·5 で述べるように，気体の圧力は分子が容器の壁に衝突してはね返されるとき，壁に与える力積として解釈されるが，個々の分子が壁に与える力積はさまざまな値をとるとしても，多数（6×10^{23} 個程度）の分子の衝突による平均的効果である圧力は，一定値をとるのである．

ただし上で述べたことは，気体が平衡状態にある場合にしか成立しない．例えば図のピストンを急に右方に引いた場合（図 1·2 b），気体のピストンに接した部分は真空に近くなる，すなわちこの部分で気体の密度は，ほぼ 0 となる．密度の値はピストンから離れるに従って増し，容器の左側の壁に接した部分では，ほぼ元と同じ値を示すであろう．圧力についても同様であって，容器

§1·1 熱力学

内のいろいろな部分で異なった値をとる．すなわちピストンを動かしている状態，または動かした後でも平衡に達するまでの状態（**非平衡状態**，nonequilibrium state）では，容器内の気体の密度や圧力などの巨視的な量は，一義的には決まらない．

熱力学は系の圧力，体積，温度などの巨視的な量の間の関係を研究する学問である．したがって上例でもわかる通り，考察の対象とする系は平衡状態にあって，これらの巨視的な量の値が一義的に定まっていなければならない*．

別の例をあげよう．窒素と水素からアンモニアが生成する反応

$$N_2 + 3H_2 \longrightarrow 2NH_3 \tag{1·1}$$

を考える．ある温度，圧力の下で，適当な触媒（catalyst）を用いてこの反応が化学平衡（chemical equilibrium）に到達したとき，容器内でどのような濃度比で**窒素**，水素，アンモニアが存在しているかは熱力学を用いると計算できる（§4·8）．しかし容器内に窒素と水素の混合物を入れた後，平衡に到達するまでの時間，すなわちどのような速さで反応が進むかについての答は，熱力学からは得られない．また触媒の作用についても同様である．このような問題は，**化学反応速度論**（chemical kinetics）** で取扱われる．

上述のように，熱力学は系の平衡状態に関する議論である．近年，従来の熱力学を基礎として非平衡の熱力学（または不可逆過程（irreversible process）の熱力学）が作られているが，この場合も全系をいくつかの部分に分けたとき，各部分系において，温度，圧力などの巨視的な量が決まらなければならない．すなわち各部分系は，これらの巨視的な量が定義できる程度に平衡に近い状態でなければならない．このような局所的な平衡状態を**熱力学的状態*****（thermodynamic state）ということがある．

熱力学では系の平衡状態を問題とするが，その適用範囲はきわめて広く，近

---
* 体積は，非平衡状態でも一定値をとると考えられるかも知れない．しかし図 1·2 (b) からわかるように，容器の壁で仕切られた内側の部分（容積）は，ピストンが動いている各瞬間に確定値をとるとしても，ピストンのすぐ近くが真空であることから考えて，気体自身の体積は明確に定義できない．
** 化学動力学ともいう．
*** 熱力学的状態という言葉は，熱平衡状態と同じ意味で使われることもある．

年発達した量子化学を除く，古典的な**物理化学**（physical chemistry，理論化学）の基礎を成している．後に述べるように，熱力学によって物質の相変化（融解，蒸発，昇華など）や物質間の混合などの物理変化，および種々の化学反応を含む化学変化を取扱うことができる．熱力学は第一法則と第二法則を基礎として測定が容易な体積，温度，圧力などの巨視的な量の間の関係を求めるものであり，得られる結論は普遍性をもっている．これは反応速度が個々の分子の微視的な性質に依存するため，化学反応速度論において一般的な取扱いが困難であるのと対照的である．

前述したように，温度，圧力などの巨視的な量は個々の原子または分子の複雑な運動の平均的結果として生じる．この観点から，原子，分子の運動を確率論的に処理することによって，巨視的な量の間の関係を導き出す学問を**統計力学**（statistical mechanics）という．統計力学の取扱いにおいては，簡単化のため種々の仮定が用いられることが多い．これに対し熱力学では，個々の原子や分子の運動の詳細に立入らないため，このような仮定を必要としない．したがって熱力学の結果は，一般にきわめて正確である．ただし得られた結果を本質的に理解する上では，不満足なこともある．この点を考慮して，本書では折にふれ微視的なレベルでの説明をつけ加えることにした．

§1・2 状態量

前節で，熱平衡状態では問題とする系の温度，圧力，体積などの巨視的な量の値は一定値をとると述べたが，このように系の種々の熱平衡状態に応じて定まった値をとる巨視的物理量を**状態量**（quantity of state, property）という．例えば図 1・2 (a) の平衡状態にある気体の例では温度，圧力，体積の他に，密度，熱膨張率，圧縮率なども一定値をとるので，これらの量は状態量である．状態量のうち，その値が系の分量に比例するものを**示量性**（extensive）**状態量**，系の分量によらないものを**示強性**（intensive）**状態量**という．上の例では気体の体積，質量や後に導入される内部エネルギー（§2・3）は示量性状態量であり，温度，圧力，熱膨張率，圧縮率などは示強性状態量である．

このように系には種々の状態量が考えられるが，これらの状態量はすべて独立ではなく，一般にいくつかの状態量の値を定めれば，それ以外の状態量の値は定まる．このことは，系の状態は少数の状態量の組で指定されることを意味している．系の状態を記述するのに必要かつ十分な状態量を，**状態変数**（variable of state）とよぶことがある．　例えば平衡状態にある気体の温度 θ，体積 V，圧力 P の間には一定の関数関係

$$P = f(\theta, V) \tag{1・2}$$

が成立する．これを気体の**状態方程式**（equation of state）という．この式は状態量（状態変数）θ, V の値を定めれば，状態量 P の値が定まるという式である．また θ, V 一定の平衡状態の下では密度，体膨張率，圧縮率などの P 以外の状態量の値も一定値をとる．ここで，状態変数として (θ, V) の代りに (P, V) または (P, θ) の組を選んでもよい．例えば状態変数として (P, V) をとると，上式を θ について解いた式から θ の値が定まるとともに，他の状態量の値も定まる．

上では1成分で1相*（気相のみ）という，もっとも簡単な系を考えたが，多成分または多相**の系では状態変数の数は二つとは限らない．例えば二成分の混合気体では，平衡状態を指定するために三つの状態変数（例えば温度，圧力，濃度）が必要である．一般に，いくつかの状態量を指定すれば系の状態が定まるかという問題は，相律（§ 5・1）で論じられる．

§ 1・3　温　度

いままで**温度**（temperature）という言葉を定義しないで用いてきたが，ここで温度の定義をしておこう．いま A, B 二つの物体があるとする．A と B を接触させて外界と交渉を断ち十分長い時間をおくと，A, B それぞれが最初

---

* 系内で巨視的な性質が一様な部分を**相**（phase）という．その部分が気体，液体，固体の場合に応じて，それぞれ気相，液相，固相とよぶ．

** 二相以上からなる系を多相系という．例えば，液体とその蒸気からなる系は多相系である．多相系は系全体としては不均一で，平衡状態において密度，屈折率などの状態量の値は相間で異なるが，各相内では一定値をとる．

どのような状態にあったとしても，A，B を合せた系は最後には一定の状態に到達する．このとき A と B は**熱平衡**にあるといい，通常

$$A \sim B$$

とあらわす．この場合 A，B はそれぞれ熱平衡状態にあり，A と B の状態量の値は一定値をとる．図 1·3 に A，B の接触前と接触後の状態を示した．ただし A，B の接触前の状態量の値を $A_1, A_2, \cdots; B_1, B_2, \cdots$，接触後の状態量の値を $A_1', A_2', \cdots; B_1', B_2', \cdots$ とした．以上のことは，われわれの経験に基づく事実である．さらにわれわれの経験によると

> 物体 A と B が熱平衡にあり，また物体 B と C も熱平衡にあれば，A と C は熱平衡にある．すなわち
>
> $$A \sim B, \ B \sim C \longrightarrow A \sim C$$

図 1·3 二つの物体の接触による状態量の変化

これを**熱力学第零法則**（zeroth law of thermodynamics）とよぶ．

　二つの物体 A，C の熱的状態（温度）を A，C を直接接触させずに，B（**温度計**，thermometer）を仲介として比較することができるのは，上の法則が成立するためである．いま，物体 A に熱的状態の測定器（温度計）として用いられる物体 B を接触させて熱平衡にしたとき（図 1·3），B の状態量（$B_1', B_2', \cdots$）の一つ，例えば体積を用いて温度を定義する．その方法は，次のようになる．例えば，ガラス管内に封じた一定量の水銀を，1 気圧の下で沸騰している水（沸点の水）と接触させたときの水銀の体積を V_{100}，1 気圧において氷と共存している水（氷点の水）と接触させたときの水銀の体積を V_0 とする．このとき，ある物体 A の温度 θ_A は，A と水銀を接触させたときの水銀の体積を V_A として

§ 1·3 温度

$$\theta_A \equiv \frac{V_A - V_0}{V_{100} - V_0} \times 100 \tag{1·3}$$

で定義される．これが **水銀温度計** を用いたときの **セルシウス温度** (Celcius temperature, ℃) である．上式によると，沸点の水の温度は 100 ℃，氷点の水の温度は 0 ℃ となる*．

さて，物体 A に水銀温度計 B を接触させて，両者を平衡にしたときの水銀の体積を V_A とする．このとき

$$A \sim B \tag{1·4}$$

である．もし，この状態の水銀温度計が物体 C にも熱平衡

$$B \sim C \tag{1·5}$$

であれば，物体 C と温度計とを接触させても，水銀の体積は変わらないであろう．すなわち

$$V_A = V_C \tag{1·6}$$

よって，式 (1·3) から

$$\theta_A = \theta_C \tag{1·7}$$

となる．熱力学第零法則を用いると式 (1·4)，(1·5) から

$$A \sim C \tag{1·8}$$

である．式 (1·7)，(1·8) を比較して，二つの物体が熱平衡にあるときは，両者の温度は等しいといえる．

上では水銀温度計の例をあげたが，水銀の代りに他の物質を用いて温度を定めてもよい．例えば，アルコールの体積変化を利用するのがアルコール温度計である．さらに体積以外の状態量，例えば気体の圧力（気体温度計），電気抵抗（抵抗温度計），起電力（熱電対を用いた温度計）なども温度の測定に用いられる．ところで，これらの状態量の温度変化率は各温度で一定とは限らないから，種々の温度計によって決められる温度は，厳密には定点（0 ℃ と 100 ℃）以外では一致しないことになる．したがって式 (1·3) により定義される温度は，あくまでも便宜的なものである．この意味で，このようにして定めた温

---

* 水の氷点は正確には，1 気圧の下で空気で飽和された水と氷が平衡にある温度である (p. 179 〔例題 5·7〕参照)．

度を**経験的温度**(practical temperature) という．

すべての気体は，圧力が十分低くなると共通の状態方程式を満足するようになる．この状態方程式に従う気体——**理想気体**(ideal gas)——を用いて定めた温度は，気体の種類によらないので普遍性がある．理想気体では，一定量の気体の圧力と体積の積は，温度一定のときは一定である（**Boyle の法則**）．すなわち

$$PV = f(\theta) \tag{1·9}$$

ただし θ は，適当な温度計を用いて定めた温度である．$f(\theta)$ と書いたのは，$PV=$ 一定 における一定値が温度によって異なることを示す．ここで PV の変化を用いて，次のように温度目盛を定める．

$$\theta = \frac{PV - (PV)_0}{(PV)_{100} - (PV)_0} \times 100 \tag{1·10}$$

ただし $(PV)_0$ と $(PV)_{100}$ は，それぞれ 1 気圧における水の氷点と沸点における PV の値である*．上式の θ が，**理想気体温度計**によるセルシウス温度である．式 (1·10) を PV について解くと

$$PV = \frac{(PV)_{100} - (PV)_0}{100} \left\{ \theta + \frac{100(PV)_0}{(PV)_{100} - (PV)_0} \right\} \tag{1·11}$$

となる．ここで

$$\frac{(PV)_{100} - (PV)_0}{100} = R', \quad \theta + \frac{100(PV)_0}{(PV)_{100} - (PV)_0} = T \tag{1·12}$$

とおくと，式 (1·10) は

$$PV = R'T \tag{1·13}$$

となる．実験によると

$$\frac{100(PV)_0}{(PV)_{100} - (PV)_0} = 273.15$$

である．よって

$$T = \theta + 273.15 \tag{1·14}$$

この温度は，セルシウス温度 (℃) を 273.15 だけずらしたもので，理想気

---

* 実際には，低圧のヘリウムや水素を一定体積の容器に入れて，その圧力を測定して温度を定める（定積気体温度計）．このとき，$V = V_0 = V_{100}$ であるから，式 (1·10) は次のようになる．
$$\theta = \frac{P - P_0}{P_{100} - P_0} \times 100$$

体温度計による**絶対温度**（absolute temperature）という．絶対温度は熱力学の第二法則に基づいて定められる，より普遍的な温度（熱力学的温度，§3·5）と一致するので，その単位 K（Kelvin）を用いてあらわす*．

式（1·12）の R' は左辺に体積 V を含んでいるので，気体のモル数 n に比例する．そこで

$$R' = nR$$

と書くと式（1·13）は

$$\boxed{PV = nRT} \tag{1·15}$$

となる．これが理想気体の状態方程式である．さらに理想気体では，**Avogadro の法則**「すべての気体は同温同圧同体積中に同数の分子を含む」が成立することが知られている．したがって上式の R は，気体の種類によらない定数となる．これを**気体定数**（gas constant）という．1 mol の気体では V にモル体積（molar volume）V_m を用いて，式（1·15）は

$$PV_m = RT \tag{1·16}$$

となる．

§1·4 理想気体

前節でも述べたように，理想気体の状態方程式（1·15）または（1·16）は，

---

* 理想気体において，二つの絶対温度 T_1, T_2 における PV を $(PV)_1$, $(PV)_2$ とすると，式（1·13）から

$$\frac{T_2}{T_1} = \frac{(PV)_2}{(PV)_1}$$

すなわち理想気体では二つの絶対温度の比は，それらの温度における PV の比に等しい．最近の国際規約に基づく単位系（国際単位系，International System of Units, フランス語の頭文字 Système Internationale d'Unites をとって **SI 単位**ともいう）では，理想気体のこの性質を用いて絶対温度の目盛を定める．すなわち，水の三重点（水，氷および水蒸気が共存する温度，§2·9 参照）を絶対温度の定点に選び，その温度を 273.16 K とする．このように約束すると

$$T = 273.16 \text{ K} \frac{(PV)_T}{(PV)_{\text{三重点}}} \quad \text{理想気体}$$

となり，絶対温度 T の目盛は一つの定点だけで決定される．またセルシウス温度は，式（1·14）とは逆に絶対温度から次式で定められる．

$$\theta/°C = T/K - 273.15$$

なお，上のように絶対温度とセルシウス温度を定めたとき，水の氷点の温度は 273.15 K（0 °C）にきわめて近い．SI 単位については表紙の見返しも参照されたい．

実在の気体では圧力が十分低いときに成立する．厳密には $P \to 0$ の極限で成り立つ．これは，例えば図 1·4 で示される．図において，横軸は圧力 P，縦軸は三つの異なった温度におけるメタンの

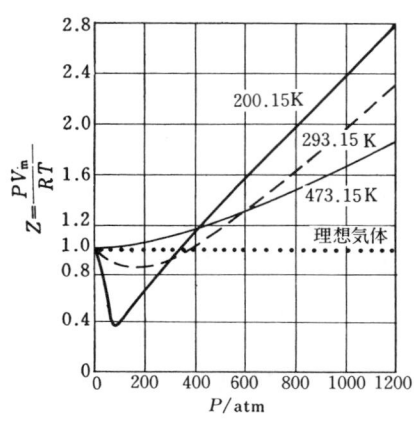

図 1·4 メタンの圧縮因子 Z の圧力による変化

$$Z = \frac{PV_m}{RT} \quad (1 \cdot 17)$$

の値である．Z は**圧縮因子**（compression factor）とよばれる．理想気体の式（1·16）が常に成立すれば，すべての温度および圧力で $Z=1$ となるはずである（図 1·4 で点線で示した）．しかし実際には P が大きくなるにつれ，理想気体の式からのずれが大きくなっていることがわかる．図 1·5 に，二，三の気体の 0°C における PV_m と P の関係を示す．この場合も，すべての圧力で理想気体の式が成立すれば，PV_m = const（図の点線）となるはずである．しかし PV_m の値は，P が大きくなると，$P \to 0$ の外挿値 22.414 atm dm³ mol⁻¹* から，次第にずれてくる．

次に，図 1·5 のデータを用いて気体定数 R を求めよう．$T = 273.15$ K， $PV_m = 22.414$ atm dm³ mol⁻¹ を用いると，式（1·16）の R は

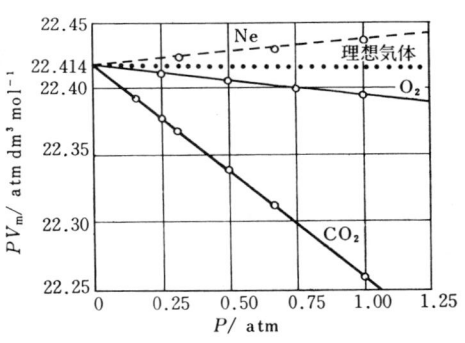

図 1·5 0°C における PV_m と P の関係

---

* SI 単位では，リットル（L）の代りに dm³ を使うことが推奨されている．

§1·4 理想気体

$$R = \frac{PV_\mathrm{m}}{T} = \frac{22.414 \text{ atm dm}^3 \text{ mol}^{-1}}{273.15 \text{ K}} = 0.082057 \text{ atm dm}^3 \text{ K}^{-1} \text{ mol}^{-1}$$

となる．

$$1 \text{ atm dm}^3 = 101.325 \text{ J} = 24.217 \text{ cal}$$

であるから*，上の R は

$$R = 8.3145 \text{ J K}^{-1} \text{ mol}^{-1} = 1.9872 \text{ cal K}^{-1} \text{ mol}^{-1}$$

とも表わされる．

ここで，理想気体の体膨張率と等温圧縮率を求めておこう．気体の**体膨張率** (coefficient of volume expansion) α は，次式で定義される．

$$\alpha \equiv \frac{1}{V}\left(\frac{\partial V}{\partial T}\right)_P \tag{1·18}$$

上式で $(\partial V/\partial T)_P$ は V を T と P の関数で表わしたとき，P を一定にして T で偏微分するということを意味する（偏微分については，付録§7·1 を参照されたい）．すなわち，一定圧力の下での V の T に対する変化率である．なお右辺の $1/V$ は，単位体積当りの変化率を求めるためにつけ加えられたものである．式 (1·15) から V を求め上式に代入すると

$$\alpha = \frac{P}{nRT}\left[\frac{\partial}{\partial T}\left(\frac{nRT}{P}\right)\right]_P = \frac{1}{T} \tag{1·19}$$

となる．すなわち理想気体の体膨張率は，絶対温度の逆数になる．0 °C において種々の圧力で気体の体膨張率 α を求め，α の $P\to 0$ の外挿値（理想気体の α）をとると，その値は $3.6610 \times 10^{-3} \text{ K}^{-1}$ となる．この逆数から 0 °C に対応する絶対温度 273.15 K が得られる．

気体の**等温圧縮率** (coefficient of isothermal compressibility) κ は，一定温度における単位体積の圧力に対する変化率として定義される．すなわち

---

* SI 単位によると，圧力（単位面積当りの力）の単位は 1 m^2 あたり 1 Newton, N m^{-2} である．ただし $1 \text{ N} = 1 \text{ m kg s}^{-2}$．$\text{N m}^{-2}$ の単位をパスカル (Pascal) とよび，Pa と書く．Pa を用いて 1 atm は

$$1 \text{ atm} \equiv 101325 \text{ Pa} = 1.01325 \text{ bar}$$

と定義される．($10^5 \text{ Pa} \equiv 1 \text{ bar}$)．この値は従来の 1 atm (760 mm の水銀柱の圧力) の値にきわめて近い．よって

$$1 \text{ atm dm}^3 = 101325 \text{ N m}^{-2} \times 10^{-3} \text{ m}^3 = 101.325 \text{ N m} = 101.325 \text{ J}$$

となる．また $1 \text{ cal} \equiv 4.184 \text{ J}$（定義）を用いて，J が cal に換算される．

$$\kappa \equiv -\frac{1}{V}\left(\frac{\partial V}{\partial P}\right)_T \tag{1·20}$$

ただし右辺の負符号は，一般に $(\partial V/\partial P)_T<0$ となるので，κ の値を正にするためにつけ加えられたものである．式 (1·15) の V を用いると

$$\kappa = -\frac{P}{nRT}\left[\frac{\partial}{\partial P}\left(\frac{nRT}{P}\right)\right]_T = \frac{1}{P} \tag{1·21}$$

となる．よって理想気体の等温圧縮率は，圧力の逆数となる．

次に気体の混合物について述べよう．一般に成分のモル数が $n_1, n_2, \cdots$ の混合物において，成分 i のモル数の全モル数に対する割合

$$x_i \equiv \frac{n_i}{n_1+n_2+\cdots} = \frac{n_i}{\sum_i n_i} \tag{1·22}$$

を成分 i の**モル分率**（mole fraction）という．上式の両辺で i についての和をとると

$$\sum_i x_i = 1 \tag{1·23}$$

すなわちモル分率の和は1に等しい．さて成分気体のモル数が $n_1, n_2, \cdots$ の混合気体（圧力 P）において

$$p_i \equiv x_i P \qquad i=1, 2, \cdots \tag{1·24}$$

を成分気体 i の**分圧**（partial pressure）という．また混合気体の圧力 P を**全圧**（total pressure）という．式 (1·23)，(1·24) より

$$P = \sum_i p_i \tag{1·25}$$

すなわち分圧の和は全圧に等しい．

Dalton の法則によると，同温同圧の気体を混合するとき全体積は変化しない．ただしこの法則が厳密に成立するのは，各気体の圧力が十分低く，それらが理想気体とみなせる場合である．Dalton の法則にしたがう気体を**理想混合気体**（ideal gas mixture）という．いま，体積 $V_1, V_2, \cdots$ の気体を混合するとき，理想混合気体では

$$V = \sum_i V_i \tag{1·26}$$

が成立する．上式の V_i に理想気体の式 $V_i = n_i RT/P$ を用いると理想混合気

体の状態式

$$PV = \left(\sum_i n_i\right) RT \qquad (1\cdot 27)$$

が得られる．

〔**例題 1·1**〕 理想混合気体では，成分気体の分圧はそれが単独で混合気体の全体積を占めるときの圧力に等しいことを示せ．

〔解〕 式 (1·24)，(1·27) より

$$p_i = x_i P = \frac{x_i \left(\sum_i n_i\right) RT}{V}$$

式 (1·22) から $x_i \left(\sum_i n_i\right) = n_i$ であるから

$$p_i = \frac{n_i RT}{V}$$

これは成分気体 i が全体積 V を占めるときの圧力である．

§1·5 気体分子運動論

気体は多数の分子からなり，各分子は容器の中で複雑な運動をしている．個々の分子の運動に古典力学の法則を適用して，気体の巨視的性質を導き出す理論を**気体分子運動論** (kinetic theory of gases) という*．
気体分子運動論は，熱力学の守備範囲の問題ではないが，後に熱力学で得られる結論に微視的レベルでの説明をつけ加えるためにここで取り上げた．

気体分子運動論において，理想気体とは分子の大きさおよび分子間にはたらく力が無視できる気体をいう．実在の気体でも希薄になると，分子全体の体積が容器の体積に比べて無視できるようになるし，分子間の平均距離が大きくなって，分子間力も無視できるようになるので，理想気体に近づくことになる．

以下では，簡単のため分子間の衝突はないものと仮定する．また分子は，容器の壁にぶつかったとき，図1·6に示すように，壁に垂直な速度成分だけが符号を変えるものとする．すなわち，衝突前と後の分子の速度をそれぞれ，***u***,

---

* 一般に原子，分子などの微粒子を取扱うには，古典力学の代りに，量子力学を適用しなければならない．ただし，本節のように気体の並進運動だけに着目するときは，古典力学と量子力学による結論は一致することが示されている．

u' とし，壁に垂直な方向を x 軸にとると，衝突前後の速度成分の間に

$$\left.\begin{array}{l}u_x' = -u_x \\ u_y' = u_y \\ u_z' = u_z\end{array}\right\} \quad (1\cdot 28)$$

が成り立つものとする．このような衝突による分子（質量 m）の運動量の変化 $\Delta \boldsymbol{p}\,(=m\boldsymbol{u}'-m\boldsymbol{u})$ の x 成分は

$$\Delta p_x = mu_x' - mu_x = -2\,mu_x \quad (1\cdot 29)$$

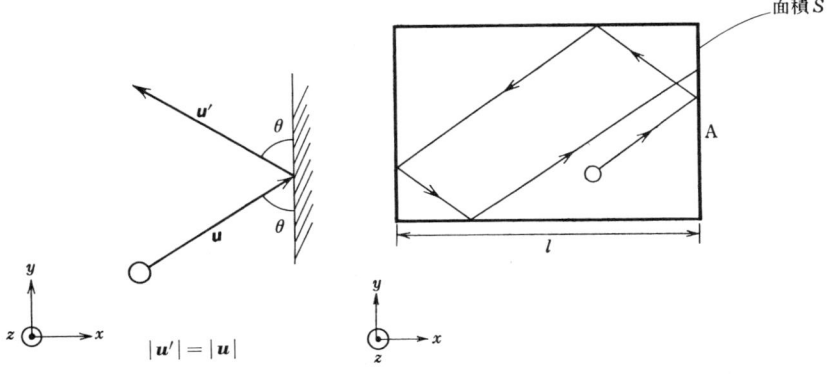

図 1・6 分子と容器の壁との衝突による速度の変化

図 1・7 容器内の分子の運動．分子間の衝突は無視してある．

となる．また $\Delta p_y = \Delta p_z = 0$ である．ここで図 1・7 に示すような一辺 l の直方体の容器に N 個の分子が入っているとして，この容器の壁面 A に衝突する 1 個の分子に着目する．この分子の番号を i として，壁 A に垂直な方向を x 軸にとると，式 (1・28) から分子の x 方向の速さ $|u_{ix}|$ は衝突を続けても一定であるから，この分子は相対する壁の間（距離 l）を往復して単位時間に $u_{ix}/(2\,l)$ 回壁 A に衝突する．また式 (1・29) より，1 回の衝突で $-2\,mu_{ix}$ の運動量の変化があるから，壁 A との衝突に基づく分子の単位時間の運動量の変化は

$$-2\,mu_{ix} \times \frac{u_{ix}}{2\,l} = -\frac{m}{l} u_{ix}{}^2 \quad (1\cdot 30)$$

§1.5 気体分子運動論

となる．よって分子は，これに相当する力を壁Aから受ける．逆に分子 i は作用反作用の法則によって $(m/l)u_{ix}^2$ の力を壁Aに及ぼすことになる．

上の議論をさらに詳しく検討すると，次のようになる．Newton の法則によって，分子にはたらく力 $\boldsymbol{F}$ と加速度 $d\boldsymbol{u}/dt$ の間には

$$\boldsymbol{F} = m\frac{d\boldsymbol{u}}{dt}$$

が成立する．上式で $\boldsymbol{p} = m\boldsymbol{u}$ とおくと

$$\boldsymbol{F} = \frac{d\boldsymbol{p}}{dt}$$

となる．この式の x 成分は

$$F_x = \frac{dp_x}{dt}$$

である．上式の両辺を単位時間について（t から $t+1$ まで）積分すると

$$[p_x]_t^{t+1} = \int_t^{t+1} F_x dt \tag{1.31}$$

となる．上述の例ではこの式の左辺は単位時間における分子の運動量変化であり，右辺は分子が壁 A と衝突するときに受ける力の x 成分 F_x を積分したものである．F_x と t の関係は，図1.8のようになるであろう．図で δ は，各衝突において分子が壁に接触している時間であって，分子は左右の壁を往復するに要する時間 $2l/u_x$ ごとに δ 時間だけ壁 A から力を受ける．この力を図のように時間平均して $\overline{F}_x$ とすると，(1.31) の右辺は

$$\int_t^{t+1} F_x dt = \int_t^{t+1} \overline{F}_x dt = \overline{F}_x$$

とあらわされる．よって(1.31)より

$$[p_x]_t^{t+1} = \overline{F}_x$$

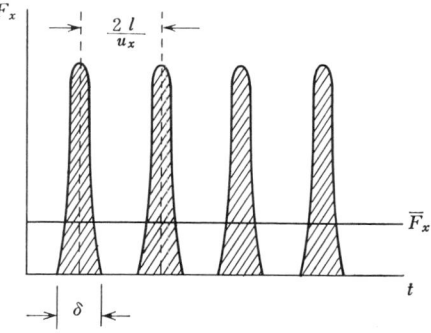

図 1.8 F_x と t の関係．実際には $\delta \ll 2l/u_x$ であるが，わかりやすくするため δ を大きくとってある．$\overline{F}_x$ は F_x の時間平均．

すなわち分子の単位時間の運動量変化は，分子が壁から受ける力の時間平均である．式 (1.30) の $(-m/l)u_{ix}^2$ は，この時間平均した力 $\overline{F}_x$ に相当する．作用反作用の法則

によって，分子は $-\bar{F}_x$ の力を壁に及ぼす．壁には単位時間に多数の分子が衝突するので，このような平均化した力が実際に壁に作用するとしてよい．

圧力（pressure）は単位面積当りにはたらく力であるから，容器内の全分子によって壁 A が受ける圧力は，壁の面積を S とすると

$$P=\frac{m}{Sl}\sum_i u_{ix}^2=\frac{m}{V}\sum_i u_{ix}^2 \tag{1・32}$$

となる．ただし $V=Sl$ は容器の体積である．ここで分子の速度の x 成分の2乗の平均値 $\overline{u_x^2}$ は，$\sum_i u_{ix}^2$ を分子数 N で割って

$$\overline{u_x^2}=\frac{\sum_i u_{ix}^2}{N} \tag{1・33}$$

である．また，分子の速さの2乗 u^2 の平均値と，速度の各成分の平均値の間には

$$\overline{u^2}=\overline{u_x^2+u_y^2+u_z^2}=\overline{u_x^2}+\overline{u_y^2}+\overline{u_z^2} \tag{1・34}$$

の関係がある*．ところで，容器内の分子の運動は，平均として方向性がないから

$$\overline{u_x^2}=\overline{u_y^2}=\overline{u_z^2}=\frac{\overline{u^2}}{3} \tag{1・35}$$

式 (1・33)，(1・35) より $\sum_i u_{ix}^2=N\overline{u^2}/3$ となる．これを式 (1・32) に代入して

$$\boxed{PV=\frac{1}{3}Nm\overline{u^2}} \tag{1・36}$$

これを **Bernoulli**（ベルヌイ）**の式**という．なお上の計算では分子間の衝突を無視したが，それを考慮しても同じ結果が得られる．ここで，分子の運動エネルギーを ε_k とすると

$$\overline{\varepsilon_k}=\overline{\frac{1}{2}mu^2}=\frac{1}{2}m\overline{u^2} \tag{1・37}$$

となる*．式 (1・36)，(1・37) より

$$PV=\frac{2}{3}N\overline{\varepsilon_k} \tag{1・38}$$

---

* 一般に平均値について $\overline{A+B}=\bar{A}+\bar{B}$ が成立する．すなわち $A+B$ の平均値は A, B それぞれの平均値の和である．また k を定数とすると $\overline{kA}=k\bar{A}$ も成り立つ．

§1・5 気体分子運動論

が得られる．この式を 1 mol について書くと，L を Avogadro 定数として

$$PV_m = \frac{2}{3} L\overline{\varepsilon_k} \tag{1・39}$$

である．

以上の計算は，個々の分子の運動に着目して微視的な立場から行なってきたが，ここで巨視的量の間の関係式である理想気体の式 $PV_m = RT$ (1・16) と上式を組合わせると

$$\boxed{\overline{\varepsilon_k} = \frac{3}{2}\frac{R}{L}T = \frac{3}{2}kT} \tag{1・40}$$

を得る．ただし

$$k \equiv \frac{R}{L} = \frac{8.3145 \text{ J K}^{-1}\text{ mol}^{-1}}{6.0221 \times 10^{23} \text{ mol}^{-1}} = 1.3807 \times 10^{-23} \text{ J K}^{-1}$$

は分子 1 個当りの気体定数に相当し，**Boltzmann 定数** (Boltzmann constant) とよばれる．式 (1・40) によると，分子の平均運動エネルギーは絶対温度に比例しており，温度の一つの尺度と考えられる．逆に絶対温度は分子の無秩序な運動の はげしさ をあらわす尺度となると考えてもよい．式 (1・40) の左辺を x, y, z 成分に分けて

$$\overline{\varepsilon_k} = \overline{\frac{m}{2}u^2} = \overline{\frac{m}{2}u_x^2} + \overline{\frac{m}{2}u_y^2} + \overline{\frac{m}{2}u_z^2} = \frac{3}{2}kT$$

この式と式 (1・35) から

$$\overline{\frac{m}{2}u_x^2} = \overline{\frac{m}{2}u_y^2} = \overline{\frac{m}{2}u_z^2} = \frac{1}{2}kT \tag{1・41}$$

となる．すなわち分子の平均運動エネルギーは，x, y および z 方向の運動の各自由度 (freedom) 当たり $kT/2$ となる．これを**エネルギー等分配則***(law of equipartition of energy) という．

次に，式 (1・36) を 1 mol について書いた式 $PV_m = Lm\overline{u^2}/3$ と $PV_m = RT$ より

$$\sqrt{\overline{u^2}} = \sqrt{\frac{3RT}{Lm}} = \sqrt{\frac{3RT}{M}} \tag{1・42}$$

---

* エネルギー等分配則については §2・7 も参照されたい．

が得られる．ただし M はモル質量である．$\sqrt{\overline{u^2}}$ は分子の速さの一種の平均値で，**根平均二乗速度** (root mean square velocity) という*．上式によると，分子の並進運動の速さは温度が高くなるほど，また軽い分子ほど大きいことがわかる．

〔**例題 1・2**〕 25 °C における N_2 の根平均二乗速度を求めよ．

〔**解**〕 式 (1・42) より

$$\sqrt{\overline{u^2}} = \sqrt{\frac{3 \times 8.3145 \text{ J K}^{-1}\text{mol}^{-1} \times 298.15 \text{ K}}{28.013 \times 10^{-3} \text{ kg mol}^{-1}}} = \sqrt{26.548 \times 10^4 \text{J kg}^{-1}} = 515.2 \text{ m s}^{-1}$$

ただし J kg^{-1} = N m kg^{-1} = (m kg s^{-2}) m kg^{-1} = m^2 s^{-2} を用いた．

上の計算で，分子の平均の速さに相当する値が求められたが，実際にはいろいろの速さの分子があり，また分子間に衝突があるので，1個の分子の速さも刻々と変わっている．ただし熱平衡状態では，分子の速さの分布は一定となることが示されている．図 1・9 に，窒素分子の三つの温度における速さの分布を示す．図の縦軸は，横軸で指定される速さをもつ分子の **確率**** (probability) をあらわす．図の曲線に相当する関数は，Maxwell と Boltzmann が気体分子運動論に基づいて求めたので，Maxwell-Boltzmann の **速度分布関数** (distribution function of velocity) という***．図で温度が高くなると，確率最大の位置が u の大きい方に

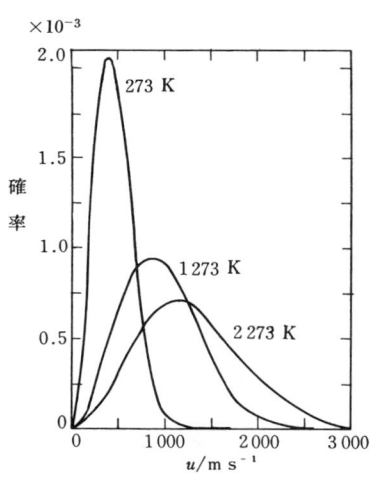

図 1・9 窒素分子の速さの分布

---

* 一般に $\overline{AB} \neq \overline{A} \cdot \overline{B}$ であるから $\overline{u^2} \neq (\overline{u})^2$．よって平均速度 (mean velocity) $\overline{u}$ と $\sqrt{\overline{u^2}}$ は異なる．詳しい計算によると，$\overline{u} = \sqrt{8/(3\pi)}\sqrt{\overline{u^2}} = 0.921\sqrt{\overline{u^2}}$ となる．
** 確率であるから，図 1・9 の各曲線の下の面積は 1 となる．
*** 図 1・9 の速度分布関数は，確率を $f(u)$ とすると

$$f(u) \propto u^2 \exp\left(-\frac{Mu^2}{2RT}\right)$$

となる．

ずれるとともに，u の分布も広がっていることに注意されたい．

§1·6 実在気体

前節で述べたように，理想気体では分子間にはたらく力と分子の大きさが無視されている．すなわち，分子の「個性」が考慮されていないので，すべての気体にあてはまる普遍的な式 $PV=nRT$ が得られたのである．実在気体では分子間力があるため，圧力を増していくと最後には液体や固体になる．また分子に大きさがあるため，液体や固体になった後，急に圧縮できなくなる．

理想気体の式 $P=nRT/V$ に，上の二つの効果に対する補正を加えると，**実在気体** (real gas) にあてはまる van der Waals（ファンデルワールス）の状態方程式が得られる．まず分子の大きさに対する補正であるが，分子が大きさをもつと，その分だけ容器内で分子が動きまわれる体積が減少する．この体積の減少を 1 mol につき b とすると

$$P=\frac{nRT}{V} \xrightarrow{\text{分子の大きさに対する補正}} P=\frac{nRT}{V-nb}$$

となる．さらに分子間力を考慮すると

$$P=\frac{nRT}{V-nb} \xrightarrow{\text{分子間力に対する補正}} P=\frac{nRT}{V-nb}-a\left(\frac{n}{V}\right)^2 \quad (1\cdot43)$$

を得る．その理由は次の通りである．分子が容器の壁に衝突するとき，まわりの分子から引力を受けるので，その速度が減少して壁に与える力積が小さくなる．このため，その分子が壁に及ぼす有効圧力は，分子間力がない場合に比べて減る．この圧力の減少量 ΔP は，分子1個あたりにはたらく引力と単位時間に壁の単位面積に衝突する分子数との積に比例すると考えられるが，それらがそれぞれ分子密度に比例するとして

$$\Delta P \propto \left(\frac{n}{V}\right)^2$$

となる．上式の比例定数を a として，P に補正を加えた式が (1·43) である．式 (1·43) を書きかえると

$$\left[P + a\left(\frac{n}{V}\right)^2\right](V - nb) = nRT \qquad (1\cdot 44)$$

を得る．これを，**van der Waals の状態方程式**という．

　上の考察からわかる通り，a, b はそれぞれ分子間引力と分子の大きさをあらわすパラメータである．上式で $a=b=0$ とすれば，もちろん理想気体の式 $PV=nRT$ が得られる．表 1·1 に van der Waals 定数の値 a, b を示す．液化しやすい気体（Cl_2, NH_3 など）で a が大きく，また大きい分子で b が大きいことに注意されたい．

表 1·1　van der Waals 定数

気体	a atm dm⁶ mol⁻²	b dm³ mol⁻¹	気体	a atm dm⁶ mol⁻²	b dm³ mol⁻¹
He	0.034	0.023 8	H_2O	5.46	0.030 5
H_2	0.245	0.026 7	NH_3	4.17	0.037 2
N_2	1.39	0.039 2	CO_2	3.60	0.042 8
O_2	1.36	0.031 9	CH_4	2.26	0.043 0
Cl_2	6.50	0.056 4	C_6H_6	18.0	0.115

§1·7　気体の液化

　気体を圧縮すると液体になるが，一般にはある温度以下に冷却して圧力を加えないと**液化**が起こらない．この温度（気体に圧力を加えることにより，液化できる最高の温度）を**臨界温度**（critical temperature）という．19 世紀中

表 1·2　臨 界 定 数

気体	T_c/K	P_c/atm	V_c/dm³ mol⁻¹
He	5.2	2.24	0.057 3
H_2	33.0	12.76	0.064 2
N_2	126.2	33.5	0.089 5
O_2	154.6	49.77	0.073 4
Cl_2	417.2	76	0.124
H_2O	647.1	217.6	0.056
NH_3	405.6	111.3	0.072 5
CO_2	304.2	72.8	0.094 0
CH_4	190.6	45.44	0.099 0
C_6H_6	562.2	48.4	0.247

頃までは，臨界温度の概念が知られていなかった．当時の最低到達温度は 196 K* であって，臨界温度がこの温度より低い気体（He, H_2, N_2, O_2 など，表 1·2 参照）は液化不可能と考えられたので，永久気体とよばれた．

1869 年，Andrews は二酸化炭素について実験を行ない，臨界温度の存在を見出した．図 1·10 に，種々の温度における 1 mol の CO_2 の圧力と体積の関係を示す．これらの曲線は，$T=$const の下での $P-V$ 曲線で**等温線**（isotherm）とよばれる．図において，323 K の等温線は理想気体の曲線（双曲線）に似ているが，低温の曲線には水平部が見られる．273 K の等温線について説明しよう．A 点から気体に圧力を加えていくと，A—B 間は気体状態であるが，B 点から液化が始まる．B—C 間は気体と液体が共存する範囲である．そのため，

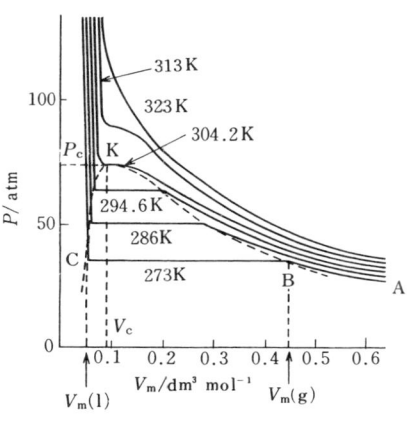

図 1·10 二酸化炭素の P と V_m の関係

体積が減少しても圧力は変わらない（圧力を加えようとしても体積が減るだけで圧力は変わらない）．このときの圧力は，273 K における CO_2 の**飽和蒸気圧**（saturated vapor pressure）である．C 点で CO_2 はすべて液体となるので，その後は圧縮し難くなり，圧力を加えても体積はほとんど減少しない．なお図の B, C 点における体積 $V_m(g)$, $V_m(l)$ は，それぞれ 273 K において共存する気体と液体のモル体積である．

図で温度が高くなると，BC の間隔（水平部の幅）は次第に小さくなり，304.2 K で B, C は一点 K になる．この点を**臨界点**（critical point）という．すなわち 304.2 K では気体と液体の共存領域がなく，K 点で $V_m(g)=V_m(l)$ であり，気体と液体の区別がつかない．K 点における温度，圧力，体積，T_c, P_c, V_c をそれぞれ**臨界温度**（critical temperature），**臨界圧力**（cri-

---

* ドライアイス（dry ice，固体の CO_2）とエチルエーテルの混合物の温度．

tical pressure），**臨界体積**（critical volume）という．臨界温度以上では，気体と液体の間の不連続な変化は起こらない．したがって気体を液化するには，T_c 以下の温度で圧縮しなければならない．表 1・2 に臨界定数，T_c, P_c, V_c の値を示す．

臨界定数は，以下のように van der Waals 定数と結びつけられる．式（1・44）は 1 mol では

$$\left(P+\frac{a}{V_m^2}\right)(V_m-b)=RT \tag{1.45}$$

となる．これを P について解くと

$$P=\frac{RT}{V_m-b}-\frac{a}{V_m^2} \tag{1.46}$$

上式において種々の T で P と V_m の関係を図に画くと，図 1・11 に示す 3 種の曲線が得られる*．ただし $T_1>T_2>T_3$ である．式（1・45）の分母をはらい，V_m について整理すると

$$V_m^3-\left(b+\frac{RT}{P}\right)V_m^2+\frac{a}{P}V_m-\frac{ab}{P}=0 \tag{1.47}$$

となる．これは V_m の三次方程式であるから，T, P を与えると，根は虚根を含めて三つある．図で例えば $T=T_3$ のときは，P が $0<P<P_1$ と $P>P_2$ の範囲で実根 1 個，虚根 2 個，$P=P_1$ および P_2 で実根 3 個（重根 1 個，単根 1 個），$P_1<P<P_2$ で実根 3 個となる．また $T=T_2$ のときは $P=P_c$ で実根 3 個（三重根）となる．ところで，この図を図 1・10 と比較すると，$T=T_3$ の曲線が都合がわるいことがわかる．ただし T_3 の曲線で極大と極小

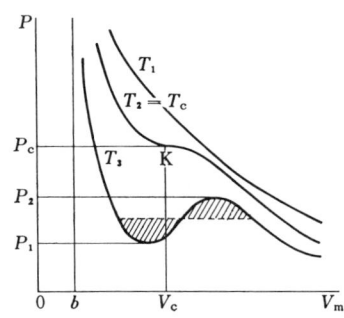

図 1・11 van der Waals の式による P と V_m の関係．$T_1>T_2>T_3$

---

* 式（1・45）から

$$V_m-b=\frac{RT}{(P+a/V_m^2)}$$

また $T, P, V_m>0$ であるから $V_m-b>0$．（1・46）において $V_m\to b$ で $P\to\infty$，$V_m\to\infty$ で $P\to 0$ となる．

をもつ部分を図の点線*に変更すると，気体と液体が共存する等温線が得られて，実状にあうようになる．また $T=T_2$ の曲線は図 1·10 の臨界温度の等温線に相当する．T_2 曲線の K 点は臨界点に対応し，この点で式 (1·47) が三重根をもつから，式 (1·47) は $P=P_c$, $T=T_c(=T_2)$ で

$$(V_m-V_c)^3=0$$

の形になるはずである．これを展開して

$$V_m^3-3V_cV_m^2+3V_c^2V_m-V_c^3=0$$

式 (1·47) で $P=P_c$, $T=T_c$ とおいた式と，上式の V_m の係数を比較して

$$b+\frac{RT_c}{P_c}=3V_c \qquad \frac{a}{P_c}=3V_c^2 \qquad \frac{ab}{P_c}=V_c^3$$

が得られる．これから

$$T_c=\frac{8a}{27Rb} \qquad P_c=\frac{a}{27b^2} \qquad V_c=3b \tag{1·48}$$

を得る．したがって臨界定数は，van der Waals 定数であらわされる．逆に臨界定数から，van der Waals 定数が計算できる．

問　題

1·1 ある気体を定圧に保って沸点の水と氷点の水に接触させたところ，その体積はそれぞれ V_{100}, V_0 であった．この定圧気体を用いてセルシウス温度 θ を定めよ．またこの気体が理想気体の式にしたがうとして，θ と絶対温度 T の関係を求めよ．

1·2 Rayleigh の実験によると，標準状態における化学的窒素（アンモニアの分解によって作ったもの）1 dm^3 の質量は 1.2505×10^{-3} kg，「空気窒素」1 dm^3 の質量は 1.2572×10^{-3} kg であった．空気窒素がアルゴンのみを含むものとして，空気窒素中のアルゴンの体積百分率を計算せよ．ただし N=14.007, Ar=39.948 である．

1·3 炭素 1.2 g を 20 atm, 300 K, 0.50 dm^3 の酸素を入れたボンベの中で完全に燃焼させた．温度を 300 K にもどした後のボンベ中の各気体のモル分率，分圧および全圧を計算せよ．

1·4 ヘリウム原子の根平均二乗速度が，300 K の窒素分子の根平均二乗速度と等しく

---

* 点線は，点線と曲線に囲まれた上下の部分の面積（図の二つの斜線の部分の面積）が等しくなるように引く (p.107 問 3·9 参照)．

なる温度を求めよ．

1・5 1 atm, 1 dm³ の気体中に含まれる分子の並進運動のエネルギーの和を求めよ．

1・6 4g のメタンが 100°C で 0.5 dm³ の体積を占めるときの圧力を，理想気体の式および van der Waals の式を用いて求めよ．ただしメタンの van der Waals 定数を $a=2.26$ atm dm⁶ mol⁻², $b=0.0430$ dm³ mol⁻¹ とする．

1・7 van der Waals の式にしたがう気体の体膨張率と等温圧縮率を求めよ．

1・8 状態変数 P, V_m, T の代りに換算変数 $P_r=P/P_c$, $V_r=V_m/V_c$, $T_r=T/T_c$ (P_c, V_c, T_c は臨界定数) を用いると van der Waals の状態式 (1・45) は次の形になることを示せ．

$$\left(P_r+\frac{3}{V_r^2}\right)(3V_r-1)=8T_r$$

（注）この式は物質に固有の定数を含んでいないので，普遍的な式である．

1・9 圧縮因子 Z をモル体積 V_m の逆数のべき級数に展開した式（ビリアル方程式）

$$Z=\frac{PV_m}{RT}=1+\frac{B(T)}{V_m}+\frac{C(T)}{V_m^2}+\cdots$$

の係数 B, C を，van der Waals の式にしたがう気体について求めよ．

2　熱力学第一法則

本章では状態量の性質を詳しく説明した後，系に出入する熱と仕事に関する熱力学第一法則を導入する．この法則は，エネルギー保存則に相当するものである．これに伴って新しい状態量，内部エネルギー U とエンタルピー H を定義する．次に系の熱容量について説明した後，第一法則を用いて物質の相変化や化学変化に伴い出入する熱量について論じる．これは一般に熱化学とよばれる．

§2·1　状態量の性質

§1·2 で述べたように，状態量とは系の熱平衡状態に応じて定まった値をとる巨視的物理量である．§1·2 で状態量の性質を若干説明したが，ここでさらに詳しく検討することにしよう．いま簡単のために，状態変数が2個の場合，すなわち二つの状態量 X, Y で熱平衡状態が指定される場合を考える（例えば一成分一相の系）．この場合 X, Y の値を与えると，平衡状態が定まるので，他のすべての状態量の値が確定する．それらの状態量のうちの一つを Z とすると

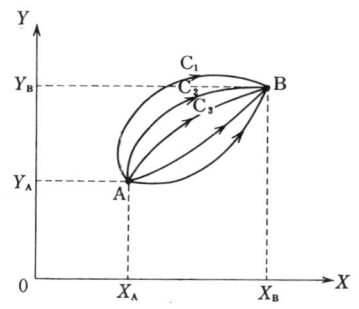

図 2·1　系の状態 A から B までの変化の経路

$$Z = f(X, Y) \tag{2·1}$$

のような関数関係が成立する*．ここで $X=X_A$, $Y=Y_A$ で指定される状態 A から $X=X_B$, $Y=Y_B$ の状態 B まで系が変化する場合を考える．この変化の経路は，図 2·1 の C_1, C_2, … のように無数に存在する．

---

* X, Y, Z は P, V, T, ρ などの巨視的物理量をあらわす（§1·2 参照）．

これらの経路のうちの一つ C に沿って，系が A から B に変化するときの Z の増加は，次のように計算される．まず，経路 C を図 2·2 に示すように小部分に分けて，各小部分の両端を直線で結んだ経路 δC_1, $\delta C_2, \cdots, \delta C_i, \cdots$ を考える．δC_1, $\delta C_2, \cdots$ を経由する折れ曲った経路に沿って，系が A から B に変化するときの Z の増加は，各小経路 δC_1, $\delta C_2, \cdots$ に対応する Z の増加を δZ_1, $\delta Z_2, \cdots$ とすると $\sum_i \delta Z_i$ となる．ここで，δC_1, δC_2, $\cdots$ を通る経路で経路 C を忠実に再現するためには，

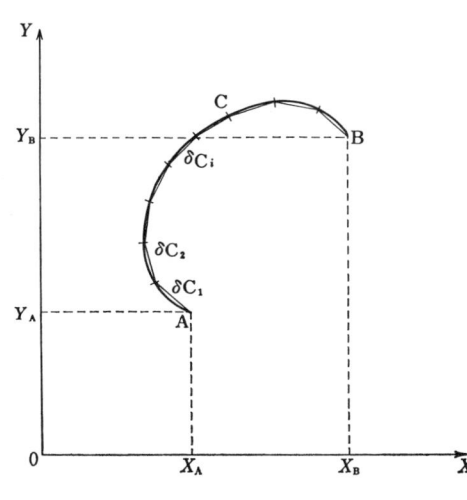

図 2·2 経路 C の小経路 δC_i への分割

C を無限に分割して各 $\delta C_i \to 0$ とすればよい．したがって，経路 C に沿って系が変化するときの Z の増加は

$$\lim_{\delta C_i \to 0} \sum_i \delta Z_i \equiv \int_C dZ \qquad (2\cdot 2)$$

となる．ただし上式の右辺は，左辺の和を C を経由する積分（線積分*）として定義したものである．

Z が状態量のときは，Z の値は変化の前後の状態 A, B において確定している．式 (2·1) を用いると，A, B における Z の値はそれぞれ $f(X_A, Y_A)$, $f(X_B, Y_B)$ である．したがって C がどのような経路であっても，系の A→B の変化による Z の増加は

$$\int_C dZ = f(X_B, Y_B) - f(X_A, Y_A) \qquad (2\cdot 3)$$

となる．すなわち Z が状態量のときは，積分 $\int_C dZ$ の値は系の変化の前後の

---

* 線積分の具体例については §7·2 参照．

状態 A, B のみにより決まり, 途中の経路 (C) によらない. 後に述べるように, dZ が状態量の微小変化ではなくて, 単なる微小量(例えば系の微小変化に伴って出入する微小量の熱や仕事*)のときは, $\int_C dZ$ は C に依存する. すなわち, どのような経路で系が A から B へ変化するかによって異なる.

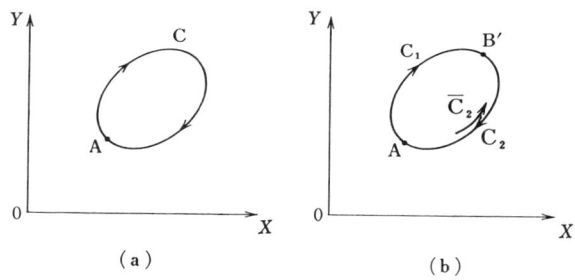

図 2·3 サイクルをなす経路

次に図 2·3 (a) のように系が状態 A から出発して再び元の状態 A にもどる場合を考えよう. このようなサイクルをなす経路についての Z の積分は, $\oint dZ$ とあらわされる. サイクルは始点と終点が一致する変化であるから, 図 2·1 において A=B の場合に相当する. よって Z が状態量のときは, 式 (2·3) から

$$\oint dZ = 0 \tag{2·4}$$

となる. この結果は, 次のようにしても得られる.

図 2·3 (b) に示すように, サイクル上の任意の一点を B′ として, サイクルを二つに分け, A→B′, B′→A の経路をそれぞれ C_1, C_2 とすると

$$\oint dZ = \int_{C_1} dZ + \int_{C_2} dZ \tag{2·5}$$

である. ここで C_2 に逆行する A→B′ の経路を $\overline{C_2}$ とすると

$$\int_{C_2} dZ = -\int_{\overline{C_2}} dZ \tag{2·6}$$

となる (式 (2·2) 参照, C_2 の δZ_i が $\overline{C_2}$ では $-\delta Z_i$ になるから). Z が状

---

* 熱や仕事の意味については, § 2·2 で述べる.

態量のときは，A→B′ の状態変化についての積分は経路によらないから

$$\int_{C_1} dZ = \int_{\overline{C_2}} dZ \tag{2.7}$$

式 (2·5)〜(2·7) より，式 (2·4) が得られる．

以上によって，Z が状態量のときは，$\int_C dZ$ は C によらないこと，またそのときは任意のサイクルについて $\oint dZ = 0$ となることがわかった．それでは，この逆は成立するであろうか．まず $\oint dZ = 0$ のときは変化の前後の状態 A，B が決まっていれば，$\int_C dZ$ は C によらないことを証明しよう．それには $\oint dZ = 0$ のとき，状態変化 A→B をもたらす任意の二つの経路 C_1, C_2 について

$$\int_{C_1} dZ = \int_{C_2} dZ \tag{2.8}$$

が成立することを示せばよい（図 2·4）．図 2·4 において，C_2 に逆行する経路を $\overline{C_2}$ とし，C_1 と $\overline{C_2}$ から成るサイクルを考えると

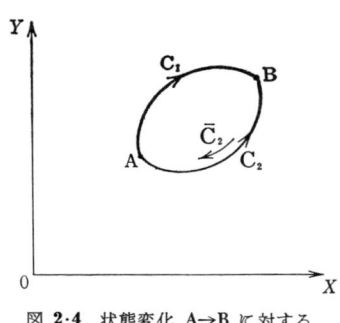

図 2·4 状態変化 A→B に対する二つの経路

$$\oint dZ = \int_{C_1} dZ + \int_{\overline{C_2}} dZ = \int_{C_1} dZ - \int_{C_2} dZ$$

となる．ここで $\oint dZ = 0$ であるから，式 (2·8) が成り立つ（証明終）．

次に $\int_C dZ$ が C によらないときは，Z が状態量になることを示す．いま $X = X_A$，$Y = Y_A$ で指定される状態 A における Z の値を Z_A と定める．次に，A 以外の任意の状態 B における Z の値を

$$Z_B = Z_A + \int_C dZ \tag{2.9}$$

を用いて定める．ただし C は，A から B への系の任意の経路である．$\int_C dZ$ は C によらないから，上式で Z_B の値が確定する $\left(\int_C dZ \text{ が } C \text{ に依存する場合は，系の変化の経路により } Z_B \text{ の値が異なるので，} Z_B \text{ は不定となる}\right)$．いま A を固定して B をいろいろに選ぶと，それに伴って式 (2·9) から Z_B が定まるので，すべての状態における Z の値が確定する．すなわち Z は状態

量となる．上式からわかるように，一般に状態量 Z の値は，基準となる状態 A における値 Z_A を定めた後，それに対して相対的に決められる．例えば，絶対温度の基準点（定点）は水の三重点であり，これを 273.16 K として，他の温度の値が決まる（p.9 注）．

以上述べたことをまとめると，次のようになる．

$$\boxed{\begin{array}{c} Z \text{ が状態量};\\ Z=f(X,\ Y) \end{array} \rightleftarrows \begin{array}{c} \text{状態変化 A}\xrightarrow{C}\text{B において}\\ \int_C dZ \text{ は C によらない} \end{array} \rightleftarrows \oint dZ=0} \qquad (2\cdot 10)$$

すなわち，変化の前後の状態 A，B を定めたとき $\int_C dZ$ が経路によらないこと，および任意のサイクルについて $\oint dZ=0$ となることは，Z が状態量であることの必要十分条件である．

次に Z が状態量のとき，すなわち式 (2·1) が成立するとき，Z の微分は

$$dZ = \frac{\partial f}{\partial X} dX + \frac{\partial f}{\partial Y} dY$$

となる（多変数の関数の微分については §7·1 参照）．したがって Z が状態量のときは，Z の微小量 dZ は完全微分の形（上式の形）になる．逆にある微小量 dZ が完全微分の形に書けるならば（すなわち上式が成立すれば），Z は状態量になる（証明については §7·2 参照）．まとめて

$$\boxed{\begin{array}{cc} Z \text{ が状態量} & dZ \text{ が完全微分}\\ Z=f(X,\ Y) & \rightleftarrows\quad dZ = \dfrac{\partial f}{\partial X} dX + \dfrac{\partial f}{\partial Y} dY \end{array}} \qquad (2\cdot 11)$$

すなわち，dZ が適当な関数 $f(X,\ Y)$ によって完全微分の形に書けることは，Z が状態量であるための必要十分条件である．

なお，この節の議論は，状態変数が $X,\ Y$ 以外にある場合，すなわち3個以上の一般の場合にも成立することは容易にわかる．

§2·2 仕事と熱

系と外界の間に，エネルギーの出入がある場合を考えてみよう．例えば容器

の中の液体を棒でかきまぜると，棒を動かす際の力学的エネルギーが液体に与えられる．すなわち液体の系は，外界から仕事をされることになる．熱力学における力学的仕事の代表的な例が，次に述べる系の膨張と圧縮に伴うものである．

図 2·5 のように，ピストンのついた容器に気体が入っているとする．いま外から P_e の圧力* を加えて，ピストンを dl だけ移動させ気体を圧縮する．このときピストンにはたらく外力 F は，ピストンの面積を S として $F=P_eS$ である．よって外力のする仕事は

$$d'w = Fdl = P_e S dl$$

となる**．Sdl は気体の体積の減少量 $-dV(dV<0, -dV>0)$ に等しいから

$$d'w = -P_e dV \tag{2·12}$$

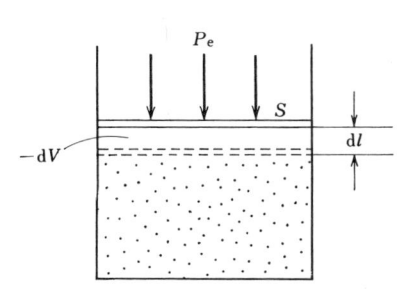

図 2·5　気体の圧縮

となる．すなわち系が圧縮される場合 $(dV<0)$ は，系は外界から $d'w(>0)$ の仕事をされる．逆に膨張の場合 $(dV>0)$ には，系は外界に $-d'w(>0)$ の仕事をすることになる．外圧 P_e の下で系の体積が V_1 から V_2 に変わるとき，系が外界からされる仕事 w（系のエネルギーの増加）は，上式を V_1 から V_2 まで積分して

$$w = -\int_{V_1}^{V_2} P_e dV \tag{2·13}$$

となる．

系と外界とのエネルギーのやりとりには，力学的仕事によるものの他に熱によるものがある．例えば高温の物体と低温の物体を接触させると，高温の物体から低温の物体にエネルギーが移動する（熱伝導）．また，高温の太陽から低温の地球はエネルギーを受け取っている（熱輻射）．このように，二つの物

---

* P_e の添字 e は external（外部の）の頭文字である．
** 仕事は，後に述べるように状態量ではない．状態量ではない量の微小量には，一般にダッシュをつける．

体の間の温度差に基づいて移動するエネルギーを**熱**（heat）という．

上で述べた力学的仕事と熱によるものの他に，他のエネルギーの移動形態がある．例えば，液体中に電熱線を入れて電流を通す，電解質溶液に極板を入れて直接電流を流す，系に作用する電場や磁場を変えるなどの場合である．これらは，すべて広義の**仕事**（work）*に含めることにする．以上の結果，系と外界との間のエネルギーの出入は（広義の）仕事と熱によることになる．

§2·3　熱力学第一法則

§2·1 および §2·2 で準備ができたので，次に**熱力学第一法則**（first law of thermodynamics）を示す．

> 閉じた系がある平衡状態 A から他の平衡状態 B に移る過程で，系が外界から吸収する熱量 q と外界からされる仕事 w の和 $q+w$ は，系の変化の前後の状態 A，B のみにより決まり，途中の経路によらない．

熱力学第一法則にはいろいろな表現があるが，上に示したものはそのうちの一つである．もちろん法則であるから，証明できない．種々の熱力学的現象にあてはめて，正しいことが確かめられたのである．上の表現で，閉じた系（物質の出入がない系）とことわってあるが，物質の出入がある開いた系では，この法則を拡張しなければならない．それについては，§4·4 で述べる．なお熱量 q と仕事 w は外界から系に入る場合，符号を正にとることにする．したがって系が熱や仕事を外界に放出する場合は，それらの値は負となる．

上の法則を図示すると，図 2·6 のようになる．系が平衡状態 A から B に移る経路は，C_1，C_2，$\cdots$ のように無数にある．これらの経路に沿って系が変化するとき，系が吸収する熱量 q_1，q_2，$\cdots$ と，系がされる仕事 w_1，w_2，$\cdots$ は経路ごとに異なる可能性があるが，その和 q_1+w_1，q_2+w_2，$\cdots$ は A，B が決まっている限り一定になるのである．いま，これらの経路のう

---

* 例えば電流による仕事は，電気的仕事（＝電流×電圧×時間）である．

ちの一つを C として，系に入ってくる熱量と仕事を q, w とする．図 2·7 に

$q_1+w_1=q_2+w_2=\cdots$

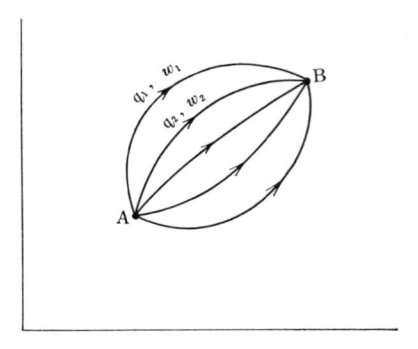

図 2·6　状態変化 A→B に伴って系に入る熱量と仕事，それらの値は経路ごとに異なるが，両者の和は一定である．

図 2·7　経路 C の微小経路への分割

示すように C を微小な経路に分割し，各微小経路で系に入る熱量と仕事をそれぞれ $d'q, d'w$ とすれば

$$q=\int_C d'q \qquad w=\int_C d'w \tag{2·14}$$

となる．上式を用いると上の法則は

$$q+w=\int_C d'q+\int_C d'w=\int_C (d'q+d'w) \tag{2·15}$$

が C によらないことを意味している．ここで

$$\boxed{dU\equiv d'q+d'w} \tag{2·16}$$

とすると，$\int_C dU$ は A, B が決まっている限り C によらないことになる．よって式 (2·10) より，U は状態量になる．

　この状態量 U を，**内部エネルギー** (internal energy) とよぶ．U は状態量であるから，系の平衡状態に応じてその値が定まる．例えば二つの状態変数 X, Y で状態が指定される場合（一成分一相の系），§2·1 で述べたように状態 A, B における U の値は $U_A=U(X_A, Y_A)$, $U_B=U(X_B, Y_B)$ と書ける*．

---

* 式 (2·1) の f の代りに U を用いた．

§2·3 熱力学第一法則

式 (2·16) の両辺を C に沿って積分すると，

$$\int_C dU = \int_C d'q + \int_C d'w \tag{2·17}$$

式 (2·3) より

$$\int_C dU = U_B - U_A \equiv \Delta U \tag{2·18}$$

となるが，これは C によらない．式 (2·14)，(2·18) を式 (2·17) に代入して

$$\boxed{\Delta U = q + w} \tag{2·19}$$

となる．この式は系の状態変化に伴って，熱と仕事の形で外界から系に流入するエネルギーは，系の内部に貯えられて内部エネルギー* の増加 ΔU となることを意味する．したがって系と外界をまとめて考えると，エネルギーは一定である．すなわち熱力学第一法則は，**エネルギー保存則** (law of energy conservation) の一つの表現である．なお，内部エネルギーには，系全体としての位置や速度によるエネルギーは含めない．例えば1階にある系と2階にある系の内部エネルギーは同じである．また，進行中の列車の中の系と，静止している系の内部エネルギーは同じである．

一般に，ある状態から別の状態に系を変化させるのに，熱のみ，仕事のみ，または熱と仕事の両方を用いることができる．例をあげよう．図 2·8 は，Joule（ジュール）が用いた装置の 模式図 である**．図において，質量 m の錘を h だけ落下させると，重力 $F = mg$ （g は重力の加速度）のする仕事は $w = mgh$ となる．この仕事によって，水中の羽車が回転して水を かきまわす ため 水温 が上昇する．いま，この実験を大気圧 P_0 の下で行なうとして，錘の落下の前後の水

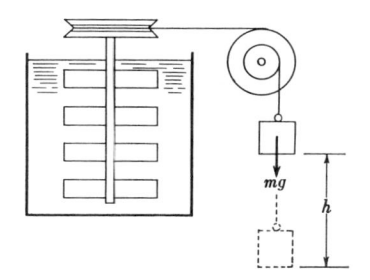

図 2·8 熱の仕事当量を求める実験装置の模式図

---

* 内部エネルギーの微視的な内容については §2·7 参照．
** Joule はこの実験によって，**熱の仕事当量** (mechanical equivalent of heat) として，1 cal = 4.16 J を得た．この値は，現在採用されている値 (4.184 J) にきわめて近い．

温を T_1, T_2 とすれば，錘の落下に伴う状態変化は
$$(P_0, T_1) \xrightarrow{w} (P_0, T_2)$$
と書きあらわされる．ところで，この状態変化は，羽車を動かさないで，水をヒーターなどで容器の外から加熱することによっても起こる．このときは
$$(P_0, T_1) \xrightarrow{q} (P_0, T_2)$$
である．

さらに錘を $h'(h'<h)$ だけ落下させて $w'(=mgh')$ の仕事をし，加熱によって $q'=w-w'$ の熱量を水に与えてもよい．このときは
$$(P_0, T_1) \xrightarrow{w',q'} (P_0, T_2)$$
となる．以上の3通りの方法で，水の状態変化を起こさせたとき
$$\int dU = \Delta U = U(P_0, T_2) - U(P_0, T_1)$$
$$(=w=q=q'+w')$$
は一定で，変化の経路によらない．これに対し $\int d'q$ および $\int d'w$ は，上の三つの経路に対応して，それぞれ 0, q, q' および w, 0, w' の値をとるので経路による．よって式 (2·10) より，熱および仕事は状態量ではない．w や q が経路によることは，上の他いろいろの例で示すことができる．

昔から，周期的に動いて燃料を供給することなしに仕事をとり出せる機械が求められてきた．このような機械を**第一種永久機関***(perpetual engine of the first kind) という．熱力学第一法則が確立するまでは，この種の機関を作ろうとして多くの人々が多大の労力を費したが，それらはすべて徒労に終った．第一種永久機関の一周期の運動について，式 (2·16) を積分すると
$$\oint dU = q+w$$
上式で U は状態量であるから，式 (2·10) より $\oint dU=0$ となる．また，燃料を用いないで仕事をとり出すためには，$q=0$, $w<0$ でなければならない．したがって，上式は成立しないことになる．すなわち熱力学第一法則によって，第一種永久機関の存在は否定される．

---

* 永久機関としては，この他に第二種永久機関がある (§ 3·2)．

§2·4 準静的過程

式 (2·13) によると，外圧 P_e の下で系の体積が V_1 から V_2 まで変化するとき，系が外界からされる仕事は

$$w = -\int_{V_1}^{V_2} P_e dV \tag{2·20}$$

である．ところで膨張や圧縮の過程（一般には系の変化の過程）では系は平衡状態にないので，系の状態量の値は決まらない（§1·1 p.3 参照）．したがって上式に外圧 P_e の代りに系の圧力（内圧）P を用いることができない．

気体が圧縮されて，ある平衡状態 (P_1, V_1) から，別の平衡状態 (P_2, V_2) まで移る過程を考えてみよう．図 2·9 のように，気体はピストンを備えた容器の中に入っており，容器全体は温度 T の恒温槽に浸してあるものとする．ピストンの上に質量 W の錘があるときの気体の平衡状態の圧力と体積を (P_1, V_1) とする（図 2·9 (a)）．ここでピストンの上に質量 w の錘を加える．このとき気体の体積は急激に変化するとともに，気体から恒温槽に熱が移動するが，最終的には気体は温度 T における平衡状態に到達する，このときの気体の圧力と体積を，$(P^{(1)}, V^{(1)})$ とする（図 2·9 (1)）．以下，同様にして次々と質量

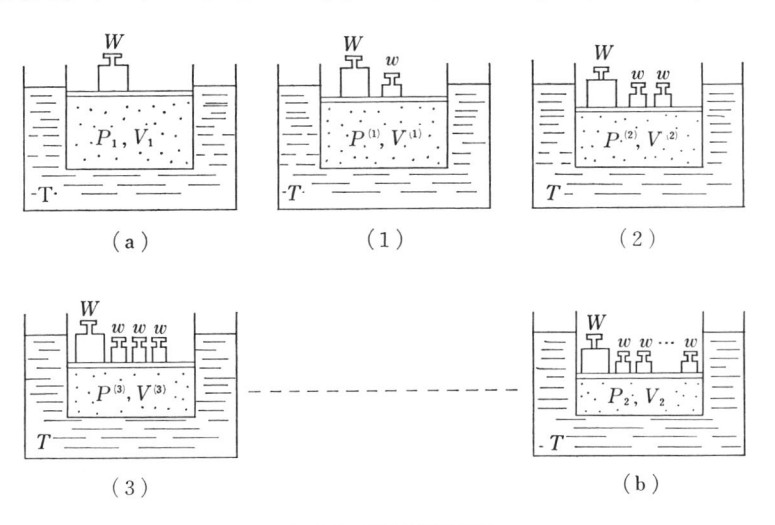

図 2·9 気体の等温圧縮

w の錘を加えていくと，気体は平衡状態 $(P^{(2)}, V^{(2)})$, $(P^{(3)}, V^{(3)})\cdots$ を通り，錘の追加を中止したところで一定の平衡状態 (P_2, V_2) となる（図 2・9 (b)）．以上の変化を P-V 図上にあらわすと，図 2・10 のようになる．図の各点は，錘を加えた後の平衡状態を示したものである．各点の中間は平衡状態にないので，状態量 P, V の値が決まらないから図に示すことができない．すなわち，これらの点を結ぶことは許されない．図 2・9 のように小さい錘 w を何個も加える代りに，1個の大きい錘を加えて一段階で (P_1, V_1) から (P_2, V_2) まで気体の状態を変化させるとすれば，P-V 図上に示すことができるのは，始状態 (P_1, V_1) と終状態 (P_2, V_2) のみである．

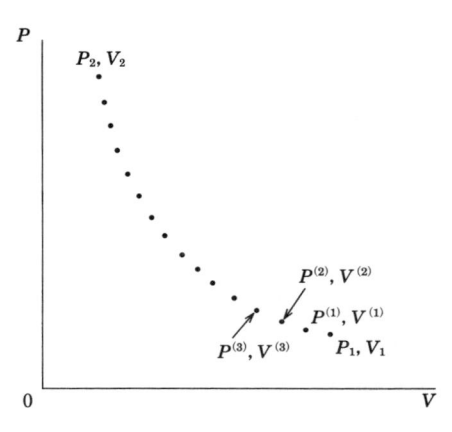

図 2・10 図 2・9 の各平衡状態における圧力と体積

これに対し，加える錘の質量 w を減少させていくと，図 2・10 の点は次第に密になる．$w\to 0$ の極限では点 (P_1, V_1) と (P_2, V_2) の間に連続的に無数の点が並ぶことになり，事実上，(P_1, V_1) と (P_2, V_2) を結ぶ曲線が形成される．この変化は気体の圧力 P に対して，無限小だけ大きい外圧 $P_e = P + dP$ を加えながら気体を圧縮することに相当する．このとき系は絶えず平衡状態（に無限近い状態）を保ちながら，無限にゆっくり変化する．このような変化の過程を**準静的過程**（quasistatic process）という．系を準静的に膨張させるには，外圧 $P_e = P - dP$ の下で系を変化させればよい．これは図 2・9 において，無限小の錘を 1 個ずつ除いていくことに相当する．準静的過程においては系は常に平衡状態にあるので，系の状態量の値は変化の途中でも確定している．上例からもわかるように，準静的過程は実際に起こる過程の極限として考えられたもので，実現することができない．しかし，それを用いて得られる結論を使って，実際の過程についても議論できるので熱力学で重要である．

§2・4 準静的過程

準静的体積変化に伴う仕事を w_{rev} とすれば*，式 (2・20) の P_e に $P\pm dP$ を代入して二次の微小量 $dPdV$ を省くと

$$w_{\text{rev}} = -\int_{V_1}^{V_2} P dV \tag{2・21}$$

微小変化では

$$\boxed{d'w_{\text{rev}} = -PdV} \tag{2・22}$$

が得られる．ただし P は，系の圧力（内圧）である．

ここで理想気体が等温で準静的に，V_1 から V_2 まで体積変化する場合の仕事を求めておこう．準静的変化であるから図 2・11 に示すように，状態方程式 $P = nRT/V$ にしたがう曲線を書くことができる（逆に状態図上に系の変化をグラフで示すと，その変化は準静的でなければならない!!）．式 (2・21) の P に nRT/V を代入して，T が一定であることを考慮すると

$$\begin{aligned} w_{\text{rev}} &= -\int_{V_1}^{V_2} \frac{nRT}{V} dV \\ &= -nRT \int_{V_1}^{V_2} \frac{dV}{V} \end{aligned} \tag{2・23}$$

となる．よって

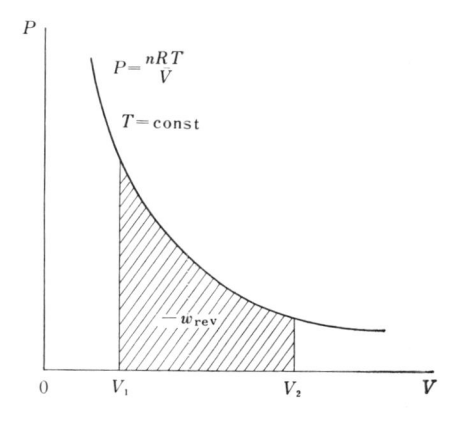

図 2・11 理想気体の定温における準静的変化

$$\boxed{w_{\text{rev}} = -nRT \ln \frac{V_2}{V_1} = -nRT \ln \frac{P_1}{P_2}} \quad \text{理想気体} \tag{2・24}$$

が得られる**．ただし，上式の変形で $P_1V_1 = P_2V_2$ を用いた．なお気体が外界にする仕事 $-w_{\text{rev}} = \int_{V_1}^{V_2} PdV$ は，図 2・11 で斜線で示した面積に相当する．

---

* 準静的過程は，後に述べる可逆過程 (reversible process) に相当するので，添字 rev を付けた．

** 化学では，通常 e を底とする対数記号 $\log_e$ を ln であらわす．

§2・5 エンタルピー

以後しばらくは，系に出入する仕事として系の体積変化に伴う仕事（$d'w = -P_e dV$，式 (2・12)）のみを考えることにする．ところで化学では一定の体積の容器の中や，一定の圧力下で（特に大気圧の下で）反応を進めることが多い．このような定積変化や定圧変化の場合に，上式を適用してみよう．

まず定積変化では，$dV = 0$ であるから (2・13) より $w = 0$，これを (2・19) に代入して

$$\Delta U = q_V \tag{2・25}$$

ただし q_V の添字 V は，定積を意味する．上式は，定積過程で系に出入する熱量は内部エネルギーの変化に等しいことを意味している．

次に定圧変化の場合を考える．ここで定圧とは，外圧 P_e が一定の変化を意味する．準静的な変化では，外圧 P_e と系の圧力 P は常に等しいが（厳密には $P_e = P \pm dP$），準静的でない通常の変化では，系は変化の途中で平衡状態にないので，系の圧力 P は決まらない．P が決まるのは，変化の前後の状態においてのみであって，このときは P は P_e に等しい．この事情を図 2・12 に示した．式 (2・12) の両辺を P_e 一定の条件で積分すると

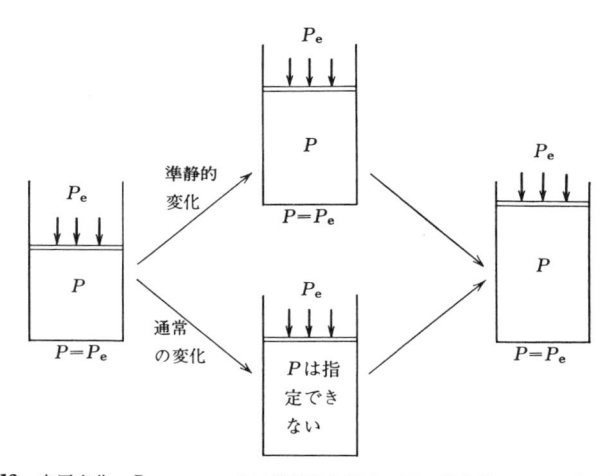

図 2・12 定圧変化．$P_e = \text{const}$，上は準静的な場合，下は準静的でない通常の場合

§2·5 エンタルピー

$$w = -\int P_e dV = -P_e \int dV = -P_e \Delta V$$

これを (2·19) に代入して

$$\Delta U = q_P - P_e \Delta V$$

となる．ただし q_P は定圧変化で系が吸収する熱量である．上式で P_e を変化の前または後の系の圧力 P でおきかえて

$$q_P = \Delta U + P\Delta V \tag{2·26}$$

が得られる．ただし

$$-w = P\Delta V \tag{2·26'}$$

は定圧における体積変化に伴って系が外界にする仕事である．ここで

$$\boxed{H \equiv U + PV} \tag{2·27}$$

で定義される量を導入する．これを**エンタルピー** (enthalpy) とよぶ．

U, P, V はそれぞれ状態量であって，系の平衡状態に応じて値が決まっている．したがって H も系の平衡状態において，その値が決まるので状態量である．このように，状態量を組合わせると無数の状態量が得られるが，熱力学では上の H を含めて，少数のものしか使われない．式 (2·27) から有限の状態変化において

$$\Delta H = \Delta U + \Delta(PV) \tag{2·28}$$

を得る*．定圧変化では $\Delta(PV) = P_B V_B - P_A V_A$ において，始状態と終状態の圧力は等しい ($P_A = P_B = P_e$) から，それらを P とおくと $\Delta(PV) = P(V_B - V_A) = P\Delta V$ となる．よって

$$\Delta H = \Delta U + P\Delta V \quad \text{定圧変化} \tag{2·29}$$

が得られる．式 (2·26), (2·28) から

$$\boxed{\Delta H = q_P} \tag{2·30}$$

となる．すなわち，定圧過程で系に出入する熱量は，エンタルピーの変化に等

---

* 系が状態 A から B まで変化するとすれば
$$H_B - H_A = (U_B + P_B V_B) - (U_A + P_A V_A)$$
$\Delta H = H_B - H_A$, $\Delta U = U_B - U_A$, $\Delta(PV) = P_B V_B - P_A V_A$ として式 (2·28) が得られる．以後他の状態変化においても，同様に考えるものとする．

しい.

式 (2·25), (2·29) の結果を図示すると, 図 2·13 のようになる. 定積変化では, 系に入る熱量がそのまま内部エネルギーの増加になるが, 定圧変化では熱量の一部が系の膨張の仕事 $P\Delta V$ に使われるのである.

```
       定積変化                    定圧変化
        $q_V$                      $q_P$
         ↓                          ↓
       [ $\Delta U$ ]         [ $\Delta U$ ‖ ] ← $-w$ ← $P_e$
                                    ⎵
                                $-w = P_e \Delta V = P\Delta V$

     $q_V = \Delta U$         $q_P = \Delta U + P\Delta V = \Delta H$
```

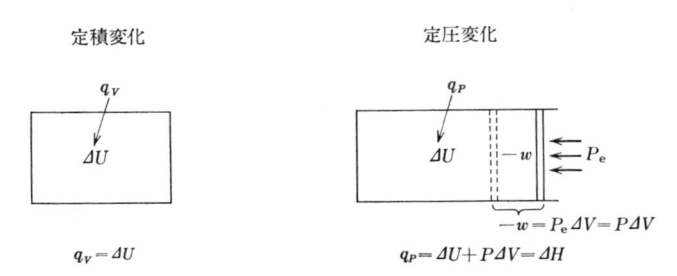

図 2·13 定積変化と定圧変化に伴う熱量

§2·6 熱 容 量

系の温度を, T から $T+\Delta T$ まで上昇させるために必要な熱量を q とすると

$$C \equiv \lim_{\Delta T \to 0} \frac{q}{\Delta T}$$

で定義される量を**熱容量** (heat capacity) という. 系が 1 g の純物質のときの熱容量は, その物質の**比熱** (specific heat) である. 系に流入する熱量は系の変化の道筋によって異なるから, 上式において系の温度変化の条件を指定しなければならない. 通常, 定積または定圧の条件が用いられる. このときは式 (2·25), (2·30) からそれぞれ $q_V = \Delta U, q_P = \Delta H$ であるから, **定積熱容量** (heat capacity at constant volume) として

$$C_V = \lim_{\Delta T \to 0} \frac{q_V}{\Delta T} = \lim_{\substack{\Delta T \to 0 \\ (V = \text{const})}} \frac{\Delta U}{\Delta T}$$

$$\therefore \quad \boxed{C_V = \left(\frac{\partial U}{\partial T}\right)_V} \qquad (2·31)$$

が, また**定圧熱容量** (heat capacity at constant pressure) として

§2·6 熱容量

$$C_P = \lim_{\Delta T \to 0 \atop (P=\text{const})} \frac{q_P}{\Delta T} = \lim_{\Delta T \to 0} \frac{\Delta H}{\Delta T}$$

$$\therefore \quad \boxed{C_P = \left(\frac{\partial H}{\partial T}\right)_P} \tag{2.32}$$

が得られる．ただし式 (2·31) の右辺は U を T と V の関数，$U(T, V)$ として T で偏微分することを意味する．また，式 (2·32) の右辺は，関数 $H(T, P)$ を T で偏微分することを意味する．前節で述べたように，定圧では系の体積膨張に伴う仕事が必要であるから，一般に $C_P > C_V$ である．C_P と C_V の差を求めてみよう．

$$\begin{aligned} C_P - C_V &= \left(\frac{\partial H}{\partial T}\right)_P - \left(\frac{\partial U}{\partial T}\right)_V \\ &= \left(\frac{\partial U}{\partial T}\right)_P + P\left(\frac{\partial V}{\partial T}\right)_P - \left(\frac{\partial U}{\partial T}\right)_V \quad (2·27 \text{ 参照}) \end{aligned} \tag{2.33}$$

上式の第1項は $U(T, P)$ の T による偏微分，第3項は $U(T, V)$ の T による偏微分であるから両者は異なる．$U(T, V)$ の全微分は

$$dU = \left(\frac{\partial U}{\partial T}\right)_V dT + \left(\frac{\partial U}{\partial V}\right)_T dV$$

である ((p. 236, (7·8) 参照)．

いま P 一定の条件で系を変化させるとして，そのときの dU, dT, dV をそれぞれ dU_P, dT_P, dV_P とすれば

$$dU_P = \left(\frac{\partial U}{\partial T}\right)_V dT_P + \left(\frac{\partial U}{\partial V}\right)_T dV_P$$

となる．上式の両辺を dT_P で割ると

$$\left(\frac{\partial U}{\partial T}\right)_P = \left(\frac{\partial U}{\partial T}\right)_V + \left(\frac{\partial U}{\partial V}\right)_T \left(\frac{\partial V}{\partial T}\right)_P \tag{2.34}$$

が得られる*．上と同様に一般に関数 $Z(x, y)$ の変数 x, y を x, w におきかえて $Z(x, w)$ とするとき

---

* $\dfrac{dU_P}{dT_P}$ は $\lim\limits_{\Delta T \to 0 \atop (P=\text{const})} \dfrac{\Delta U}{\Delta T} = \left(\dfrac{\partial U}{\partial T}\right)_P$ を意味する．

$\dfrac{dV_P}{dT_P}$ についても同様．

となる.

$$\left(\frac{\partial Z}{\partial x}\right)_w = \left(\frac{\partial Z}{\partial x}\right)_y + \left(\frac{\partial Z}{\partial y}\right)_x \left(\frac{\partial y}{\partial x}\right)_w \qquad (2\cdot 35)$$

となる. 式 (2・33), (2・34) より

$$C_P - C_V = \left[P + \left(\frac{\partial U}{\partial V}\right)_T\right]\left(\frac{\partial V}{\partial T}\right)_P \qquad (2\cdot 36)$$

となる. 上式は, $P(\partial V/\partial T)_P$ 項と $(\partial U/\partial V)_T(\partial V/\partial T)_P$ 項からなる. 前者は, 体積変化に伴い系がする仕事 PdV に基づく項である. 後者は, 系の体積変化に伴う内部エネルギーの増加 $(\partial U/\partial V)_T dV$ に基づく項であり, 理想気体では次節で述べるように 0 となる ((2・38) 参照).

§ 2・7 Joule の法則

Joule は以下に述べる実験に基づいて, 次の法則を導いた.

「理想気体の内部エネルギーは, 温度のみの関数である. すなわち, 一定温度では体積または圧力によらない」. これを **Joule の法則**という.

この法則は

$$\boxed{U = U(T)} \qquad \text{理想気体} \qquad (2\cdot 37)$$

と書きあらわされる. または

$$\left(\frac{\partial U}{\partial P}\right)_T = \left(\frac{\partial U}{\partial V}\right)_T = 0 \qquad \text{理想気体} \qquad (2\cdot 38)$$

であらわしてもよい. これに対し実在気体の U は $U(T, V)$ または $U(T, P)$ となり, 上式の微分は 0 とならない.

図 2・14 に, Joule の実験装置の略図を示す. コックを備えた容器の左方に気体が入っており, 右方は真空である. 容器全体は温度 T の水槽に浸してある. 図の装置でコックを開くと, 気体は右方に拡散し容器全体を均一に占める. Joule はコックを開いた後, 水槽の温度が変わらないことを観測した. よって容器の中の気体と水槽の間には, 熱の出入がない ($q=0$). また気体は真空中へ拡散 (自由膨張) した

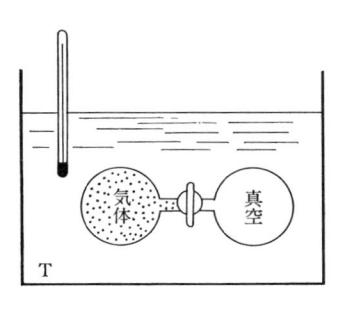

図 2・14 Joule の実験

§ 2·7 Joule の法則

のであるから，$P_e=0$ で外界に仕事をしていない（$w=0$）．したがって，第一法則から気体の拡散に伴う内部エネルギーの変化は，$\Delta U=q+w=0$ である．

いま，気体の拡散前の体積を V_1，拡散後の体積（容器全体の容積）を V_2 とすれば，$\Delta U=0$ であるから

$$U(T, V_1)=U(T, V_2)$$

となる．また，気体の拡散前と後の圧力を，それぞれ，P_1, P_2 とすれば

$$U(T, P_1)=U(T, P_2)$$

である．すなわち理想気体*の内部エネルギーは，温度一定ならば体積または圧力によらない．

図 2·14 の装置において，気体の熱容量は水槽の熱容量に比べてはるかに小さいので，たとえ両者の間に熱の出入があったとしても，水槽の温度変化として観測されないはずである．したがって，Joule の法則は実験に基づくものではない．巨視的には，理想気体に対して導入された仮定と考えるべきである．ただし，微視的な立場からは，この法則は容易に理解される．理想気体では分子間力がないので，一定温度で体積（分子間の平均距離）が変化しても内部エネルギーは変わらないはずである．これに対し，実在気体では分子間力に逆らって気体を膨張させるのにエネルギーが必要で，そのエネルギーが内部エネルギーとして気体に貯えられるので，内部エネルギーは温度および体積（または圧力）による．

第一法則と Joule の法則を，理想気体の定温変化に適用すると

$$dU=d'q+d'w=0$$
$$d'q=-d'w=P_e dV \tag{2·39}$$

準静的過程では外圧 P_e を気体の圧力（内圧）P としてよいから

$$d'q_{rev}=PdV \qquad \text{理想気体の定温変化} \tag{2·40}$$

ここで，気体の内部エネルギーを微視的な立場から考察しておこう．気体分子運動論によると，気体の**並進**（translation）運動のエネルギーは，分子1個

---

* Joule は図の容器の左方に空気を入れて実験を行なった．この場合，空気は理想気体に近いと考えている．

当り平均 $(3/2)kT$ である（p.17, 式 (1·40)）. したがって n mol の気体では, $(3/2)nLkT=(3/2)nRT$ となる. これに基づく内部エネルギーは

$$U_{\text{trans}}=\frac{3}{2}nRT \tag{2·41}$$

である. 上式はエネルギー等分配則（p.17）から, 並進運動の1自由度当り $(1/2)nRT$ のエネルギーの寄与があると考えても導ける. 2個以上の原子を含む分子では, U_{trans} の他に分子の重心のまわりでの回転（rotation）のエネルギー U_{rot} と, 分子内の原子の**振動**（vibration）エネルギー U_{vib} が内部エネルギーに寄与する.

分子の回転運動は直線状分子では, 分子軸に直交する2軸のまわりの回転で, 非直線状分子では直交する3軸のまわりの回転で記述される（図 2·15）. したがって回転の自由度は, それぞれ2および3である. 統計力学によると, エネルギー等分配則は回転運動の場合にも成立する（ただし温度があまり低くない場合）. したがって n mol の分子で, 回転の1自由度当り $(1/2)nRT$ のエネルギーの寄与があるとすると

$$U_{\text{rot}}=nRT \qquad \text{直線状分子} \tag{2·42}$$

$$U_{\text{rot}}=\frac{3}{2}nRT \qquad \text{非直線状分子} \tag{2·43}$$

となる.

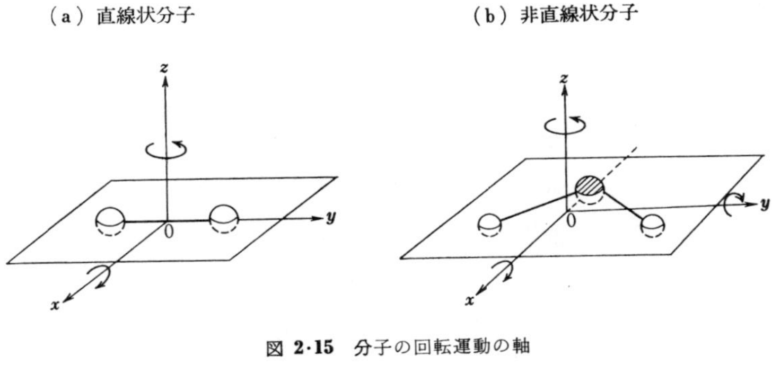

(a) 直線状分子　　　　　　　　(b) 非直線状分子

図 2·15　分子の回転運動の軸

§ 2·7 Joule の法則

分子内振動の例を図 2·16 に示す．N 個の原子からなる分子の振動のタイプの数は直線状分子では $3N-5$，非直線状分子では $3N-6$ である*．

(a) 直線状分子　　　　　(b) 非直線状分子

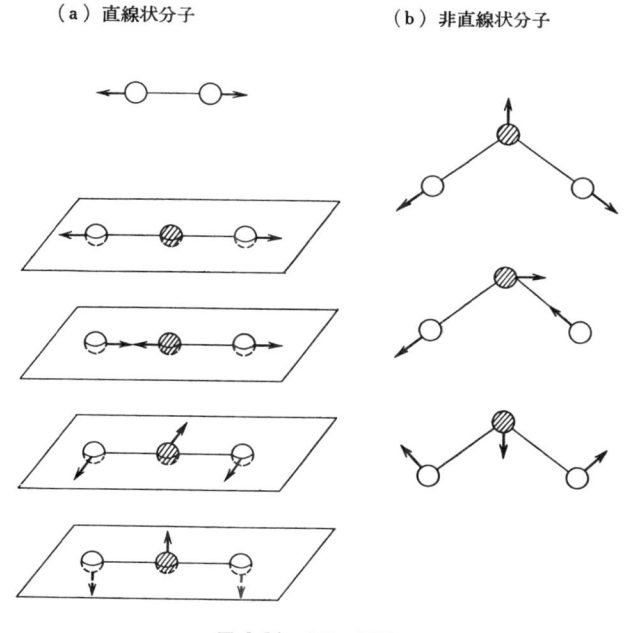

図 2·16　分子の振動

実在気体では，以上の他に分子間の相互作用に基づく**ポテンシャルエネルギー** (potential energy) の項 U_{pot} が加わる．分子間に引力がはたらく場合には，分子を引き離すために仕事が必要で，それがポテンシャルエネルギーとして気体に貯えられる．

以上をまとめると，気体の内部エネルギーは

$$U = U_{trans} + U_{rot} + U_{vib} + U_{pot} \tag{2·44}$$

となる．ただし理想気体では，分子間に相互作用がないので $U_{pot}=0$ である．温度が高くなると分子の並進，回転および振動の運動は次第に激しくなる．す

---

* N 原子分子の運動の自由度は原子 1 個当り 3，全部で $3N$ ある．これから並進運動の自由度 (3) と回転運動の自由度 (2 または 3) を差引くと，これらの値が得られる．

なわち U_{trans}, U_{rot} および U_{vib} は，気体の温度に依存する（体積にはよらない）．逆に U_{pot} は温度にはほとんどよらないが，体積に依存する．理想気体で Joule の法則が成立するのは，U_{pot} の項がないためである．

§2·8 気体の熱容量

理想気体では $PV=nRT$ が成立するから，$(\partial V/\partial T)_P=nR/P$ である．これと Joule の法則の式 (2·38) を (2·36) に代入すると

$$\boxed{C_P-C_V=nR} \qquad \text{理想気体} \tag{2·45}$$

となる．これを **Mayer の関係式** (Mayer's relation) という．単原子理想気体では並進運動しかないから，式 (2·41) より

$$U=U_{\text{trans}}=\frac{3}{2}nRT \tag{2·46}$$

である．このとき C_V は式 (2·31) から

$$C_V=\frac{3}{2}nR \qquad \text{単原子分子} \tag{2·47}$$

となる．式 (2·45)，(2·47) から，単原子理想気体のモル熱容量は

$$C_{V,\text{m}}=\frac{3}{2}R=12.47\ \text{J K}^{-1}\ \text{mol}^{-1} \qquad C_{P,\text{m}}=\frac{5}{2}R=20.79\ \text{J K}^{-1}\ \text{mol}^{-1}$$

$$\gamma\equiv\frac{C_{P,\text{m}}}{C_{V,\text{m}}}=\frac{5}{3}=1.67$$

となる．表 2·1 に，いくつかの気体の $C_{P,\text{m}}$, $C_{V,\text{m}}$, γ を示した．上の値は，He, Ne, Ar などの希ガスの実験値とよく一致していることがわかる．

二つ以上の原子を含む分子では，並進運動のエネルギーの他に振動および回転のエネルギーが加わるので，熱容量の値は単原子分子の場合より大きくなる．式 (2·44) で $U_{\text{pot}}=0$（理想気体近似）とすると

$$C_V=\left(\frac{\partial U_{\text{trans}}}{\partial T}\right)_V+\left(\frac{\partial U_{\text{rot}}}{\partial T}\right)_V+\left(\frac{\partial U_{\text{vib}}}{\partial T}\right)_V \tag{2·48}$$

上式に式 (2·41)～(2·43) を代入すると

$$C_V=\frac{5}{2}nR+\left(\frac{\partial U_{\text{vib}}}{\partial T}\right)_V \qquad \text{直線状分子} \tag{2·49}$$

§2·8 気体の熱容量

表 2·1 気体のモル熱容量 (1 atm)

気体	温度/°C	$C_{P,\mathrm{m}}$/J K^{-1} mol^{-1}	$C_{V,\mathrm{m}}$/J K^{-1} mol^{-1}	$\gamma = C_{P,\mathrm{m}}/C_{V,\mathrm{m}}$
He	25	20.79	12.47	1.67
Ne	25	20.79	12.47	1.67
Ar	25	20.79	12.47	1.67
H$_2$	25	28.84	20.54	1.40
N$_2$	25	29.12	20.71	1.41
O$_2$	25	29.36	21.13	1.39
Cl$_2$	25	33.95	25.69	1.32
CO	25	29.14	20.79	1.40
H$_2$O	400	33.40	24.93	1.34
CO$_2$*	25	37.13	28.95	1.28
NH$_3$	25	35.1	27.5	1.28
CH$_4$	25	35.7	27.6	1.29
C$_2$H$_2$*	15	41.74	33.12	1.26

* 直線状多原子分子

$$C_V = 3nR + \left(\frac{\partial U_\mathrm{vib}}{\partial T}\right)_V \qquad \text{非直線状分子} \qquad (2·50)$$

となる. 通常 $(\partial U_\mathrm{vib}/\partial T)_V$ の項は小さいので, これを無視すると, 上式と (2·45) より直線状分子で

$$C_{V,\mathrm{m}} = \frac{5}{2}R = 20.79 \text{ J K}^{-1} \text{ mol}^{-1} \qquad C_{P,\mathrm{m}} = \frac{7}{2}R = 29.10 \text{ J K}^{-1} \text{ mol}^{-1}$$

$$\gamma = \frac{7}{5} = 1.40$$

非直線状分子で

$$C_{V,\mathrm{m}} = 3R = 24.94 \text{ J K}^{-1} \text{ mol}^{-1} \qquad C_{P,\mathrm{m}} = 4R = 33.26 \text{ J K}^{-1} \text{ mol}^{-1}$$

$$\gamma = \frac{4}{3} = 1.33$$

となる.

表2·1によると, H$_2$, N$_2$, O$_2$, CO, H$_2$O などで上の値は実験値をよく説明することがわかる. 他の分子の実験値は上の値からずれているが, これは熱容量への振動の寄与 ($(\partial U_\mathrm{vib}/\partial T)_V$) を無視できないためである. どの分子でも, 高温になると振動の寄与が次第に大きくなり, 熱容量の値が増加する. 熱容量の温度依存性を表わすために, 一定の温度範囲で求めた実験式

$$C_{P,\text{m}} = a + bT + cT^2$$
$$C_{P,\text{m}} = a + bT + cT^{-2} \tag{2.51}$$

などが用いられる．表 2·2 に，式 (2·51) の係数の値を示す．

表 2·2　熱容量の温度依存性
$C_{P,\text{m}} = a + bT + cT^{-2}$

物質	$a/10^1$ J K^{-1} mol^{-1}	$b/10^{-3}$ J K^{-2} mol^{-1}	$c/10^5$ J K mol^{-1}	温度範囲/K
C(s, graphite)	1.69	4.77	-8.53	298～2 500
H$_2$(g)	2.73	3.3	0.50	298～3 000
N$_2$(g)	2.79	4.27	—	298～2 500
O$_2$(g)	3.00	4.18	-1.7	298～3 000
Cl$_2$(g)	3.70	0.67	-2.8	298～3 000
CO(g)	2.84	4.1	-0.46	298～2 500
H$_2$O(g)	3.05	10.3	—	298～2 750
CO$_2$(g)	4.42	8.79	-8.62	298～2 500
NH$_3$(g)	2.97	25.1	-1.5	298～2 000
CH$_4$(g)	2.36	6.02	-1.9	298～1 500
C$_2$H$_2$(g)	5.08	16.1	-10.3	298～2 000

§2·9　相変化に伴う熱量

図 2·17 に水の**状態図** (phase diagram) を示す．図中 G, L および S の領域は，それぞれ水が気体 (gas), 液体 (liquid), 固体 (solid) として安定に存在する領域である．曲線 OC, OA, OB 上では，それぞれ気相と液相，気相と固相および固相と液相が共存する．O 点 (温度 0.01 °C, 圧力 4.59 Torr) は気相，液相，固相が共存する点で **三重点** (triple point) とよばれる．また C 点は臨界点で，C 点より高い温度では気相，液相の区別がない．なお破線 OC′ は過冷*された水 (準安定相) の蒸気圧曲線である．図に点

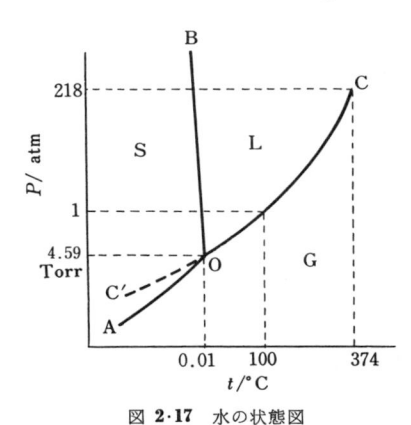

図 2·17　水の状態図

---

*　液体を冷却するとき，凝固点以下になっても固体を析出しない現象を**過冷** (super cooling) という．

§2·9 相変化に伴う熱量

線で示したように、1 atm の下で氷を加熱すると、0°C で氷は融解して液体の水となる。また液体の水は、100°C で沸騰して水蒸気となる。このとき水の蒸気圧は、外圧 (1 atm) に等しい。

一般に融点および沸点における相変化の間、物質の温度は一定で物質に加えた熱エネルギー（融解熱または蒸発熱）はすべて相変化に使われる。一定圧力 P の下では式 (2·30) が成立するので、**融解熱** (heat of fusion) はその圧力 P における融点 (fusing point, T_f) での液体と固体のエンタルピーの差に等しい。すなわち

$$\Delta H_{\text{fus}}(P) = H^{(1)}(T_f, P) - H^{(s)}(T_f, P) \tag{2·52}$$

同様に**蒸発熱** (heat of vaporization) は、圧力 P、**沸点** (boiling point, T_b) での気体と液体のエンタルピー差となる。

$$\Delta H_{\text{vap}}(P) = H^{(g)}(T_b, P) - H^{(1)}(T_b, P) \tag{2·53}$$

1 atm の水の場合、モル当りの ΔH_{fus} と ΔH_{vap} は、それぞれ 6.01 kJ mol^{-1} と 40.65 kJ mol^{-1} である*。

図 2·17 からわかるように、圧力 4.59 Torr 以下で氷を加熱すると水蒸気になる。このように、固相から直接気相に変化する過程を**昇華** (sublimation) という。圧力 P の下での昇華点 (T_{sub}) における相変化で吸収される熱量は

$$\Delta H_{\text{sub}}(P) = H^{(g)}(T_{\text{sub}}, P) - H^{(s)}(T_{\text{sub}}, P) \tag{2·54}$$

である。

図 2·18 に硫黄の状態図を示す。S_α, S_β, L, G はそれぞれ斜方硫黄**、単斜硫黄**、液相、気相の存在する領域である。1 atm で斜方硫黄を加熱すると 95.4°C で単斜硫黄に変わり、115.2°C で液体になる（図参照）。斜方硫黄から単斜硫黄への変化のように、結晶状態が変化する温度を**転移点** (transition point)、このとき吸収される熱量を**転移熱** (heat of transition) という。1 atm における硫黄の転移熱は、$\Delta H_{\text{tr}} = 0.40$ kJ mol^{-1} である。

図 2·19 に炭素の状態図を示す。図から、常温常圧ではダイヤモンドより黒

---

* これらの値は、1 g 当りそれぞれ 79.7 cal g^{-1} と 539.3 cal g^{-1} に相当する。
** 斜方晶系と単斜晶系の結晶の硫黄。ともに S_8 分子よりなる分子性結晶である。

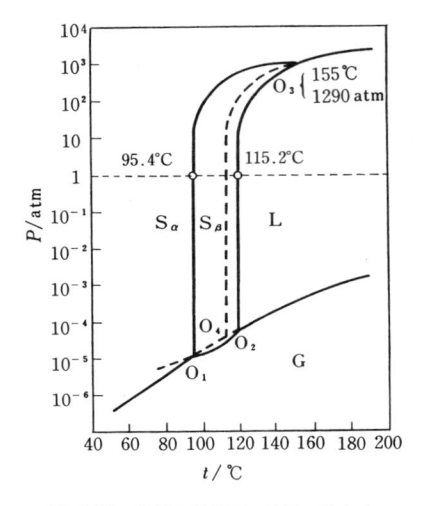

図 2·18 硫黄の状態図. 破線は準安定な状態

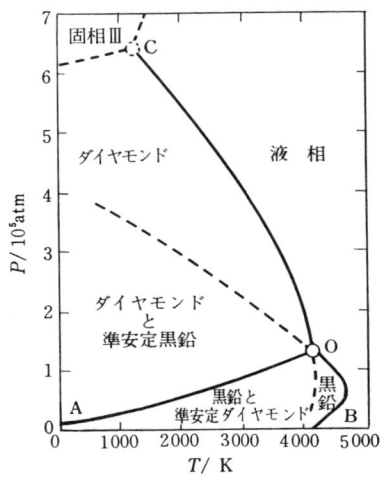

図 2·19 炭素の状態図

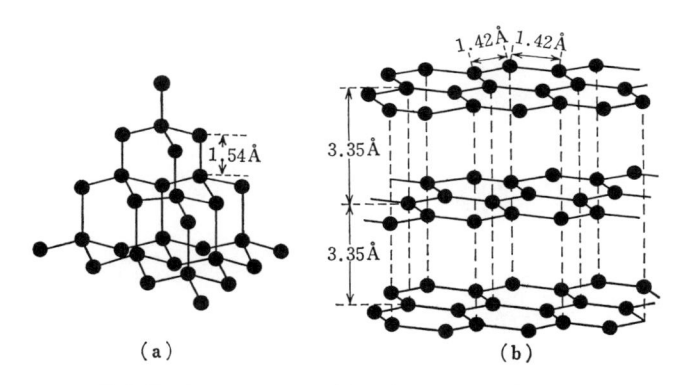

図 2·20 炭素の原子配置. (a):ダイヤモンド, (b):黒鉛

鉛が安定であることがわかる(ダイヤモンドと黒鉛の構造については図 2·20 参照). ダイヤモンドは高圧の安定相であって,そのため高圧の地底で見出される. 常温常圧でダイヤモンドが準安定である理由は, 黒鉛へ転移する際, 炭素原子間の結合の組み換えに大きいエネルギー(活性化エネルギー)を要するため, 転移速度が極端に小さいからである. 1 atm, 25 °C で黒鉛からダイヤモ

ンド（準安定）への転移熱は，$\Delta H_{tr} = 1.90 \, \text{kJ mol}^{-1}$ である．

§ 2·10 反 応 熱

物質 A と B が反応して C と D が生成する反応
$$a\text{A} + b\text{B} = c\text{C} + d\text{D}$$
において左辺を**原系**または**反応系**，右辺を**生成系**とよぶ．また係数 a, b, c, d を**化学量論係数** (stoichiometric coefficient) という．上式において，すべての項を右辺に移せば
$$0 = -a\text{A} - b\text{B} + c\text{C} + d\text{D}$$
となる．したがって一般の化学反応は，反応に関与する物質を A_i，化学量論係数を ν_i とすると
$$0 = \sum_i \nu_i A_i \tag{2·55}$$
と書ける．ただし ν_i の符号は原系では負，生成系では正である．例えば
$$2\,\text{H}_2 + \text{O}_2 = 2\,\text{H}_2\text{O}$$
の反応は
$$0 = -2\,\text{H}_2 - \text{O}_2 + 2\,\text{H}_2\text{O}$$
と書けるから $\nu_1 = -2$, $\nu_2 = -1$, $\nu_3 = 2$ である．

定圧変化では，系が吸収する熱量はエンタルピーの増加に等しいから（式 (2·30)），定圧で反応が起こるとき，反応に伴い系が吸収する熱量 q_P は，原系と生成系のエンタルピーをそれぞれ H, H' とすると

$$\boxed{q_P = H' - H = \Delta H} \tag{2·56}$$

となる．同様に，式 (2·25) から定積の反応で系が吸収する熱量 q_V は，原系と生成系の内部エネルギー U, U' を用いて

$$\boxed{q_V = U' - U = \Delta U} \tag{2·57}$$

上の q_P を**定圧反応熱** (heat of reaction at constant pressure)，q_V を**定積反応熱** (heat of reaction at constant volume) という．$q_P = \Delta H > 0$ ($q_V = \Delta U > 0$) のときは**吸熱反応** (endothermic reaction)，$q_P = \Delta H < 0$ ($q_V =$

$\Delta U < 0$) のときは**発熱反応** (exothermic reaction) である.

式 (2·56) と式 (2·29) より

$$q_P = \Delta H_P = \Delta U_P + P\Delta V_P$$

ただし ΔH, ΔU, ΔV に定圧であることを明示するため，添字 P をつけた.

もし反応に関与する物質がすべて気体の場合には，理想気体近似を用いると

$$q_P = \Delta U_P + (\sum_i \nu_i)RT$$

ここで $\sum_i \nu_i$ は反応に伴う気体のモル数の増加である. Joule の法則（式 (2·37)）から，理想気体では定温で U は P や V によらないから，ΔU_P は q_V ($=\Delta U_V$) に等しい. よって

$$q_P = q_V + (\sum_i \nu_i)RT \tag{2·58}$$

となる. 上式によると気相反応では，モル数の変化がなければ定圧反応熱は定積反応熱に等しい.

1 atm, 25 °C で気体の水素 1 mol と気体の酸素 1/2 mol が反応して液体の水 1 mol が生じるとき，285.83 kJ の熱量が発生する. これは

$$H_2(g) + \frac{1}{2}O_2(g) = H_2O(l) + 285.83 \text{ kJ} \tag{2·59}$$

と書きあらわされる. ただし ( ) 内の g, l は気体 (gas) および液体 (liquid) を意味する. 反応に関与する物質が固体 (solid) のときは, ( ) 内に s を用いる.

上式を前述したことを用いて，より正確に記すと

$$H_2(g) + \frac{1}{2}O_2(g) = H_2O(l); \quad \Delta H_{298}^{\ominus} = -285.83 \text{ kJ mol}^{-1} \tag{2·60}$$

である. ただし ΔH の上つき添字 $\ominus$ は**標準状態** (standard state) を意味する. 熱力学では，場合に応じて種々の基準となる状態（標準状態）を選ぶが，反応熱の場合は 圧力 1 atm を標準状態とする. また下つき添字 298 は 25 °C (298.15 K) をあらわす. ΔH は P, T によるので，このように圧力と温度を明示する必要がある. 式 (2·59), (2·60) のように，化学方程式に反応熱をつけ加えた式を**熱化学方程式** (thermochemical equation) という.

物質の溶媒中への溶解は，一種の化学反応である. 例えば，硫酸を大量の水

§ 2·10 反 応 熱

に溶かす場合の発熱過程は

$$H_2SO_4(l) + aq = H_2SO_4(aq); \quad \Delta H_{298}^\ominus = -95.27 \text{ kJ mol}^{-1} \quad (2 \cdot 61)^*$$

と書かれる．同様に硝酸カリウムを水に溶かすと，熱を吸収する．

$$KNO_3(s) + aq = KNO_3(aq); \quad \Delta H_{298}^\ominus = 34.9 \text{ kJ mol}^{-1} \quad (2 \cdot 62)^*$$

H および U は状態量であるから，ΔH および ΔU は最初と最後の状態により決まり，途中の経路によらない（式 (2·10)）．したがって反応熱（ΔH または ΔU）は，原系と生成系の状態のみにより決まり，反応の経路によらない．すなわち反応が一段で起こっても，数段に分かれて起こっても，反応熱の総和は変わらない．これを **Hess の法則** という．この法則を用いると，熱化学方程式を代数方程式のように加減できる．例えば，炭素と水素からメタンが生成する反応の反応熱は，次のようにに求められる．

$$C(\text{graphite}) + O_2(g) = CO_2(g); \quad \Delta H_{298}^\ominus = -393.52 \text{ kJ mol}^{-1} \quad (2 \cdot 63)^{**}$$

$$H_2(g) + \frac{1}{2} O_2(g) = H_2O(l); \quad \Delta H_{298}^\ominus = -285.83 \text{ kJ mol}^{-1} \quad (2 \cdot 64)$$

$$CH_4(g) + 2 O_2(g) = CO_2(g) + 2 H_2O(l); \quad \Delta H_{298}^\ominus = -890.31 \text{ kJ mol}^{-1} \quad (2 \cdot 65)$$

式 (2·63)+(2·64)×2−(2·65) より

$$C(\text{graphite}) + 2 H_2(g) = CH_4(g); \quad \Delta H_{298}^\ominus = -74.87 \text{ kJ mol}^{-1} (2 \cdot 66)$$

上の計算は，Hess の法則を用いて，図 2·21 の経路 I の反応熱を経路 II～IV の反応熱の和から求めたことに相当する．

上の例が示すように，反応熱は **燃焼熱** (heat of combustion) から間接的に求められることが多い．一般に燃焼（酸化）反応は速く，かつ完全に進行するので，反応熱の測定が容易である．燃焼熱を測定するには，水中に浸した金属容器（ボンベ bomb）の中に試料を酸素とともに入れて点火し，このとき発生する熱を水の温度上昇から求める．この方法では定積反応熱が得られるから，式 (2·58) などを用いて定圧反応熱に換算する．有機化合物が完全に燃焼する

---

 * $\Delta H_{298}^\ominus$ は溶液の濃度により異なる．式 (2·61), (2·62) の値は，無限希釈溶液の場合の値である．

 ** C(graphite) は黒鉛 (graphite) 状の炭素をあらわす．p.50 参照．

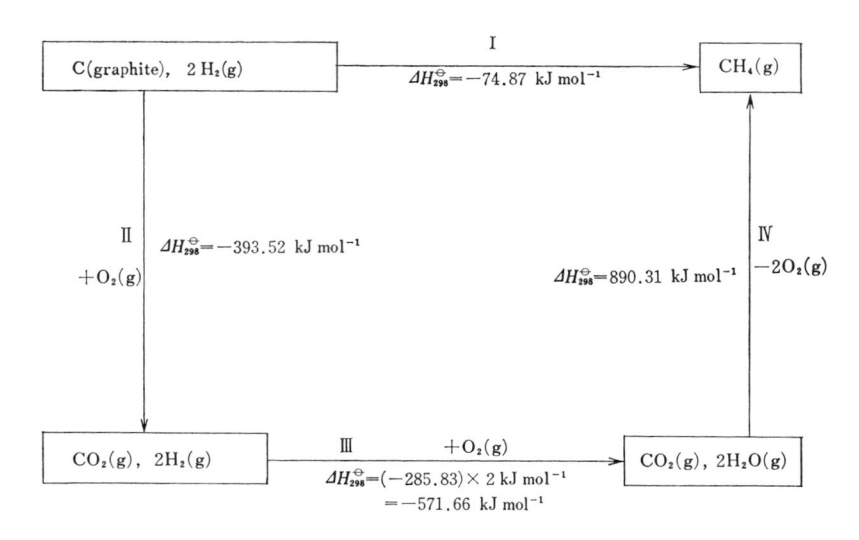

```
┌─────────────────────────┐        Ⅰ                    ┌─────────┐
│ C(graphite),  2 H₂(g)   │──────────────────────────→  │ CH₄(g)  │
└─────────────────────────┘  ΔH⊖₂₉₈=−74.87 kJ mol⁻¹    └─────────┘
```

図 2·21 C(graphite) + 2 H₂(g) ⟶ CH₄(g) の $\Delta H^\ominus_{298}$ は，Ⅰの経路でも Ⅱ+Ⅲ+Ⅳ の経路でも 変わらない (-74.87 kJ mol⁻¹ = ($-393.52 - 571.66 + 890.31$) kJ mol⁻¹)

[Diagram: Ⅱ $+O_2(g)$, $\Delta H^\ominus_{298} = -393.52$ kJ mol⁻¹, leading down to $CO_2(g), 2H_2(g)$. Ⅲ $+O_2(g)$, $\Delta H^\ominus_{298} = (-285.83) \times 2$ kJ mol⁻¹ $= -571.66$ kJ mol⁻¹, leading to $CO_2(g), 2H_2O(g)$. Ⅳ $-2O_2(g)$, $\Delta H^\ominus_{298} = 890.31$ kJ mol⁻¹, leading up to $CH_4(g)$.]

と，分子中に含まれている C，H，N 原子は，それぞれ CO_2, H_2O, および N_2 になる．

化合物が，その成分元素の単体から生成するときの反応熱を，**生成熱** (heat of formation) という．特に圧力 1 atm (標準状態)* における化合物 1 mol 当りの生成熱を，**標準生成熱** (standard heat of formation) または**標準生成エンタルピー** (standard enthalpy of formation) とよび，$\Delta H_f^\ominus$ であらわす．式 (2·63)，(2·64)，(2·66) から，CO_2, H_2O, CH_4 の 25°C における $\Delta H_f^\ominus$ は，それぞれ -393.52, -285.83 および -74.87 kJ mol⁻¹ である．ある温度における標準生成熱の値を決める際には，生成反応に関与する単体の状態として，その温度（および 1 atm）で最も安定なものを選ぶ．例えば，25°C において炭素では黒鉛，硫黄では斜方硫黄が選ばれる．表 2·3 と表 2·4 に，種々の無機および有機化合物の 25°C における標準生成エンタルピーを示す．

標準生成エンタルピーは，単体 (1 atm) のエンタルピーを 0 としたときの

---

* 国際規約によると標準状態として圧力を 1 atm (=1.01325 bar) とする代わりに 1 bar とすることになっている．その場合，$\Delta H_f^\ominus$ の値はわずかに異なる．

§ 2·10 反応熱

表 2·3 無機化合物の標準生成エンタルピー (25 °C)

物質	$\Delta H_f^\ominus/\text{kJ mol}^{-1}$	物質	$\Delta H_f^\ominus/\text{kJ mol}^{-1}$	物質	$\Delta H_f^\ominus/\text{kJ mol}^{-1}$	物質	$\Delta H_f^\ominus/\text{kJ mol}^{-1}$
AgBr(s)	−100.37	CaO(s)	−635.09	H$_2$S(g)	−20.42	N$_2$O$_4$(g)	9.2
AgCl(s)	−127.07	CuO(s)	−155.85	Hg(g)	61.317	Na$_2$CO$_3$(s)	−1130.77
AgI(s)	−61.84	Cu$_2$O(s)	−170.3	HgO(s, red)	−90.83	NaCl(s)	−411.12
AgNO$_3$(s)	−124.39	Fe$_2$O$_3$(s, hematite)	−825.5	KCl(s)	−436.68	NaNO$_3$(s)	−466.68
Ag$_2$O(s)	−31.05	Fe$_3$O$_4$(s, magnetite)	−1120.9	KNO$_3$(s)	−492.71	NaOH(s)	−426.35
Al$_2$O$_3$(s, α)	−1675.3	H(g)	217.986	KOH(s)	−424.7	O(g)	249.362
Br$_2$(g)	30.907	HBr(g)	−36.54	MgCl$_2$(s)	−641.32	O$_3$(g)	142.7
C(s, diamond)	1.8966	HCN(l)	108.87	MgO(s)	−601.70	S(s, monoclinic)	0.33
C(g)	715.00	HCl(g)	−92.312	MnO$_2$(s)	−520.03	SO$_2$(g)	−296.830
CO(g)	−110.54	HF(g)	−271.1	N(g)	472.8	SO$_3$(s, β)	−454.51
CO$_2$(g)	−393.522	HI(g)	26.36	NH$_3$(g)	−46.19	SiO$_2$(s, quartz)	−910.9
CS$_2$(l)	89.70	H$_2$O(g)	−241.83	NH$_4$Cl(s)	−314.55	ZnCl$_2$(s)	−415.05
CaCO$_3$(s, aragonite)	−1207.13	H$_2$O(l)	−285.830	NO(g)	90.25		
CaCl$_2$(s)	−795.8	H$_2$O$_2$(l)	−187.78	NO$_2$(g)	33.18		

表 2·4 有機化合物の標準生成エンタルピー (25°C)

物　質	$\Delta H_f^{\ominus}/\text{kJ mol}^{-1}$
メタン　$CH_4(g)$	-74.85
エタン　$C_2H_6(g)$	-84.68
プロパン　$C_3H_8(g)$	-103.85
ブタン　$C_4H_{10}(g)$	-126.5
エチレン　$C_2H_4(g)$	52.30
1,2 ブタジエン　$H_2C=C=CHCH_3(g)$	162.3
1,3 ブタジエン　$H_2C=CH-CH=CH_2(g)$	109.9
アセチレン　$C_2H_2(g)$	226.73
メタノール　$CH_3OH(l)$	-238.57
エタノール　$C_2H_5OH(l)$	-276.98
ジメチルエーテル　$(CH_3)_2O(g)$	-184.05
ジエチルエーテル　$(C_2H_5)_2O(l)$	-279.5
ホルムアルデヒド　$HCHO(g)$	-108.7
アセトアルデヒド　$CH_3CHO(l)$	-192.0
アセトン　$(CH_3)_2CO(l)$	-248.1
塩化メチル　$CH_3Cl(g)$	-82.0
メチルアミン　$CH_3NH_2(g)$	-23.0
ベンゼン　$C_6H_6(l)$	49.04
クロロベンゼン　$C_6H_5Cl(l)$	11.0
アニリン　$C_6H_5NH_2(l)$	31.09

化合物（1 atm）のエンタルピーに相当するから，反応 (2·55) の標準反応熱 (standard heat of reaction) は，次式により求められる．

$$\Delta H^{\ominus} = \sum_i \nu_i (\Delta H_f^{\ominus})_i \tag{2·67}$$

ただし $(\Delta H_f^{\ominus})_i$ は物質 A_i の標準生成エンタルピーである．なお，表 2·3, 2·4 の $\Delta H_f^{\ominus}$ は，単体から化合物が形成されるときのエンタルピーの変化であるから，異なった化合物の間で $\Delta H_f^{\ominus}$ の値を比較して，化合物のエンタルピーの大小を議論できないことに注意されたい．

〔例題 2·1〕 表 2·4 を用いて，25°C におけるエチレンの水素添加の標準反応熱を求めよ．

〔解〕 反応式と $\Delta H_f^{\ominus}$ は

$$C_2H_4(g) + H_2(g) = C_2H_6(g)$$
$$52.30 \text{ kJ mol}^{-1} \quad 0 \text{ kJ mol}^{-1} \quad -84.68 \text{ kJ mol}^{-1}$$

また $\nu_1 = \nu_2 = -1, \nu_3 = 1$ であるから

$$\Delta H_{298}^{\ominus} = -52.30 \text{ kJ mol}^{-1} + (-84.68 \text{ kJ mol}^{-1})$$
$$= -136.98 \text{ kJ mol}^{-1}$$

上の例題が示すように,標準生成熱のデータを用いると,種々の反応(未知反応も含む)の反応熱を容易に求めることができる.

§ 2·11 反応熱の温度依存性

表 2·3, 2·4 などを用いれば,1 atm, 25 ℃ における反応熱を求めることができる.さらに,種々の温度における反応熱を得るには,次に述べる方法を用いる.

式 (2·56) より定圧反応熱 ΔH は,生成系のエンタルピー H' と原系のエンタルピー H の差である.

$$\Delta H = H' - H$$

上式の両辺を P 一定で T で偏微分して

$$\left(\frac{\partial \Delta H}{\partial T}\right)_P = \left(\frac{\partial H'}{\partial T}\right)_P - \left(\frac{\partial H}{\partial T}\right)_P$$

右辺に式 (2·32) を用いると

$$\boxed{\left(\frac{\partial \Delta H}{\partial T}\right)_P = C_{P'} - C_P = \Delta C_P} \tag{2·68}$$

ただし $C_{P'}$ と C_P は生成系と原系の熱容量,ΔC_P はそれらの差である.上と同様に定積反応熱については,式 (2·57) と式 (2·31) から

$$\boxed{\left(\frac{\partial \Delta U}{\partial T}\right)_V = C_{V'} - C_V = \Delta C_V} \tag{2·69}$$

が得られる.式 (2·68) と式 (2·69) を **Kirchhoff の式**という.式 (2·68) の両辺を P 一定で T で積分すると

$$\Delta H(T) = \Delta H_0 + \int \Delta C_P dT \tag{2·70}$$

ただし ΔH_0 は積分定数である.ΔC_P が T の関数として知られているときは,上式から反応熱の温度依存性 $\Delta H(T)$ が求められる.例えば C_P が式 (2·51) のような実験式であらわされるときは

$$\Delta H(T) = \Delta H_0 + \Delta a \cdot T + \frac{1}{2}\Delta b \cdot T^2 - \Delta c \cdot T^{-1} \qquad (2\cdot 70')$$

となる．ただし ΔH_0 はある温度（通常 25 °C）における ΔH の値を用いて定める（次の例題参照）．

〔例題 2・2〕 表 2・2 を用いて，NH_3 の標準生成熱の温度変化をあらわす式を求めよ．またその式を用いて，500 °C における標準生成熱を計算せよ．ただし NH_3 の 25°C における標準生成熱は $-46.19 \text{ kJ mol}^{-1}$ である．

〔解〕
$$\frac{1}{2}N_2(g) + \frac{3}{2}H_2(g) = NH_3(g)$$

において
$$\Delta C_P = C_{P,m}(NH_3) - \left[\frac{1}{2}C_{P,m}(N_2) + \frac{3}{2}C_{P,m}(H_2)\right]$$

表 2・2 の a, b, c の値を用いて
$$\Delta C_P = \left(-2.52\times 10^1 + 18.0\times 10^{-3}\frac{T}{K} - 2.25\times 10^5 \frac{T^{-2}}{K^{-2}}\right) \text{J K}^{-1}\text{mol}^{-1}$$

上式を式 (2・70) に代入して積分すると
$$\Delta H = \Delta H_0 + \left(-25.2\frac{T}{K} + 9.0\times 10^{-3}\frac{T^2}{K^2} + 2.25\times 10^5 \frac{T^{-1}}{K^{-1}}\right) \text{J mol}^{-1}$$

$T = 298 K$, $\Delta H = -46.19 \text{ kJ mol}^{-1}$ を上式に代入して ΔH_0 を求めると
$$\Delta H_0 = -40.23 \text{ kJ mol}^{-1}$$

$T = 773 K$ では $\Delta H_{773} = -54.04 \text{ kJ mol}^{-1}$．

前節と本節で述べたことをまとめると，図 2・22 のようになる．種々の温度

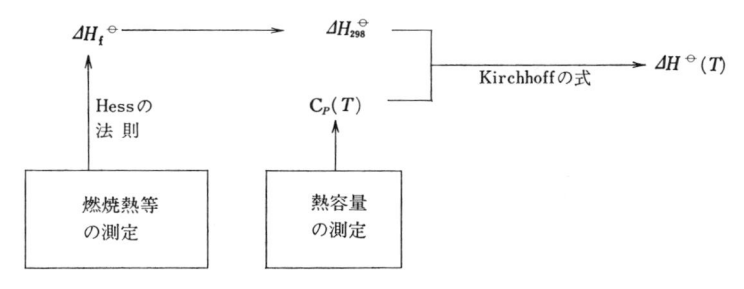

図 2・22 反応熱の温度依存性 $\Delta H^{\ominus}(T)$ の実験的決定

における標準反応熱（1 atm における反応熱）$\Delta H^\ominus(T)$ の値は，燃焼熱や熱容量などの値から，Hess の法則と Kirchhoff の式を用いて間接的に計算される．すなわち，これらの簡単な熱測定によるデータを用いると，実際に個々の反応を行なうまでもなく，反応熱が得られるのである．この結果は，熱力学の化学における有用性の一例である．

§2·12　理想気体の断熱変化

系と外界との間に熱の出入がない場合（**断熱過程, adiabactic process** の場合）は，第一法則の式は

$$dU = d'w \tag{2·71}$$

となる．この式を，理想気体の準静的断熱過程に適用してみよう．気体を準静的に断熱膨張させるには，図 2·23 のようにピストンのついた容器のまわりを断熱材* で囲んで，外圧 P_e を無限にゆっくり減少させる．このとき内圧 P は，P_e と釣合を保ちながら（正確には $P_e = P - dP$），気体は無限に緩慢に膨張する（p. 36 参照）．逆に P_e を無限にゆっくり増加させると，準静的な断熱圧縮が起こる．このような準静的変化に伴う微小な仕事は

$$d'w = -P dV \tag{2·72}$$

である（式 (2·22) 参照）．

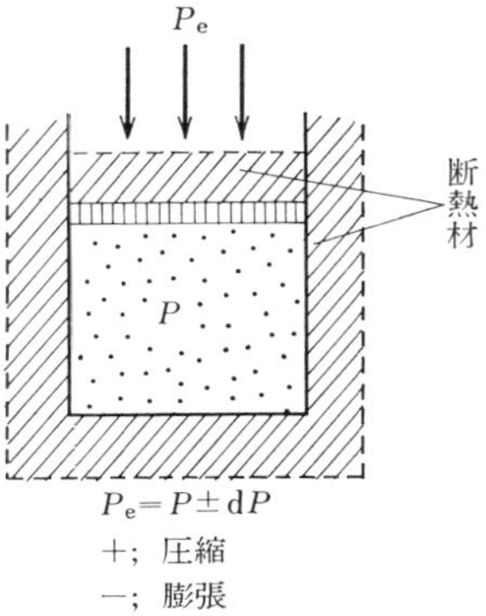

次に理想気体では $U = U(T)$ （Joule の法則，式 (2·37)）が成立するので，式 (2·31) は $C_V = dU/dT$ となる．よって

$$dU = C_V dT \tag{2·73}$$

式 (2·71)～(2·73) より

$$C_V dT = -P dV$$

図 2·23　気体の準静的断熱変化

---

* 完全に熱を遮断する断熱材はあり得ないので，図の過程は思考上のものである．

上式の右辺に $P=nRT/V$ を代入した後, 両辺に $1/T$ をかけて状態1 (T_1, V_1) から状態2 (T_2, V_2) まで積分すれば

$$\int_{T_1}^{T_2} \frac{C_V}{T} dT = -nR \int_{V_1}^{V_2} \frac{dV}{V}$$

C_V が T によらないとすれば (式 (2·49), (2·50) で $(\partial U_{vib}/\partial T)_V$ の温度変化が無視できる場合),

$$C_V \int_{T_1}^{T_2} \frac{dT}{T} = -(C_P - C_V) \int_{V_1}^{V_2} \frac{dV}{V}$$

となる. ただし上式の右辺に式 (2·45) を用いた.

両辺に $1/C_V$ をかけて積分を実行すれば, $C_P/C_V = \gamma$ として

$$\ln \frac{T_2}{T_1} = -(\gamma - 1) \ln \frac{V_2}{V_1}$$

となる. 上式は

$$\frac{T_2}{T_1} = \left(\frac{V_1}{V_2}\right)^{\gamma-1} \tag{2·74}$$

と書ける. 一般に $\gamma > 1$ であるから (§ 2·8), $V_2 > V_1 (V_2 < V_1)$ のときは $T_2 < T_1 (T_2 > T_1)$ となる. すなわち断熱膨張に伴って, 気体の温度は低下する. 逆に断熱圧縮では, 気体の温度は上昇する. $T_2/T_1 = P_2 V_2/(P_1 V_1)$ を用いて, 上式を変形すると

$$P_2 V_2^\gamma = P_1 V_1^\gamma$$

よって

$$\boxed{PV^\gamma = \text{const}} \tag{2·75}$$

となる. これを **Poisson の式** という. 図 2·24 に, 理想気体を状態1から準静的に等温変化させる場合と, 断熱変化させる場合の P-V 図を示す.

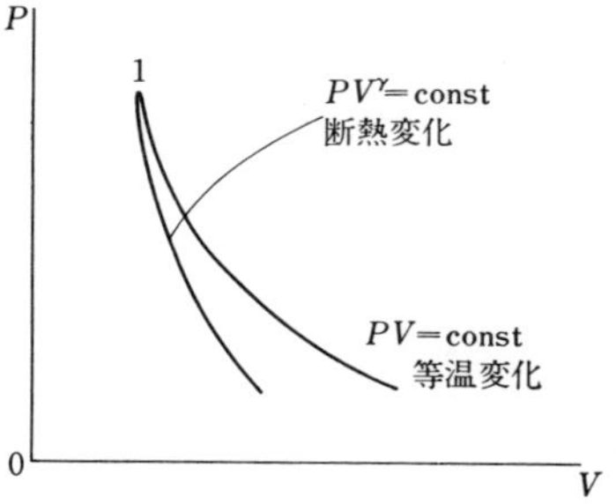

理想気体の等温変化では, 第一法則と Joule の法則から $\Delta U = q + w = 0$ となる. よって

$$q = -w$$

図 2·24 理想気体の断熱変化と等温変化

が成立する．すなわち気体が吸収した熱がそのまま膨張の仕事に使われる．これに対し断熱変化では

$$\Delta U = w$$

であるから，気体が膨張すれば ($w<0$)，$\Delta U<0$ となる．すなわち，内部エネルギーが膨張の仕事に使われるので，気体の温度が低下するのである．

問　題

2·1 次の各過程において，理想気体に入る熱量と仕事を求めよ．
　（Ⅰ）断熱的な自由膨張(真空中への膨張)により圧力と体積を (P_1, V_1) から (P_2, V_2) にする．
　（Ⅱ）定積で準静的に (P_1, V_1) から (P_2, V_1) にする．
　（Ⅲ）定圧で準静的に (P_2, V_1) から (P_2, V_2) にする．
　また過程（Ⅰ）と過程（Ⅱ）+（Ⅲ）における内部エネルギーの変化が等しいことから，$C_P - C_V = nR$ を導け．ただし C_P および C_V は温度によらないものとする．

2·2 前問の結果から，熱と仕事が状態量でない理由を述べよ．

2·3 1 mol の van der Waals 気体を，体積 V_1 から V_2 まで定温で準静的に膨張させた．気体が外界にした仕事を求めよ．その結果を，理想気体の場合と比較して検討せよ．

2·4 体膨張率を α として次式を証明せよ．
　（ i ）$\left(\dfrac{\partial U}{\partial V}\right)_T = \dfrac{C_P - C_V}{\alpha V} - P$
　（ii）$d'q = C_V dT + \dfrac{C_P - C_V}{\alpha V} dV$　　ただし $d'w = -PdV$ とする．

2·5 理想気体を準静的に断熱膨張させたところ，その温度が T_1 から T_2 になった．気体の内部エネルギーおよびエンタルピーの変化を求めよ．また気体が外界にした仕事を求めよ．ただし理想気体の定積熱容量は，温度によらないものとする．

2·6 1 mol の水が 100 °C，1 atm で蒸発するとき，外界にする仕事および内部エネルギーの変化を求めよ．ただし水の蒸発熱は 2.257 kJ g^{-1} である．また水蒸気は理想気体とし，水の体積は水蒸気の体積に比べて無視してよい．

2·7 ある反応を温度 T の恒温槽に浸した容器の中で行ない反応熱を求めたところ q_1

であった．次にこの反応を同じ容器の中で断熱的に行なったところ，系の温度は T から T' となった．次に系の温度をもとの温度 T にもどすのに q_2 の熱量を必要とした．q_1 と q_2 の関係を求めよ．

2·8 $O(g)$, $O_2(g)$ および $O_3(g)$ の定圧モル熱容量は，それぞれ 21.90 J K^{-1} mol^{-1}, 29.36 J K^{-1} mol^{-1}, 39.20 J K^{-1} mol^{-1} である．これらの値をエネルギー等分配則を用いて説明せよ．

2·9 表 2·3 と 2·4 のデータを用いて，エタノールの 25 ℃ におけるモル燃焼熱を計算せよ．

2·10 表 2·3 と 2·4 のデータを用いて，25 ℃ における反応

$$CH_4(g) = C(g) + 4H(g)$$

の標準反応熱 $\Delta H^{\ominus}_{298}$ を計算せよ．

（注） $\Delta H^{\ominus}_{298}/4$ は CH_4 の一つの CH 結合を切るために必要なエネルギー (1 mol あたりの値) であって，C—H の結合エネルギーとよばれる．

2·11 表 2·2 と 2·3 のデータを用いて，反応

$$C(s, graphite) + \frac{1}{2} O_2(g) = CO(g)$$

の標準生成熱を温度の関数としてあらわす式を導け．また，それを用いて 600 K における標準生成熱を計算せよ．

3 熱力学第二法則

本章では，熱力学のもっとも重要な法則である第二法則について述べる．第二法則を基にして，自然界で起こる変化の方向を論じることができる．第二法則の表現としては Thomson (Kelvin) によるものと，Clausius によるものを用いた．次に可逆過程と不可逆過程，熱力学的温度などの概念を説明した後，新しい状態量，エントロピーを定義する．エントロピーの導入によって第二法則が数式的に表現される．最後にエントロピーの分子論的意味づけを行なった後，熱力学第三法則を解説する．第三法則によって種々の物質のエントロピーの絶対値を計算することができる．

§ 3·1 Carnot サイクル

ある系にサイクルを行なわせ，熱源からの熱を仕事に変える装置を**熱機関** (heat engine) という．また系に用いられる**物質**を，作業物質という．後に述べるように，熱機関は一つの熱源でははたらかない（p. 68）．必ず高い温度と低い温度の熱源（高熱源と低熱源）を必要とする*．熱機関のはたらきを模式図で示すと，図 3·1 のようになる．図の中央の熱機関 C は，1 サイクルの間に高熱源（温度 T_1）から q_1 の熱量をとり出し，仕事 w を外界に放出し q_2 の熱量を低熱源（温度 T_2）に移す．なお以後しばらくは，熱機関の模式図中の q や w はすべて正とし，それらの移動の向きを矢印で示すことにする．図 3·1 において，C の 1 サイクルに熱力学第一法則を適用すると，内部エネルギー U は状態量であるから式 (2·10) より

$$w = q_1 - q_2$$
$$e = \frac{w}{q_1}$$

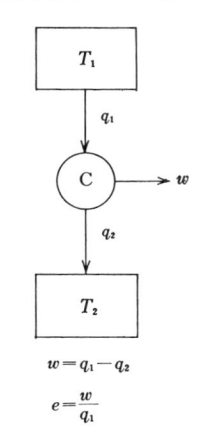

図 **3·1** 熱機関の模式図

---

* 水冷や空冷のエンジンでは，水や空気を低熱源として用いている．

64   3. 熱力学第二法則

$$\oint dU = q_1 - q_2 - w = 0$$

となる．よって

$$w = q_1 - q_2 \tag{3・1}$$

すなわち熱機関は高熱源からの熱 q_1 の一部（q_1-q_2）を仕事に変え，残りの熱 q_2 を低熱源に放出する．ここで，高熱源からの熱量が仕事として使われる割合

$$e \equiv \frac{w}{q_1} = \frac{q_1-q_2}{q_1} = 1 - \frac{q_2}{q_1} \tag{3・2}$$

を熱機関の**効率**（efficiency）という．

Carnot（カルノー）は，理想気体を作業物質とする図 3・2 のようなサイクル（熱機関）を考えた．これを **Carnot サイクル**（Carnot cycle）という．図の過程 A→B では，理想気体を温度 T_1 の熱源（高熱源）と接触させて準静的に等温膨張させる（気体の温度を T_1 とし，温度 $T_e = T_1 + dT$ の熱源を気体に接触させて無限にゆっくり膨張させる）．このとき気体は，熱源から熱量 q_1 を吸収する．次に過程 B→C では，気体を準静的に断熱膨張させる（外圧を $P_e = P - dP$ に保ち断熱変化さ

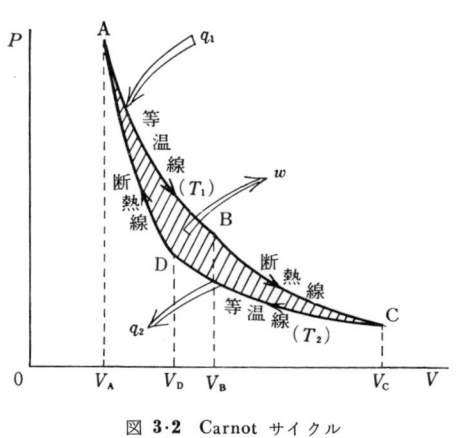

図 3・2 Carnot サイクル

せる．p.59 参照）．このとき，気体の温度は T_1 から T_2 に下がる．過程 C→D では，気体を温度 T_2 の熱源（低熱源）に接触させて，準静的に等温圧縮する（$T_e = T_2 - dT$）．これに伴って，気体は熱量 q_2 を熱源に放出する．

最後に過程 D→A では，気体を準静的に断熱圧縮する（$P_e = P + dP$）．このとき，気体の温度は T_2 から T_1 に上昇する．これらの過程は，すべて準静的

§3·1 Carnot サイクル

に行なわれるから*. 体積変化 ($V_1 \to V_2$) に伴い気体が外界にする仕事は，気体の圧力（内圧）P を用いて

$$-w_{\text{rev}} = \int_{V_1}^{V_2} P dV \tag{3·3}$$

と書ける（式（2·21）参照）．よって気体が外界にする仕事は，過程 A→B→C では曲線 ABC と横軸で囲まれた部分の面積に，過程 C→D→A では曲線 ADC と横軸で囲まれた部分の面積の符号を変えたものに等しい．したがって 1 サイクルの間に気体が外界にする仕事 w は，図の ABCD の面積（斜線部分の面積）で与えられる．

次に Carnot サイクルの効率を計算しよう．過程 A→B は等温過程（$T=T_1$）であるから，Joule の法則により気体（理想気体!!）の内部エネルギーは変化しない．よって第一法則を用いて

$$\Delta U_{\text{AB}} = q_1 - \int_{V_\text{A}}^{V_\text{B}} P dV = 0$$

上式に $P = nRT_1/V$ を代入して

$$q_1 = nRT_1 \ln \frac{V_\text{B}}{V_\text{A}} \tag{3·4}$$

同様に，C→D も $T=T_2$ の等温過程であるから

$$-q_2 = nRT_2 \ln \frac{V_\text{D}}{V_\text{C}} \tag{3·5}$$

となる（気体が吸収する熱量は，$-q_2$ であることに注意されたい）．B→C は断熱過程であるから，$(T_1, V_\text{B}) \to (T_2, V_\text{C})$ の変化に式（2·74）を適用して

$$\frac{T_2}{T_1} = \left(\frac{V_\text{B}}{V_\text{C}}\right)^{\gamma-1} \tag{3·6}$$

同様に D→A の断熱過程（$(T_2, V_\text{D}) \to (T_1, V_\text{A})$）に対しては

$$\frac{T_1}{T_2} = \left(\frac{V_\text{D}}{V_\text{A}}\right)^{\gamma-1} \tag{3·7}$$

式（3·6），（3·7）から $V_\text{B}/V_\text{C} = V_\text{A}/V_\text{D}$ となるから

$$\frac{V_\text{D}}{V_\text{C}} = \frac{V_\text{A}}{V_\text{B}}$$

---

* 準静的変化であるから，P-V 図上に書ける（p.37 参照）．

この式を式 (3·5) に代入すると

$$q_2 = nRT_2 \ln \frac{V_B}{V_A} \tag{3·8}$$

式 (3·4), (3·8) を式 (3·2) ($e=(q_1-q_2)/q_1$) に代入すると，Carnot サイクルの効率は

$$\boxed{e_C = \frac{T_1 - T_2}{T_1}} \tag{3·9}$$

すなわち e_C は，高熱源と低熱源の温度だけで決まる（図 3·3 (a)）.

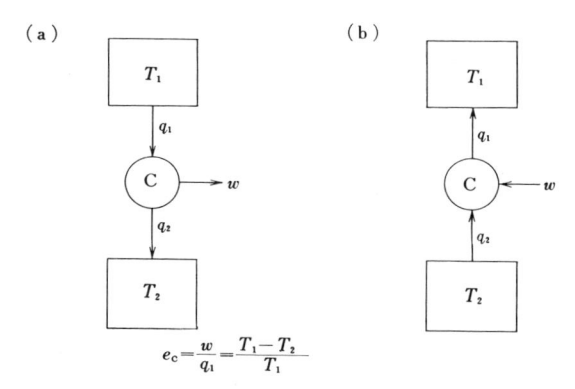

図 3·3 Carnot サイクルの模式図 (a) とサイクルを逆行させたときの模式図 (b)

Carnot cycle を上とは逆に A→D→C→B→A の順にまわせば，上の計算で求めた q_1, q_2, w の値は絶対値が等しく，符号が逆になる．このときの模式図を，図 3·3 (b) に示す．

§3·2 熱力学第二法則

いままで熱力学第一法則を基にして議論を展開してきたが，第一法則だけでは論じられない現象がある．いくつかの例を次に示す．

（1）図 2·8 の Joule の実験装置において，錘が下って羽車が回転すると水温が上る．しかしこの逆の過程，すなわち水温が下って錘がもち上げられる

過程は，自然には起こらない．この場合，錘の下降に伴う仕事は，水の内部エネルギーの増加として水に蓄えられるが，水の内部エネルギーの一部を，そのまま錘をもち上げるための仕事としてとり出すことはできないのである．

（2）高温の**物体 A** と低温の**物体 B** を接触させると，A から B に熱量 q が移動して両者が熱平衡になる．このとき，A と B は同じ温度である．ところでこの逆の過程，すなわち同じ温度の物体 A，B 間で B から A に熱量 q が移動して，B の温度が下り，A の温度が上昇する過程は自然に起こることはない．

（3）図 2·14 に示した実験において，中央のコックを開くと左方の気体は自然に右方（真空側）に拡散して容器全体を均一に満す．しかしいったん拡散した気体は，自発的に左方にもどることはない．

（4）上例の容器の左方に気体 A を，右方に気体 B を入れておき，中央のコックを開くと，A，B 両気体はそれぞれ自然に反対側に拡散して，均一の**気体混合物**ができる．この気体混合物は，自発的にもとの A，B 両気体に分かれることはない．

（5）水素と酸素を混合して放置すると，反応熱の発生を伴って自然に反応が進行し，水を生じる．しかしいったん生じた水は，外界から熱を吸収しながら自発的に水素と酸素に分解することはない．

（1）〜（5）の逆過程が自発的に起こらないことは，われわれが日常観察している事実である．しかし，これらの逆過程が起こっても熱力学第一法則には反しない．第一法則は系の変化の際に，系と外界を含めた全系のエネルギーが保存されることを述べているだけであって（p.33），系の変化の方向については何の制限も加えていないからである．実際，（1）〜（5）の過程は正逆どちらの方向に起こっても，エネルギー保存則を満すことは明らかである．

上述のように，自然界で起こる変化には方向性がある．これを法則の形でまとめたものが，**熱力学第二法則**（second law of thermodynamics）である．熱力学第二法則にはいろいろの表現があるが，上の（1）と（2）を一般化したものを次にあげる．

3. 熱力学第二法則

> **Thomson の原理**[*]
> 循環過程により，一つの熱源から熱をとり，それを完全に仕事に変えることは不可能である．

> **Clausius の原理**
> 低温の物体から熱をとり，それを高温の物体に移す以外に，何の変化も残さないようにすることはできない．

上の二つの原理は，後述するように互いに一方から他方を導けるので同等である．まず，これらの原理の意味するところを説明しよう．

Thomson の原理によると，循環過程（サイクル）により一つの熱源（温度を T とする）から熱量 q をとり出して，それを完全に仕事 w に変えること ($w=q$) はできないから，この原理を模式図で示すと，図 3·4 のようになる．もしこのようなサイクル C が可能なら，図 2·8 の装置に C をつないで，水を冷却しながら錘をもち上げることができる．さらにこのようなサイクル（熱機関）を動力として使えば，海水のもつ膨大なエネルギーを利用して，燃料なしで船を走らせることができる．また，空気や大地のエネルギーを用いて，飛行機や車を動かすこともできる．われわれの経験によれば，このような熱機関は存在しないのである．

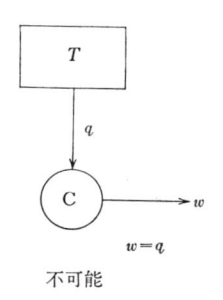

図 3·4 Thomson の原理の模式図

図 3·1 に示したように，熱機関では必ず高熱源と低熱源が必要で，高熱源からの熱 q_1 の一部 q_1-q_2 が仕事 w として使われ，残りの熱 q_2 は低熱源に放出されるのである．したがって，熱機関の効率 $e=w/q_1$ は常に 1 より小さくなる．これに対し，Thomson の原理で否定されるサイクル（熱機関）では，

---

[*] W. Thomson は後に Lord Kelvin となったので，Kelvin の原理ともよばれる．

§3·2 熱力学第二法則

一つの熱源からの熱を完全に仕事に変えるので，効率は1に等しい．Thomson の原理で否定される熱機関を，**第二種永久機関**（perpetual engine of the second kind）という*．よって Thomson の原理は

第 二 種 永 久 機 関 は 存 在 し な い．

といい換えることができる．なおサイクルによらなければ，一つの熱源からの熱を完全に仕事に変えることは可能である．理想気体を定温で準静的に膨張させる過程では，Joule の法則により $\Delta U = q + w = 0$ であるから，$q = -w$ となる（図 3·5）．すなわち熱源からの熱 q が，完全に仕事に変わるのである．しかし図のピストンをもとにもどして（理想気体にサイクルを行なわせて），再び仕事をとり出すためには，Carnot サイクルの場合のように，低熱源を必要とする．

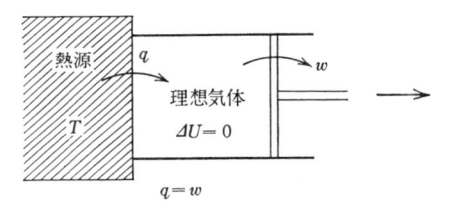

図 3·5 理想気体の等温可逆膨張．$\Delta U = q + w = 0$ より $q = -w$．矢印の向きで符号を示すと図で $q = w$ となる．

次に Clausius の原理によると，低温の物体（温度を T_2 とする）から高温の物体（温度 T_1）に熱量 q を移し（熱移動以外には）何の変化も残さないようにすることができないから，それを模式図で示すと，図 3·6 のようになる．ところで他に変化を残してよければ，低温の物体から高温の物体へ熱を移すことは可能である．例えば Carnot サイクルを逆にまわせば（図 3·3 (b)），q_2 の熱量を低熱源から高熱源に移すことができる．ただしこのとき，外部から仕事 w を補給しなければならないので，外

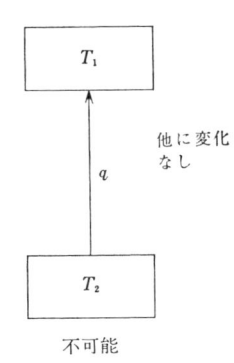

図 3·6 Clausius の原理の模式図

$T_1 > T_2$

不可能

---

* 第二種永久機関は，一つの熱源から熱をとり，それを仕事に変え，それ以外に外界に何の変化も残さずにはたらく機関とも定義される．Thomson の原理で否定されるサイクル（熱機関）は，一つの熱源からの熱を完全に仕事に変えるから，（仕事を放出する以外には）外界に変化を残さない．したがって，両者の定義は同等である．

界に変化が残るのである．冷凍機やクーラーはその例で，外部から仕事を供給して，低温の物体から高温の物体へ熱を汲み上げている．

ここで，Thomson の原理と Clausius の原理が同等であることを証明しておこう．それには，Thomson の原理を否定すると Clausius の原理が否定され，逆に Clausius の原理を否定すると，Thomson の原理が否定されることを示してもよい*．さて，Thomson の原理を否定すると，図3・4に示したサイクル C が可能となる．このようなサイクルを用いて，高熱源 T_1 から熱量 q_1 をとり出しそれを仕事 $w(=q_1)$ に変えるとする（図 3・7）．この仕事を用いて，Carnot サイクル C′ を逆にまわして低熱源 T_2 から熱量 q_2 をとり，q_1+q_2 の熱量を T_1 に移すことができる．このとき T_1 は結果として $(q_1+q_2)-q_1=q_2$ の熱量を吸収する．また C, C′ はサイクルであるから，元にもどっている．よって図 3・7 の過程を総合的に考えると，低熱源 T_2 から高熱源 T_1 へ熱量 q_2 が移動し，それ以外に何の変化も残っていないことになる．したがって Clausius の原理が否定される．

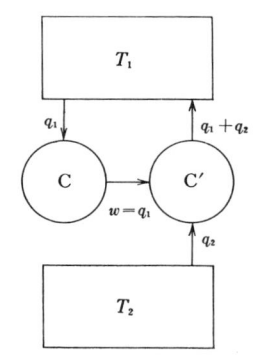

図 3・7　Thomson の原理に反するサイクルCによる過程

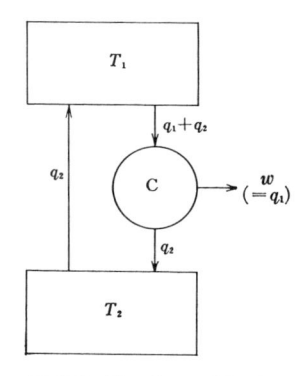

図 3・8　Clausius の原理を否定したときの過程

次に Clausius の原理を否定すると，低熱源 T_2 から高熱源 T_1 へ熱量 q_2 を移し他に何の変化も残さないことが可能である（図 3・6）．この過程を行なっ

---

* A と B が同等，すなわち A⇄B を証明するには，A または B の一方を否定すれば他方が否定されること，すなわち 非A⇄非B を証明してもよい．

た後で Carnot サイクルをはたらかせて，T_1 から q_1+q_2 の熱量をとり出し，外界に q_1 に相当する仕事 w を放出し，T_2 に熱量 q_2 をもどすとする（図 3·8）．このとき T_1 は $(q_1+q_2)-q_2=q_1$ の熱量を放出している．また T_2 は q_2 の熱量を放出し，同じ熱量 q_2 を吸収している．よって図の過程を総合的に見ると，サイクル C は一つの熱源 T_1 から熱量 q_1 をとり出し，それを完全に仕事 w に変えていることになる．したがって Thomson の原理が否定される．以上によって，Thomson の原理と Clausius の原理が同等であることが証明された．

§3·3 可逆過程と不可逆過程

前節で，「何の変化も残さない」，「外界に変化を残す」などの表現をたびたび用いたが，これに関連して，可逆過程と不可逆過程という言葉を定義しておこう．

系がある状態から他の状態に移った後，何らかの方法で外界に何の変化も残さずに系をもとの状態にもどすことができるとき，初めの過程を**可逆過程** (reversible process) という．これに対し，可逆過程でない過程を**不可逆過程** (irreversible process) という．

上の定義から，可逆過程は図 3·9 のようになる．ある系を状態 A から B まで変化させた後，何らかの手段で（ある経路を通って）系をもとの状態 A にもどしたとき，外界に何の変化も残っていないとき，過程 A→B が可逆過程である．これに対し，どのような手段で系を状態 A にもどしても外界に何らかの変化が残る場合，過程 A→B が不可逆過程となる．ところで，われわれの経験によると，自然界には可逆過程は存在しない．通常もっとも可逆過程に近いといわれているのは，真空中の振子の運動であるが，振子が一周期の運動の後もとの位置にもどったとき，振子の軸受の部分での摩擦の

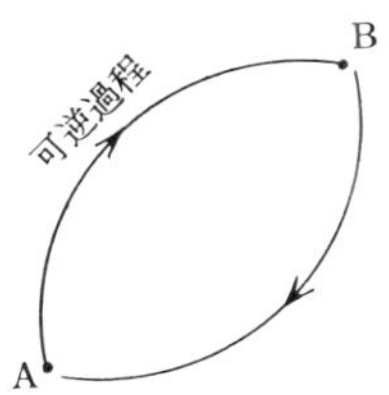

図 3·9 可逆過程

ため，微小の熱が発生しており，外界に変化が残るのである*．

　もちろん前節でとり上げた自発的に進む過程 (1)～(5) は，すべて不可逆過程である．例えば (1) の過程では錘の下降に伴って水温が上昇する．この過程が起こった後，外界に変化を残さずに系をもとの状態にもどすためには，あるサイクルによって**，水から熱エネルギーを引出し，それを錘をもち上げるための仕事に変えなければならない．しかし，これは前節でも述べたように，Thomson の原理によって不可能である．また (2) の過程，すなわち高温の物体から低温の物体への熱移動が不可逆過程であることは Clausius の原理から明らかである．なお (3) の過程が不可逆であることは次の例題で，過程 (4)，(5) が不可逆であることは後に示す（p.96 および p.143）．

〔**例題 3·1**〕 理想気体の真空中への拡散（自由膨張，§3·2 の過程 (3)）が，不可逆過程であること示せ．

〔**解**〕 もしこの過程が可逆なら，気体を自由膨張前の状態にもどすようなサイクル C が存在することになる（図 3·10 a）．このサイクルを用いると，図 3·10 b のように，理想気体を準静的に膨張させて，一つの熱源からの熱を完全に仕事 w に変えた後（図 3·5

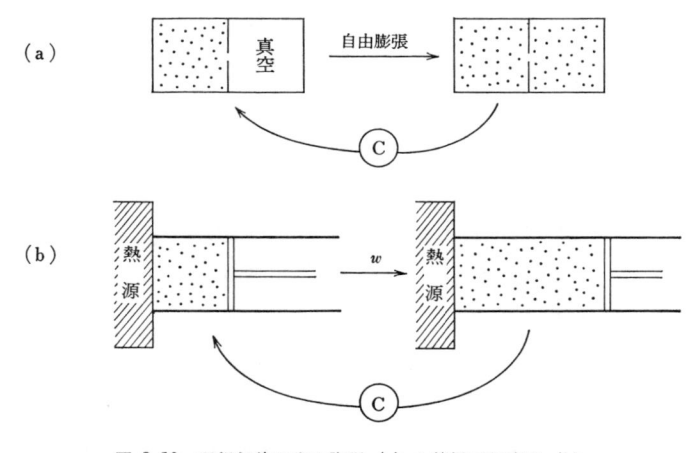

図 3·10　理想気体の自由膨張 (a) と等温可逆膨張 (b)

　＊　さらに摩擦によって発生した熱を，もとにもどすことはできない（例題 3·2 参照）．
　＊＊　サイクルによらなければ，外界に変化が残る．

参照),再びもとの状態にもどすことができる.しかしこのようなサイクルの存在は,Thomsonの原理によって否定される.したがって,理想気体の自由膨張は不可逆過程である.

〔**例題 3.2**〕 摩擦による熱の発生が,不可逆過程であることを示せ.

〔**解**〕 もしこの過程が可逆なら,摩擦によって生じた熱エネルギーを,あるサイクルによって摩擦に要した仕事に変えることができなければならない.しかしこのようなサイクルの存在は,Thomsonの原理によって否定されるから,この過程は不可逆である.

以上のように,われわれが実際に観測する過程はすべて不可逆であるが,実際に起こる過程の理想的極限である準静的過程(§2.4)は,以下に述べるように可逆過程である.準静的過程では,系を平衡状態に無限に近い状態に保ちながら変化させるので,微小変化に伴って系が外界から吸収する熱量と仕事を $d'q$, $d'w$ とすると,その微小変化を逆行させたときの熱量と仕事は,$-d'q$,$-d'w$ となる.いま圧力(内圧)P の系を準静的に膨張させるには,外圧 P_e を $P-dP$ にするから,それに伴う仕事は

$$d'w_1 = -P_e dv = -(P-dP)dv$$

この変化を逆行させて系を dv だけ圧縮する場合には,$P_e = P+dP$ としてその仕事は

$$d'w_2 = -P_e(-dv) = (P+dP)dv$$

したがって,Pdv に対して $dPdv$ が無視される極限では $d'w_1 = -d'w_2$ となる.同様に温度 T の系が $T_e = T+dT$ の熱源から吸収する熱量は,$T_e = T-dT$ の熱源に放出する熱量に等しいのである $(d'q_1 = -d'q_2)^*$.準静的過程において,ある経路に沿って外界から系に入る熱量と仕事の総和を $q\left(=\int d'q\right)$, $w\left(=\int d'w\right)$ とすると,系をもとと同じ経路を逆にたどって準静的にもどしたとき,系は外界にもとと同じ熱量と仕事 q, w を放出して,系はもちろん,外界ももとと同じ状態になるのである(図 3.11).よって準静的過程は可逆

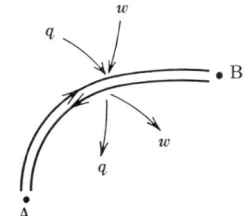

外界に変化なし
図 3.11 準静的変化

---

* 例えば温度 T の系が定積で $T_e = T\pm dT$ の熱源から吸収する熱量は,$\pm C_V(T)dT$ となる.

過程となる*. 例えば図 3·2 の Carnot サイクルの各過程 A→B→C→D→A は，すべて準静的変化である．したがってサイクルの各過程は可逆であって，サイクルを A→D→C→B→A の順に逆にまわすと，順方向の場合と同じ大きさの熱量と仕事（q_1, q_2, w）が逆向きに流れ（図 3·3），系も外界ももとにもどるのである．これに対し現実のサイクルは不可逆であって，順方向と逆方向で出入する熱量や仕事の大きさが異なる．

上で述べたことをさらに詳しく検討するため，恒温槽に浸した容器の中の理想気体の体積変化の例をとり上げよう（図 3·12）．理想気体が等温で，V_1 から V_2 まで準静的に圧縮されるとき（$P_e = P + dP$）の仕事は

$$w_{\rm rev} = -\int_{V_1}^{V_2} P dV = nRT \ln \frac{V_1}{V_2} \tag{3·10}$$

である（式（2·24）参照）．理想気体では Joule の法則が成立するので，この

(a) 準静的過程

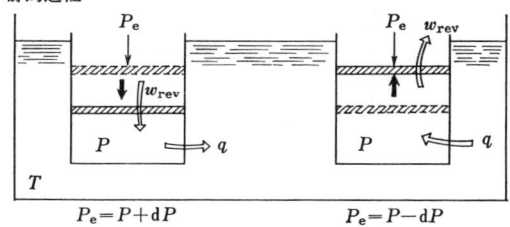

$w_{\rm rev} = q$

(b) 非静的過程

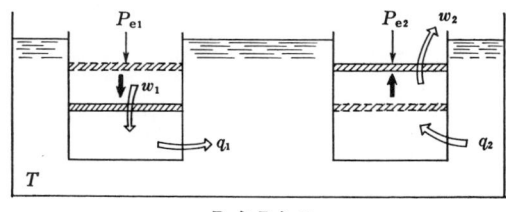

$P_{e1} > P_e > P_{e2}$
$w_1(=q_1) > w_{\rm rev} > w_2(=q_2)$

図 3·12 恒温槽に浸した容器内の理想気体の圧縮と膨張

---
* 図 3·9 と図 3·11 を比較されたい．一般の可逆過程（図 3·9）では，もとにもどすのに必ずしも同じ道筋を逆行する必要はない．

§3·3 可逆過程と不可逆過程

過程で気体の内部エネルギーは変化しない．すなわち気体は w_{rev} の仕事を外界から吸収し，それに相当する熱量 $q=w_{rev}$ を外界（恒温槽）に放出する（図 3·12 (a) 左）．さて，もとと同じ経路に沿って，気体の体積を V_2 から V_1 まで準静的に（$P_e=P-dP$）もどすとき，気体は外界にもとと同じ仕事

$$\int_{V_2}^{V_1} PdV = nRT \ln \frac{V_1}{V_2} = w_{rev}$$

を放出し，それに相当する熱量 $q=w_{rev}$ を外界（恒温槽）から吸収する（図 3·12 (a) 右）．すなわち，気体の系も外界ももとにもどるので可逆過程となる．これに対し準静的でない過程（非静的過程）では，外圧は，準静的過程の場合の外圧 P_e に比べて，圧縮の場合は大きく（$P_{e1} > P_e$），膨張の場合は小さくなる（$P_{e2} < P_e$）（図 3·12 (b) 参照）．したがって式（2·20）より気体が圧縮の際に吸収する仕事 w_1 は，膨張の際に放出する仕事 w_2 より大きい．また，これに伴って気体が圧縮の際に恒温槽に放出する熱量 $q_1(=w_1)$ は，膨張の際に吸収する熱量 $q_2(=w_2)$ よりも大きくなる．このように現実に起こる非静的過程では，外界はもとにもどらないので，不可逆となるのである．

準静的過程では，系は絶えず平衡状態を保ちながら無限にゆっくり変化する．この場合，系が平衡状態を保ちながら変化するから可逆過程になるのであって，単に系が無限にゆっくり変化するだけでは，可逆過程にならないことに注意しなければならない．例えば図 3·10 (a) において仕切りの穴を無限小にすると，自由膨張の過程は無限に緩慢に起こるが，その過程は不可逆であることに変わりはない．この場合，仕切りの穴を開いたとき，仕切りの右と左で気体の圧力が異なるので，全系は平衡状態ではなくなるのである（仕切りの穴を開く前は，全系はそれぞれ平衡な気体の系と真空の系から構成されていた）．

純粋な力学的現象は，理想的な場合には，準静的過程でなくても可逆となる．例えば図 3·13 (a) の円錐振子の運動は，固定点における摩擦が無視できるときには可逆となる．また図 3·13 (b) の球の運動も，球と床面との間に摩擦がなく，かつ球と壁面との衝突が完全弾性衝突のときは可逆である．これらの力学的過程では，準静的過程の場合と異なり，系が状態 A から B に変化

して再びもとの状態 A にもどるのに，必ずしも同じ経路を逆行する必要がないことに注意されたい．

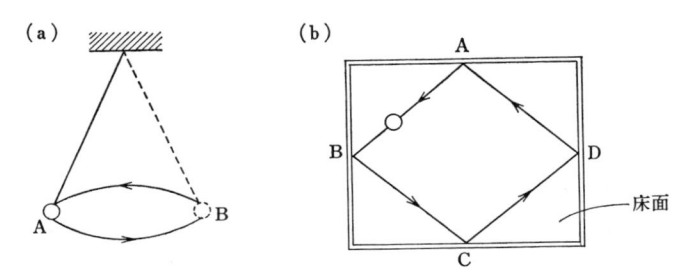

図 3・13 力学系における可逆過程の例．空気による摩擦を避けるため真空中で運動させるものとする．

上述の純粋力学的変化と異なり，熱力学的変化では準静的でない過程（非静的過程）は必ず不可逆となる．なぜならば非静的過程では，有限な温度差がある部分の間の熱伝導，有限な圧力差の下における膨張や拡散など，熱力学第二法則から不可逆であることが証明できる現象を伴うからである．したがって熱力学では，準静的過程＝可逆過程，非静的過程＝不可逆過程　と考えてよい．以後は特に断わらない限り，準静的過程と可逆過程を同義語として用いるものとする．

§ 3・4　熱機関の効率

前節で述べたように，Carnot サイクル（Carnot の熱機関）の各過程は準静的である．一般に，可逆過程（準静的過程）に基づく熱機関を可逆熱機関という．§ 3・1 では，Carnot サイクルの効率が高熱源と低熱源の絶対温度 T_1, T_2 だけで決まることを示した（(3・9)，$e_C = (T_1 - T_2)/T_1$）．ところで他の可逆熱機関も，このような性質をもつであろうか．また不可逆熱機関の効率はどのようになるであろうか．本節では，まずこれらに関連する定理を示す．

Carnot の定理：二つの熱源の間にはたらく可逆熱機関の効率 e は二つの熱源の温度 θ_1, θ_2 のみにより決まり*，作業物質によらない．すなわち

---

* θ はある温度目盛で測った温度を意味する．

§3.4 熱機関の効率

$$e = f(\theta_1, \theta_2) \tag{3.11}$$

また同じ熱源の間にはたらく任意の熱機関の効率 e' は，e を越えない．すなわち

$$e' \leqq e \tag{3.12}$$

〔証 明〕 可逆熱機関を C，(不可逆熱機関を含む) 任意の熱機関を C′ とし，それらを高熱源 (温度 θ_1) と低熱源 (温度 θ_2) の間につなぎ，同じ仕事* w をとり出すものとする (図 3·14 (a))．もし

$$e' > e \tag{3.13}$$

が成立すると仮定すれば

$$\frac{w}{q_1'} > \frac{w}{q_1}$$

となるから

$$q_1' < q_1$$

ここで

$$w = q_1 - q_2 = q_1' - q_2'$$

である．上の二つの式から

$$q_1 - q_1' = q_2 - q_2' > 0 \tag{3.14}$$

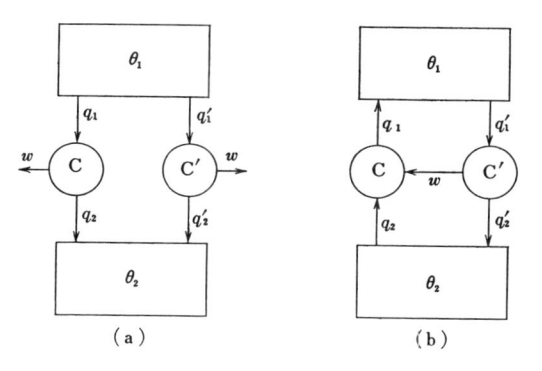

図 3·14 Carnot の定理における模式図

---

* C と C′ で 1 サイクルの間にとり出し得る仕事が異なっていても，両者を適当な回数まわせば，同じ量の仕事をとり出すことができる．

ここで，可逆熱機関 C を逆運転すると，順運転の場合と同じ熱量と仕事（q_1, q_2, w）が逆向きに出入する．そこで C と C′ を図 3·14 (b) のようにつなぎ，C′ から放出される仕事を用いて C を逆運転すると，1 サイクルの後には θ_2 は q_2-q_2' の熱を放出し，θ_1 は q_1-q_1' の熱を吸収する．また C，C′ はサイクルであるから，もとにもどっている．よって式 (3·14) より，低熱源から高熱源に $q_1-q_1'=q_2-q_2'>0$ の熱が移動し，他に何の変化も残らないことになる．これは Clausius の原理に反する．したがって，最初の仮定 (3·13) は誤りである．よって

$$e' \leqq e \tag{3·15}$$

となる．すなわち任意の熱機関 C′ の効率は，可逆熱機関の効率を越えない．もし C′ も可逆熱機関ならば，上と逆に C′ を逆運転，C を順運転して，上と同様に

$$e' \geqq e \tag{3·16}$$

を導くことができる*．式 (3·15)，(3·16) より

$$e'=e \tag{3·17}$$

すなわち，すべての可逆熱機関の効率は等しい．なお以上の証明では，二つの熱源の温度 θ_1, θ_2 は用いているが，作業物質の種類については何もふれていない．したがって可逆熱機関の効率は，作業物質の如何にかかわらず，θ_1, θ_2 の一つの普遍関数

$$e=f(\theta_1, \theta_2)$$

であらわされる（証明終）．

上の定理とは逆に，ある熱機関 C′ の効率 e' が，可逆熱機関 C の効率 e と等しければ，すなわち式 (3·17) が成立すれば，C′ は可逆熱機関であることを次に示す．いま図 3·15 (a) に示すように C と C′ を同じ熱源 θ_1, θ_2 につなぎ，高熱源 θ_1 から両者に同じ熱量を吸収させるものとすれば**，図の

---

* C′ が不可逆熱機関ならば，逆運転したとき順運転と異なる熱量と仕事が逆向きに出入するので，上と同様な議論はできない．

** C と C′ で 1 サイクルの間に θ_1 から吸収する熱量が異なっていても，両者を適当な回数まわせば，同じ量の熱を吸収させることができる．

§3·4 熱機関の効率

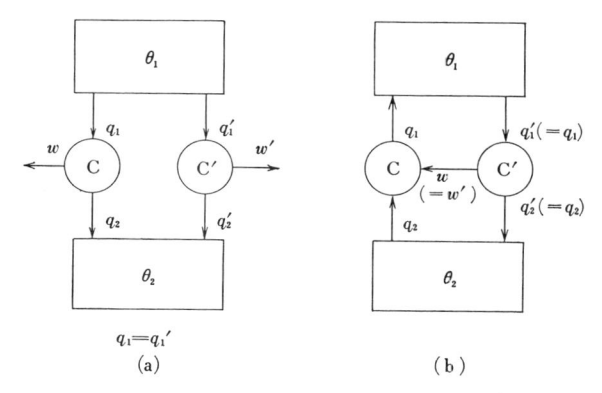

図 3·15 可逆熱機関 C と一般の熱機関 C′ において $e=e'$ のときの過程

(a) において
$$q_1' = q_1$$
また $e'=e$ であることから
$$\frac{q_1' - q_2'}{q_1'} = \frac{q_1 - q_2}{q_1}$$
が成立する．これらの式から
$$q_2' = q_2 \qquad w' = w$$
となる．よって C を逆運転，C′ を順運転させて図 3·15 (b) のように連結すると，熱機関 C′ がサイクルを行なったとき，C′ 自身はもちろん，外界 (θ_1, θ_2, C) ももとにもどることになる．よって C′ の過程は可逆過程であって，C′ は可逆熱機関である．

以上のことをまとめると，次のようになる．可逆熱機関 C の効率を e，ある熱機関 C′ の効率を e' とすると

(1) 一般に $e' \leqq e$ である．

(2) C′ が可逆熱機関 $\rightleftarrows$ $e'=e$ \hfill (3·18)

上の (1), (2) から，C′ が不可逆熱機関ならば $e' < e$ となる．またその逆も成立する．すなわち

(3) C′ が不可逆熱機関 $\rightleftarrows$ $e' < e$ \hfill (3·19)

(2), (3) から二つの熱源（温度 θ_1, θ_2）の間で働く**可逆熱機関の効率はすべて等しく，不可逆熱機関の効率は可逆熱機関の効率より小さい**といえる．

Carnot サイクルは可逆熱機関の一種である．ここで記号をあらためて，一般の（可逆または不可逆）熱機関 C の効率を e とし，それを Carnot サイクルの効率 e_C と比較すると，上述のことから

$$e \leq e_C \tag{3.20}$$

が成立する．ただし不等号は C が不可逆サイクル，等号は可逆サイクルの場合である．C が絶対温度 T_1 の高熱源から吸収する熱量を q_1，絶対温度 T_2 の低熱源に放出する熱量を q_2 とすると e_C に式 (3.9) を用いて

$$\frac{q_1-q_2}{q_1} \leq \frac{T_1-T_2}{T_1} \tag{3.21}$$

$$\frac{q_2}{q_1} \geq \frac{T_2}{T_1} \tag{3.22}$$

が得られる．

§3.5 熱力学的温度

この節では，熱力学を基にして定義される温度—熱力学的温度—について述べる．式 (3.11) より，可逆熱機関の効率 e は高熱源と低熱源の温度 θ_1, θ_2 を用いて

$$e = \frac{q_1-q_2}{q_1} = 1 - \frac{q_2}{q_1} = f(\theta_1, \theta_2)$$

いま

$$\frac{q_1}{q_2} = \frac{1}{1-f(\theta_1, \theta_2)} \equiv g(\theta_1, \theta_2) \tag{3.23}$$

とすると，$g(\theta_1, \theta_2)$ は θ のある関数 $\Theta(\theta)$ によって

$$\frac{q_1}{q_2} = g(\theta_1, \theta_2) = \frac{\Theta(\theta_1)}{\Theta(\theta_2)} \tag{3.24}$$

と書ける．次に，これを証明しよう．いま温度 $\theta_1, \theta_2, \theta_3 (\theta_1 > \theta_2 > \theta_3)$ の三つの熱源に二つの可逆熱機関 C_a, C_b を図 3.16 (a) のように つなぐ ものとする．C_a, C_b に出入する熱量と仕事は，図中に記してある．ただし C_a が θ_2

§3·5 熱力学的温度

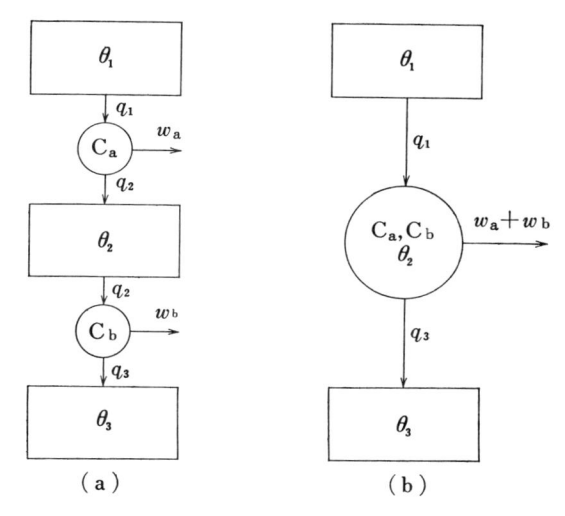

図 3·16 三つの熱源 θ_1, θ_2, θ_3 と可逆サイクル C_a, C_b よりなる過程

に放出する熱量 (q_2) は C_b が θ_2 から, 吸収する熱量に等しいものとする. 式 (3·23) から

C_a について $\quad \dfrac{q_1}{q_2} = g(\theta_1, \theta_2)$ \hfill (3·25)

C_b について $\quad \dfrac{q_2}{q_3} = g(\theta_2, \theta_3)$ \hfill (3·26)

θ_2 への熱の出入は C_a, C_b の 1 サイクルの間に打消されるから, C_a, C_b, θ_2 をまとめたものは一つの可逆サイクルと考えられる (図 3·16 (b)). これに式 (3·23) を適用して

$$\frac{q_1}{q_3} = g(\theta_1, \theta_3) \tag{3·27}$$

式 (3·25)〜(3·27) より

$$g(\theta_1, \theta_2) g(\theta_2, \theta_3) = g(\theta_1, \theta_3)$$

$$g(\theta_1, \theta_2) = \frac{g(\theta_1, \theta_3)}{g(\theta_2, \theta_3)} \tag{3·28}$$

上式は $\theta_3 < \theta_2$ を満足する任意の θ_3 で成立する. いま, このような θ_3 の一

つを α として
$$g(\theta_1, \theta_3) = g(\theta_1, \alpha) \equiv \Theta(\theta_1)$$
とすれば
$$g(\theta_2, \theta_3) = g(\theta_2, \alpha) = \Theta(\theta_2)$$
となる．上の二つの式を (3・28) に代入すると，(3・24) が得られる（証明終）．

式 (3・24) の $\Theta(\theta_1)$ と $\Theta(\theta_2)$ は，ある温度目盛による高熱源と低熱源の温度をあらわすものと考えられる（$\Theta(\theta)$ において，θ が定まればそれに応じて Θ も定まる）．Kelvin は式 (3・24) を用いて新しい温度目盛を考えた．すなわち可逆熱機関が高熱源から吸収する熱量と，低熱源へ放出する熱量の比 q_1/q_2 で両熱源の温度比 Θ_1/Θ_2 を定義した．

$$\frac{q_1}{q_2} = \frac{\Theta_1}{\Theta_2} \qquad (3\cdot29)$$

上式だけでは温度の比が定まるに過ぎないが，さらに二つの定点の温度差を与えれば Θ の絶対値が確定する．Kelvin は定点として 1 atm での水の沸点と氷点を選び，その温度差を 100 とした．いま沸点の水を高熱源，氷点の水を低熱源とし，それらについて可逆熱機関が吸収する熱量と放出する熱量を q_b，q_0，また低熱源の温度を Θ_0 とすれば

$$\frac{q_b}{q_0} = \frac{\Theta_0 + 100}{\Theta_0} \qquad (3\cdot30)$$

上式で q_b/q_0 は，すべての可逆熱機関について一定であるから Θ_0 が決まり，それに伴って式 (3・29) からすべての温度が確定する．このようにして定めた温度を，**熱力学的温度** (thermodynamic temperature) という．原理的には，どのような作業物質を用いても可逆熱機関を作ることができるし，また式 (3・29) の比 q_1/q_2 はどんな作業物質を用いても一定であるから，熱力学的温度は普遍的である．式 (3・9) より Carnot サイクルの効率 e_c は絶対温度を用いて

$$e_c = 1 - \frac{q_2}{q_1} = 1 - \frac{T_2}{T_1}$$

と書ける．よって

§ 3·5 熱力学的温度

$$\frac{q_1}{q_2} = \frac{T_1}{T_2} \qquad (3\cdot31)$$

Carnot サイクルは可逆熱機関であるから，式 (3·29)，(3·31) より

$$\frac{\Theta_1}{\Theta_2} = \frac{T_1}{T_2}$$

となる．すなわち，絶対温度と熱力学的温度で，二つの温度の温度比が等しい．さらに，絶対温度の定点の決め方は，熱力学的温度の場合と同じである (§1·3)*．したがって，熱力学的温度と理想気体を用いて定めた絶対温度は一致する．

$$\boxed{\Theta = T} \qquad (3\cdot32)$$

以後，熱力学的温度（絶対温度）を T であらわすものとする．なお絶対温度の単位記号 K は，熱力学的温度の提唱者 Kelvin の頭文字である．

ここで，熱力学的温度が常に正

$$T > 0 \qquad (3\cdot33)$$

であることを示しておこう．いま熱力学的温度が，それぞれ T_1, T_2 の高熱源と低熱源の間に可逆熱機関 C をつなぎ，C が高熱源から吸収する熱量を q_1，低熱源に放出する熱量を q_2 とすれば

$$\frac{T_1}{T_2} = \frac{q_1}{q_2}$$

これより

$$T_2 = T_1 \frac{q_2}{q_1}$$

いま C が外界に放出する仕事を w とすれば，$w = q_1 - q_2$ より

$$T_2 = T_1 \frac{q_1 - w}{q_1} = T_1 \left(1 - \frac{w}{q_1}\right)$$

上式において $w < q_1$ であるから，（ ）内は正となる．したがって，T_2 と T_1 は同符号である．すなわち熱力学的温度はすべて同符号であり，0 とならな

---

* SI 単位では，絶対温度の場合と同様に，水の三重点を熱力学的温度の定点として選び，その温度を 273.16 度と規約する (p.9 注参照)．

い．ところで，定点として選んだ氷点の水の熱力学的温度は正 ($T_0 = 273.15\,\text{K}$) であるから，すべての熱力学的温度は正でなければならない．なお現在の最低到達温度は，$0.28\,\text{nK}$ である（1994年）．

§3·6 Clausius の式

式 (3·22) から，熱力学的温度（絶対温度）がそれぞれ T_1 および T_2 の熱源の間につないだサイクル C に対して

$$\frac{q_2}{q_1} \geqq \frac{T_2}{T_1}$$

が成立する．ただし等号は可逆サイクル，不等号は不可逆サイクルの場合，また q_1 は C が1サイクルの間に高熱源から吸収する熱量，q_2 は低熱源 T_2 に放出する熱量である．いま熱の移動の向きに符号をつけて，サイクル C が熱を吸収する場合を正，放出する場合を負とすれば，上式において $q_2 \to -q_2$ となる．すなわち

$$\frac{-q_2}{q_1} \geqq \frac{T_2}{T_1}$$

両辺に q_1/T_2 をかけて変形すれば*，

$$\frac{q_1}{T_1} + \frac{q_2}{T_2} \leqq 0 \tag{3·34}$$

上式は熱源が2個の場合に成立する式であるが，下に述べるように，一般に熱源が3個以上の場合にも同様な式（$\sum_i q_i/T_i \leqq 0$）が成り立つ．

図 3·17 (a) に示すように，熱力学的温度 T_1, T_2, T_3 の三つの熱源を考える．図の中央のCは，ある系が行なう（可逆または不可逆）サイクルをあらわす（系はある平衡状態から出発して，可逆または不可逆過程による変化をした後，もとの平衡状態にもどる）．系は，このサイクルの間に熱力学的温度 T_1, T_2, T_3 の三つ熱源および外界と熱や仕事を交換するものとする．図では例として C が T_1, T_2 から q_1, q_2 の熱量を吸収し，T_3 に q_3 の熱量を放出し，

---

* $q_1/T_2 > 0$ ($\because q_1 > 0$, $T_2 > 0$) であるから，q_1/T_2 をかけても不等号の向きは変わらない．

§3·6 Clausius の式

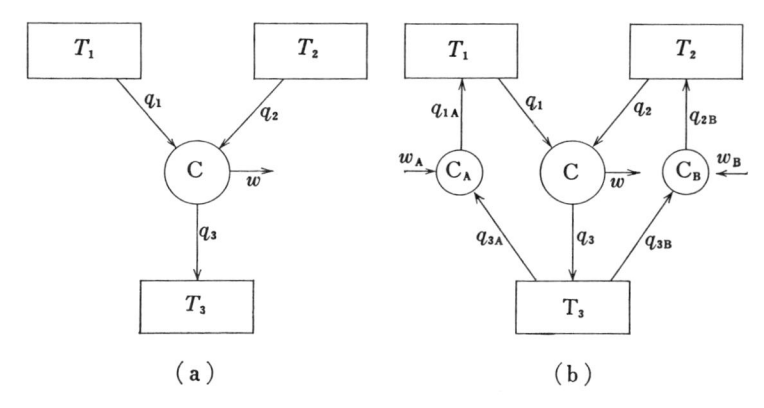

図 3·17 三つの熱源 T_1, T_2, T_3 とサイクル C（可逆または不可逆）の行なう過程

外界に w の仕事を放出する場合が示してある．この過程が行なわれた後で図 3·17 (b) のように Carnot サイクル C_A, C_B を用いて熱源 T_3 から熱を汲み上げて，熱源 T_1, T_2 に q_1, q_2 に相当する熱量をもどすものとすると，図の (b) において

$$q_1 = q_{1A} \qquad q_2 = q_{2B} \tag{3·35}$$

このとき全系が外界にする仕事は

$$W = w - (w_A + w_B)$$

ここで C, C_A, C_B はサイクルを行なっているから，熱力学第一法則により W は熱源 T_3 が放出した熱量に等しい（熱源 T_1, T_2 の放出する熱量は，式 (3·35) により 0 である）．よって

$$W = q_{3A} + q_{3B} - q_3$$

次にこの W の値を，次の三つの場合に分けて検討しよう．

（1）$W > 0$ の場合　このときは C, C_A, C_B をまとめたサイクル（C+C_A+C_B）は，一つの熱源 T_3 から $q_{3A} + q_{3B} - q_3 > 0$ の熱を吸収して，それを完全に $W > 0$ の仕事に変えたことになる（式 (3·35) により，熱源 T_1, T_2 は結果として熱の出入に関与しない）．これは Thomson の原理に反する．よって，$W > 0$ となることはない．

（2）$W = 0$ の場合　このときは $q_{3A} + q_{3B} - q_3 = 0$ であるから，熱源 T_3 の

放出する熱量は 0 となる．したがって C, C_A, C_B が 1 サイクルした後，C, C_A, C_B, T_1, T_2 の他に T_3 ももとにもどることになる．また $W=0$ であるから，外界にも変化が残らない．いま系として C に着目すれば，C の 1 サイクルによって生じた外界（この場合熱源 T_1, T_2, T_3 も外界に含める）の変化は，C_A, C_B によって完全にもとにもどされることになる．したがって $W=0$ の場合は，C が可逆サイクルとなる．

　（3）　$W<0$ の場合　C, C_A, C_B をまとめたサイクル（C+C_A+C_B）は外界から $-W>0$ の仕事をされ，それに相当する熱量 $q_3-(q_{3A}+q_{3B})>0$ を熱源 T_3 に与えたことになる．この場合，(C+C_A+C_B) は不可逆サイクルとなる．なぜならば，上の変化をもとにもどすためには，一つの熱源 T_3 から $q_3-(q_{3A}+q_{3B})$ の熱をとり，これをサイクルにより仕事として放出しなければならないからである（Thomson の原理により不可能）．ところで (C+C_A+C_B) のうち，C_A と C_B は Carnot サイクルであるから可逆である．よって，C が不可逆サイクルとなる．

　以上の (1)～(3) をまとめると

$$W = q_{3A} + q_{3B} - q_3 \leq 0 \tag{3.36}$$

となる．ただし C が可逆サイクルのときは等号が，不可逆サイクルのときは不等号が成立する．なお C_A, C_B は，Carnot サイクル（可逆サイクル）であるから，式 (3・31) より

$$\frac{q_{1A}}{q_{3A}} = \frac{T_1}{T_3} \qquad \frac{q_{2B}}{q_{3B}} = \frac{T_2}{T_3} \tag{3.37}$$

さて，上の取扱いで熱の移動の向きに符号をつけてサイクル C, C_A, C_B が熱を吸収する場合を正，放出する場合を負とすれば，式 (3・35)～(3・37) は

$$q_1 = -q_{1A} \qquad q_2 = -q_{2B} \tag{3.38}$$

$$q_{3A} + q_{3B} + q_3 \leq 0 \tag{3.39}$$

$$\frac{-q_{1A}}{q_{3A}} = \frac{T_1}{T_3} \qquad \frac{-q_{2B}}{q_{3B}} = \frac{T_2}{T_3} \tag{3.40}$$

となる．式 (3・38), (3・40) より

§ 3·6 Clausius の式

$$q_{3\text{A}} = \frac{q_1}{T_1} T_3 \qquad q_{3\text{B}} = \frac{q_2}{T_2} T_3$$

これらの式を (3·39) に代入して，両辺を $T_3(>0)$ でわれば

$$\frac{q_1}{T_1} + \frac{q_2}{T_2} + \frac{q_3}{T_3} \leqq 0 \tag{3·41}$$

この式は熱の出入に符号をつけたから，図 3·17 (a) の場合だけでなく，$q_1 \sim q_3$ の移動の向きがどのような場合にも成り立つ．さらに熱源の数が四つ以上の場合にも，上と同様な考察によって式 (3·41) に相当する式を容易に導くことができる．熱源の数が n 個の場合には

$$\sum_{\substack{i=1 \\ (\text{cycle})}}^{n} \frac{q_i}{T_i} \leqq 0 \tag{3·42}$$

ただし (cycle) は，系が 1 サイクルすることを意味する．その間に系は温度 $T_1, T_2, \cdots, T_n$ の熱源からそれぞれ $q_1, q_2, \cdots, q_n$ の熱を吸収する．

次に，温度 T_e の外界と接触してサイクルを行なう系 C を考える（図 3·18）．この場合，系の変化の過程で，系と外界との間の微小な熱量 $d'q$（系に入る方を正とする）の交換に伴って，T_e は連続的に変わる．このときは，温度が連続的に異なる無限に多くの熱源があるものと考えて，式 (3·42) は

$$\boxed{\oint \frac{d'q}{T_e} \leqq 0} \tag{3·43}$$

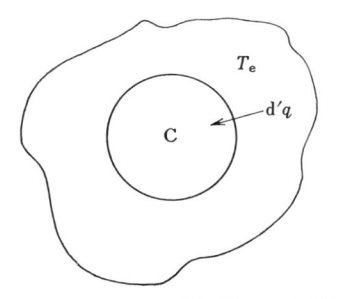

図 **3·18** サイクル C (可逆または不可逆) と熱力学的温度 T_e の外界

となる．ただし等号は系が可逆サイクルを，不等号は系が不可逆サイクルを行なう場合である．また $\oint$ は，系の 1 サイクルについての積分を意味する．式 (3·42)，(3·43) を **Clausius の式**という．

§3・7 エントロピー

式 (3・43) において，系が可逆サイクルを行なうときは

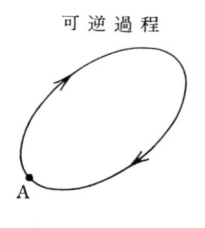

$$\oint \frac{d'q_{rev}}{T_e} = 0 \tag{3・44}$$

ただし $d'q_{rev}$ は，系が外界から可逆的に吸収する微小の熱量をあらわす．系の状態変化は，系が状態 A から出発する場合，図 3・19 のようになる．上式で

$$dS \equiv \frac{d'q_{rev}}{T_e} \tag{3・45}$$

$$\oint dS = 0$$

図 3・19 可逆サイクル

とすると

$$\oint dS = 0 \tag{3・46}$$

となる．この式は，式 (3・45) で定義される量 S が状態量であるための必要十分条件である (p.29 式 (2・10))．この状態量を**エントロピー** (entropy) とよぶ．エントロピーは状態量であるから，系の平衡状態を指定すればその値が定まる (§2・1 参照)．いま，系が状態 A から B まで可逆的（準静的）に変化する場合を考えてみよう（図 3・20 (a)）．式 (3・45) をこの変化の道筋に沿って積分すると

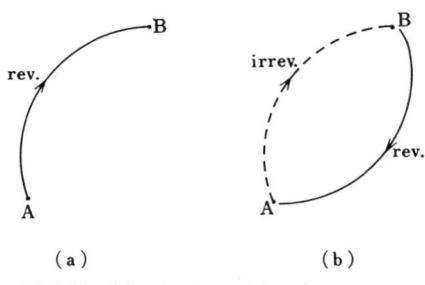

図 3・20 (a)：A→B の可逆変化，(b)：A→B の不可逆変化と B→A の可逆変化

$$\int_A^B \frac{d'q_{rev}}{T_e} = \int_A^B dS = S_B - S_A \tag{3・47}$$

ただし，S_A, S_B は状態 A, B におけるエントロピーの値である．ここで

$$\Delta S = S_B - S_A \tag{3・48}$$

とすると式 (3・47) は

§3・7 エントロピー

$$\Delta S = \int_A^B \frac{d'q_{\mathrm{rev}}}{T_e} \tag{3・49}$$

となる．次に系が状態 A から B まで不可逆的に変化し，B から A に可逆的（準静的）にもどってくる場合を考える（図 3・20 (b)）．このサイクルに式 (3・43) を適用すると，道筋全体としては不可逆であるから

$$\oint \frac{d'q}{T_e} = \int_A^B \frac{d'q_{\mathrm{irrev}}}{T_e} + \int_B^A \frac{d'q_{\mathrm{rev}}}{T_e} < 0$$

ここで

$$\int_B^A \frac{d'q_{\mathrm{rev}}}{T_e} = \int_B^A dS = S_A - S_B$$

であるから，上の二つの式から

$$\Delta S = S_B - S_A > \int_A^B \frac{d'q_{\mathrm{irrev}}}{T_e} \tag{3・50}$$

式 (3・49)，(3・50) の結果をまとめると，次のようになる．

系が状態 A から B まで変化するとき，その微小変化に伴って系が熱力学的温度（絶対温度）T_e の外界から吸収する熱量を $d'q$ とすると

$$\Delta S = S_B - S_A \geqq \int_A^B \frac{d'q}{T_e} \tag{3・51}$$

が成立する．ただし S は系の状態量（エントロピー），等号は過程 A→B が可逆（準静的）過程の場合，不等号は不可逆過程の場合である．

可逆過程の場合には系の変化は準静的に行なわれるから，変化の途中でも系の温度 T は確定しており，$T = T_e$ である (p.110)．よって式 (3・45)，(3・49) は

$$dS = \frac{d'q_{\mathrm{rev}}}{T} \qquad \Delta S = S_B - S_A = \int_A^B \frac{d'q_{\mathrm{rev}}}{T} \qquad 可逆過程 \tag{3・52}$$

となる．

式 (3・51) は，熱力学第二法則（Thomson の原理または Clausius の原理）を基にして得られたものである．ここで逆に式 (3・51) から出発して，Thomson の原理を導いてみよう．いま Thomson の原理を否定すると，図 3·21 に示すように，あるサイクル C により一つの熱源（温度 T_e）から熱量 q をとり，それを完全に仕事 w に変えることができる．すなわち

$$w = q > 0 \qquad (3 \cdot 53)$$

ここでサイクル C に式 (3·51) を適用すると，S は状態量であるから $\Delta S = 0$ であって

$$0 \geqq \oint \frac{d'q}{T_e}$$

図 3·21 Thomson の原理に反する過程

熱源の温度 T_e は一定であるから

$$\oint \frac{d'q}{T_e} = \frac{1}{T_e} \oint d'q = \frac{q}{T_e} \qquad (3 \cdot 54)$$

また $T_e > 0$ であるから，上の二つの式から

$$q \leqq 0 \qquad (3 \cdot 55)$$

が得られる．ところで，この式と (3·53) は矛盾する．よって Thomson の原理を否定することはできない（証明終）．

Thomson の原理と Clausius の原理は同等であることはすでに証明したから (§ 3·2)，以上によって

Thomson の原理 $\rightleftarrows$ Clausius の原理 $\rightleftarrows$ 式 (3·51)

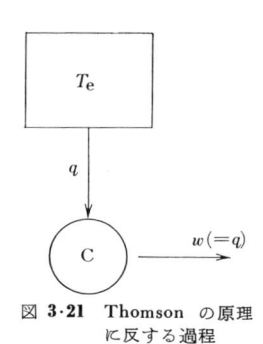

となる．したがって式 (3·51) を，熱力学第二法則の数式的表現と考えることができる．

ここで，式 (3·51) を孤立系の場合に適用してみよう．孤立系では $d'q = d'w = 0$ であるから，式 (3·51) から

$$\Delta S \geqq 0 \qquad (3 \cdot 56)$$

よってエントロピーは系の不可逆変化では増加し，可逆変化では一定である．ところで自然界で起こる変化は，すべて不可逆変化であるから，孤立系で変化が起これば，必ずエントロピーが増大することになる．このことは，孤立系は

エントロピーが増大する方向に変化することを意味している（エントロピー増大の原理）．そしてエントロピーが極大値になると，もはや系は変化しない．これが平衡状態である．断熱系でも $d'q=0$ であるから，上と同じことがいえる．以上をまとめて

$$\text{孤立系（断熱系）の平衡条件} \qquad S=\max \qquad (3\cdot57)$$

$$\text{孤立系（断熱系）の変化の起る方向} \quad \Delta S>0 \qquad (3\cdot58)$$

外界を系に含めると，すべての系は孤立系になる．したがって系のエントロピーと外界のエントロピーの和

$$S=S_\text{系}+S_\text{外} \qquad (3\cdot59)$$

を用いると，式 (3·57), (3·58) はどのような系についても成立する．

最後に，エントロピーが示量性状態量（§1·2 参照）であることを示しておこう．いま系が n 個の部分から構成されているとして，これらの部分系が外界から準静的に吸収する熱量を $d'q_1, d'q_2, \cdots, d'q_n$ とすると，各部分系のエントロピー変化は

$$dS_1=\frac{d'q_1}{T}, \quad dS_2=\frac{d'q_2}{T}, \cdots, \quad dS_n=\frac{d'q_n}{T}$$

となる．ところで，全系が外界から吸収する熱量は $d'q=\sum_i d'q_i$ であるから*，全系のエントロピー変化は $dS=d'q/T=\sum_i dS_i$ となる．すなわち系のエントロピー変化は，各部分系のエントロピー変化の和となるのである．よって S は，示量性状態量となる．

§3·8 エントロピーの計算

前節で導入したエントロピーは，式 (3·57), (3·58) からわかるように系の平衡条件や変化の起こる方向を定量的に予測するのに役立つ．この節では二，三の系をとり上げて，エントロピー変化 ΔS を計算する．計算にあたって注意すべきことは，次の通りである．

---

* 部分系の間に熱のやりとりがある場合にも，やりとりされた熱は部分系についての和をとると打消し合うので，$d'q=\sum_i d'q_i$ が成立する．

(i) エントロピーは状態量であるから，平衡状態においてのみその値が決まる．したがって ΔS は，系の二つの平衡状態の間で計算される．

(ii) エントロピーは状態量であるから，状態 B と A の間のエントロピーの差 ΔS は，系の状態変化 A→B の経路によらない（A から B へ移行する過程が可逆でも不可逆でも ΔS は同じ）．

(iii) 状態変化 A→B が可逆的に起こるときは，式 (3·51)，(3·52) より

$$\Delta S = \int_A^B \frac{d'q_{rev}}{T_e} = \int_A^B \frac{d'q_{rev}}{T} \qquad 可逆過程 \qquad (3·60)$$

となるので，ΔS は系の温度 T を用いて容易に計算される．これに対し不可逆変化では

$$\Delta S > \int_A^B \frac{d'q_{irrev}}{T_e} \qquad (3·61)$$

となるので，ΔS は直接には計算できない．この場合には何らかの A→B の可逆過程を見出して，それについて式 (3·60) を適用することになる．

(1) 理想気体の定温変化

理想気体を温度 T_e の熱源に接触させて，その体積を V_1 から V_2 まで準静的に変化させる場合を考える．この場合，気体の温度 T は変化の途中でも確定しており $T=T_e$ である．式 (3·60) と p.43 の式 (2·40) より

$$\Delta S = \int \frac{d'q_{rev}}{T_e} = \int \frac{d'q_{rev}}{T} = \int_{V_1}^{V_2} \frac{PdV}{T}$$

$P=nRT/V$ を上式に代入して

$$\Delta S = nR \int_{V_1}^{V_2} \frac{dV}{V}$$

よって

$$\boxed{\Delta S = nR \ln \frac{V_2}{V_1} = nR \ln \frac{P_1}{P_2}} \qquad (3·62)$$

ただし $P_1V_1=P_2V_2=nRT$ を用いた．上式で $V_2 > V_1$ のときは $\Delta S > 0$ となる．すなわち定温では，気体の膨張に伴って，エントロピーは増大する．逆に気体が収縮すると，エントロピーは減少する．上例で熱源のエントロピー変

§3·8 エントロピーの計算

化は

$$\Delta S_e = \int \frac{(-\mathrm{d}'q_{\text{rev}})}{T_e} = \frac{-q}{T}$$

ただし q は，熱源から気体に移動した熱量である．一方，気体のエントロピー変化は

$$\Delta S = \int \frac{\mathrm{d}'q_{\text{rev}}}{T_e} = \frac{q}{T}$$

となるので，両者の和は 0 である．すなわち，熱源と気体を合わせた系（孤立系）のエントロピー $S+S_e$ は可逆過程であるから変化しない．これに対し熱源から気体へ不可逆的（非静的）に熱が移動する場合には，$\Delta(S+S_e) > 0$ となる（式 (3·56) 参照）．

ここで図 2·14 の Joule の実験において，体積 V_1 の理想気体が，真空中に拡散して体積 V_2 になる場合の ΔS を考察しよう．〔例題 3·1〕で示したように，この過程は不可逆過程であるから，式 (3·60) を適用することができない．実際，自由膨張の過程は非静的であって，変化の途中で系の圧力や温度は決まらないのである．ところで，気体の拡散前の状態は (T, V_1) で，拡散後の状態は (T, V_2) で指定できるから，この自由膨張に伴う状態変化は，前述の理想気体の定温可逆膨張の場合の状態変化と等しい．エントロピーは状態量であるから，どちらの過程においても ΔS は変わらない．よって，自由膨張に伴う ΔS も式 (3·62) で与えられる．

〔**例題 3·3**〕 図 2·14 の Joule の実験において，容器を水槽に入れる代りに断熱材で囲んでコックを開き，理想気体（温度 T）の体積を V_1 から V_2 に変化させた．このときの ΔU, ΔH, ΔS を求めよ．

〔**解**〕 この変化は断熱変化であるから，$q=0$，また気体は，真空中へ膨張するから $w=0$．よって

$$\Delta U = q + w = 0$$

$\Delta U = 0$ であるから，自由膨張の前後で，気体の温度は変わらない（Joule の法則）．よって

$$\Delta H = \Delta(U+PV) = \Delta U + nR\Delta T = 0$$

この変化（不可逆変化）に相当する可逆変化は，理想気体の $(T, V_1) \to (T, V_2)$ の等温可逆膨張である．よって式 (3·62) より

$$\Delta S = nR \ln \frac{V_2}{V_1}$$

（2） 温度変化によるエントロピー変化

定圧で外界から系に熱を与えて，可逆的に $(T=T_e)$ 系の温度を上昇させる場合を考える．このときは式 (2·30)，(2·32) より

$$d'q_P = dH = C_P dT \tag{3·63}$$

となる．ただし C_P は，系の定圧熱容量である．式 (3·52) と上式より

$$dS = \frac{d'q_P}{T} = \frac{C_P}{T} dT = C_P d\ln T \tag{3·64}$$

$T_1 \to T_2$ の温度変化に伴う ΔS は

$$\Delta S = \int_{T_1}^{T_2} \frac{C_P}{T} dT = \int_{\ln T_1}^{\ln T_2} C_P d\ln T \tag{3·65}$$

C_P が T によらないときは，上式から

$$\Delta S = C_P \ln \frac{T_2}{T_1} \tag{3·66}$$

C_P が T に依存するときは p.48 の (2·51) のような実験式を (3·65) に代入して ΔS を求める．または図 3·22 に示すように，C_P/T や C_P の実測曲線から，図の斜線部の面積を求めて ΔS とする．

可逆的な定積変化の場合にも式 (3·63)，(3·65) と同様な式が成り立つ（式

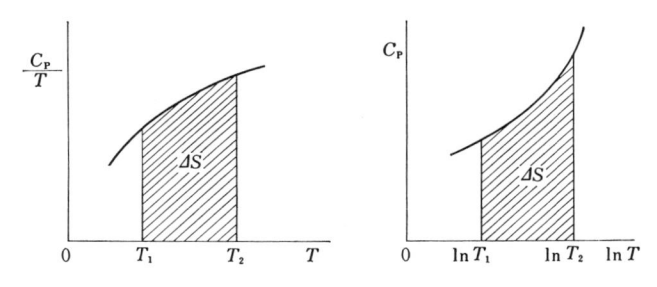

図 3·22　ΔS の算出．(a)：C_P/T の温度変化による場合，
(b)：C_P の温度変化による場合

(2·25), (2·31) 参照). すなわち

$$d'q_V = dU = C_V dT$$
$$\Delta S = \int_{T_1}^{T_2} \frac{C_V}{T} dT = \int_{\ln T_1}^{\ln T_2} C_V d\ln T \tag{3·67}$$

(3) 相変化によるエントロピー変化

一定の圧力の下で二相が共存して平衡にある温度では,相変化は準静的(可逆的)に起こる.例えば沸点 T_b で共存している液体と気体の系を加熱すると,系は平衡状態を保ちながら,液体の一部が蒸発して気体になる.この過程で,系の温度は変わらない ($T = T_b$, § 2·9 参照).系から熱を奪うと,逆の過程(凝縮)が起こる.蒸発の際のエントロピー変化は,$P = \text{const}$ であるから式 (2·30) より

$$\Delta S_{vap} = \int \frac{d'q_P}{T_b} = \frac{\Delta H_{vap}}{T_b} \tag{3·68}$$

ただし ΔH_{vap} は蒸発熱である.同様に,固体の転移(固相Ⅰ→固相Ⅱ)および融解(固体→液体)に伴うエントロピー変化は

$$\Delta S_{tr} = \frac{\Delta H_{tr}}{T_{tr}} \tag{3·69}$$

$$\Delta S_{fus} = \frac{\Delta H_{fus}}{T_f} \tag{3·70}$$

ここで ΔH_{tr} は転移熱,T_{tr} は転移点,ΔH_{fus} は融解熱,T_f は融点である.式 (3·68)〜(3·70) から,系の相変化に伴ってエントロピーが不連続的に増加することがわかる.

〔例題 3·4〕 1 atm の下で,0 ℃ の氷を 100 ℃ の水蒸気にするときのモルエントロピー変化を求めよ.ただし氷のモル融解熱は 6.01 kJ mol^{-1},水のモル蒸発熱は 40.65 kJ mol^{-1},0〜100 ℃ における水の平均定圧モル熱容量は 75 J K^{-1} mol^{-1} である.

〔解〕 式 (3·70), (3·66), (3·68) を用いて,氷の融解,水の温度上昇および水の蒸発に伴うエントロピー変化を計算し,それらの和をとる.

$$\Delta S = \left(\frac{6.01 \times 10^3}{273} + 75 \ln \frac{373}{273} + \frac{40.65 \times 10^3}{373} \right) \text{J K}^{-1} \text{mol}^{-1}$$

$= (22.0+23.4+109.0)$ J K^{-1} mol^{-1} $= 154.4$ J K^{-1} mol^{-1}

(4) 気体の混合に伴うエントロピー変化

同じ圧力 P, 温度 T の2種類の理想気体 n_1 mol と n_2 mol を定温定圧で混合する場合を考える．図 3·23 (a) は，容器の仕切り板の左右に2種類の気体がある状態（状態 (a)）を示す．このときの気体の体積を，それぞれ，V_1，V_2 とする．仕切り板をとり去ると，気体は自然に混合して図の (b) のようになる（状態 (b)）．このときの混合気体の体積は，Dalton の法則 (1·26) (p.12) により V_1+V_2 である*.

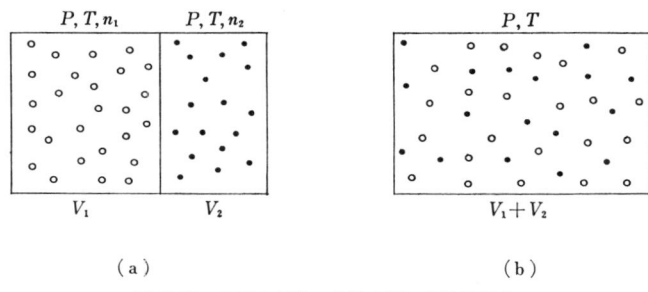

(a)   (b)

図 3·23   2種の気体の定温定圧における混合

各気体のモル分率

$$x_1 = \frac{n_1}{n_1+n_2} \qquad x_2 = \frac{n_2}{n_1+n_2} \qquad (3·71)$$

を用いると，気体1および2の分圧は式 (1·24) (p.12) より

$$p_1 = x_1 P \qquad p_2 = x_2 P \qquad (3·72)$$

図 3·23 の状態 (a) では，系はそれぞれ平衡状態にある二つの気体（部分系）から構成されている．仕切板をとり去ると各気体の平衡は破れて，非静的（不可逆的）な拡散が起こり状態 (b) で系は新しい平衡に達する．このように (a) →(b) は不可逆過程であるから，直接そのエントロピー変化を計算することができない．そこで図 3·24 に示す (a)→(a 1)→(a 2)→(b) の過程を考える．

---

 * 理想気体の混合では熱の出入はないので（分子間に相互作用がはたらかないため），上述の操作を断熱定積（$\Delta U=0$）で行なっても定温定圧の場合と同じ状態変化 (a)→(b) が起こる．したがって過程 (a)→(b) で $\Delta U=0$ である．

§3·8 エントロピーの計算

図の (a) において，各気体は半透膜を備えた体積 V_1+V_2 の二つの容器の両端に入れてある．ただし半透膜1は気体1の分子のみを通し，気体2の分子は通さないものとする．逆に半透膜2は気体分子2は通すが，気体分子1は通さないとする．まず図 (a) の2枚の仕切り板をはずすと，各気体は真空中に拡散して状態 (a1) になる*．この過程は不可逆過程であるが（例題 3·1 参

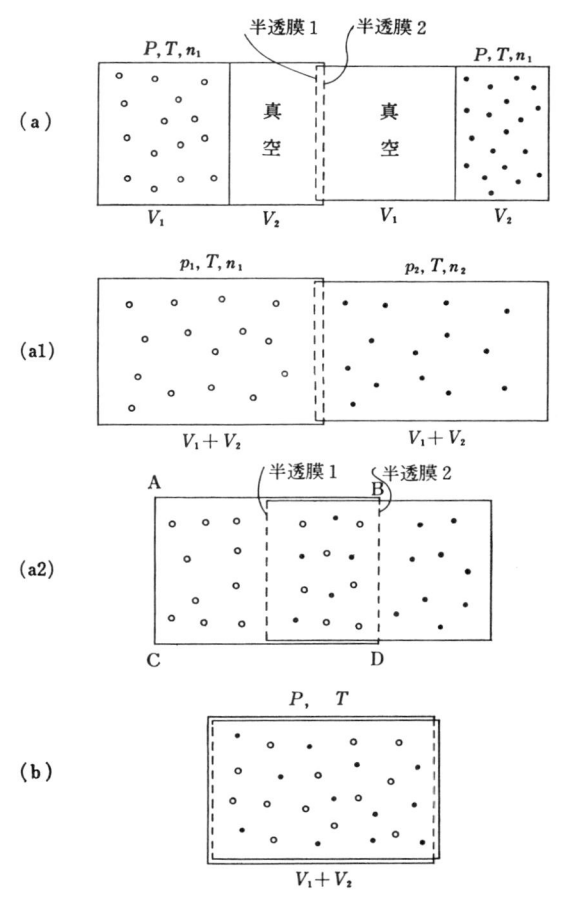

図 3·24　図 3·23 の混合を半透膜を用いて行なうときの過程

---

* この操作は，断熱または定温で行なう．断熱のときは $\Delta U=q+w=0$ であるから，Joule の法則により気体の温度は変わらない．したがって定温の場合と同じになる．

照)．これに相当する可逆過程は，理想気体の等温可逆膨張であって，すでにエントロピー変化が計算してある（式 (3·62))．気体1と2に式 (3·62) を適用すると，(a)→(a 1) のエントロピー変化は，(3·72) を参照して

$$\Delta S_1 = n_1 R \ln \frac{P}{p_1} + n_2 R \ln \frac{P}{p_2} = -R(n_1 \ln x_1 + n_2 \ln x_2) \quad (3\cdot73)$$

次に，二つの容器を滑らせる (a 1)→(a 2)→(b) の過程を考える．このとき左側の容器 ABCD については（図の (a 2) 参照），気体2は BD（半透膜2）に左右から等しい圧力を及ぼす．一方，気体1は AC に左向き，BD に右向きの等しい圧力を及ぼす．したがって，左側の容器 ABCD には力ははたらかない．これは右側の容器についても同様である．また理想気体であるから，混合に際して熱の出入はない．よってこの操作を無限に緩慢に行なうと，外界との間に熱や仕事の出入なしに可逆的に (a 1)→(b) の状態変化が行なわれる(容器間に摩擦はないものとする)．したがって (a 1)→(b) のエントロピー変化は，式 (3·56) より

$$\Delta S_2 = 0$$

である．(a)→(b) のエントロピー変化は ΔS_1 と ΔS_2 の和であるから，定温定圧で2種の理想気体を混合するときのエントロピー変化は

$$\boxed{\Delta S_{\text{mix}} = -R(n_1 \ln x_1 + n_2 \ln x_2)} \quad (3\cdot74)$$

上式において，x_1, $x_2 < 1$ であるから $\Delta S_{\text{mix}} > 0$ となる．よって気体の混合に伴ってエントロピーが増大することがわかる．なお図 3·23 の (a)→(b) の過程では，系と外界との間に熱や仕事の出入はない (p.96 注参照)．すなわち (a)→(b) の変化は孤立系の不可逆変化であって，式 (3·56) からもわかるように，エントロピーは増大するのである．

§3·9 エントロピーの分子論的意味

前節の結果からわかる通り，気体の膨張，固体の融解，液体の蒸発，2種の気体の混合などによってエントロピーが増大する．これらの現象は微視的に見

ると，秩序から無秩序への変換に関連している．気体が膨張すると，気体分子が動きまわれる空間が増加するため，分子はより無秩序な運動をするようになる．また固体→液体→気体の相変化に伴って，分子の配列は規則性のある状態（固体）からやや乱れた状態（液体）に移り，最後には完全に不規則な状態（気体）になる．2種の気体の混合の場合も同様であって，異種分子が分かれて存在する状態よりも，混在する状態の方が無秩序である．このように，秩序→無秩序の変換に伴ってエントロピーが増大することから，エントロピーは**無秩序性**（disorder）（または**乱雑さ**（randomness））の程度をあらわす尺度と考えられる．

§1·1 (p.2) で述べたように，われわれが熱力学で問題とする熱平衡状態は，巨視的には一定の状態であるが，この状態で系を構成する原子や分子は絶えず位置と速度を変えながら複雑な運動をしているので，微視的には一定の状態ではない．すなわち一つの巨視的状態に，個々の原子や分子の運動状態（位置と速度）の相違に基づく無数の微視的状態が含まれている．Boltzmann は気体分子運動論の研究を発展させて，エントロピーが，一つの巨視的状態に対する微視的状態の出現確率と関係していることを明らかにした．この確率が大きい状態は無秩序な状態であって，一般に系は微視状態の出現確率が小さい状態（秩序のある状態）から，大きい状態（無秩序の状態）に移る傾向があるのである．これがエントロピー増大の原理に対応する．

ここで理想気体の真空中への拡散を例にとって，上で述べたことを説明しよう．図 3·25 (a) のように，体積 V_2 の容器の中に分子1個が入っている場合を考える．分子は容器内を自由に飛びまわれるので，ある瞬間に図の (b) の体積 V_1 の部分に分子が見出される確率は V_1/V_2 である．ここで N 個の分子よりなる理想気体が，体積 V_1 の部分から容器全体に拡散する場合を考える．始状態（図の (c)）では，気体は V_1 の部分に閉じ込められているので，各分子を V_1 に見出す確率は当然1である．これに対し終状態（図の (d)）では，各分子につきそれを V_1 の部分に見出す確率は V_1/V_2 となる．分子は互いに独立に運動しているので，N 個の分子全部を V_1 に見出す確率は $(V_1/V_2)^N$ と

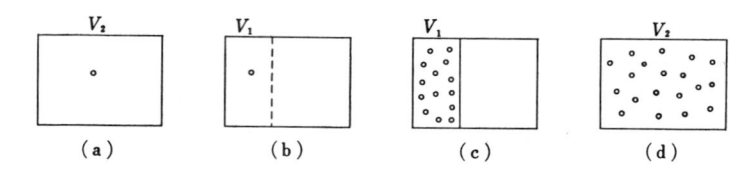

図 3・25 容器全体（体積 V_2）と容器の一部（体積 V_1）に存在する 1個の分子と N 個の分子

なる．

いま $V_2=2V_1$, $N=6\times 10^{23}$（1 mol の気体）としてこの値を計算すると

$$\left(\frac{1}{2}\right)^{6\times 10^{23}} = \frac{1}{10^{1.8\times 10^{23}}}$$

この確率がいかに小さいかは，上式の分母の値と海水中の水分子の数（約 5×10^{45} 個）* を比較してみればよくわかる．熱力学によると，図の (c)→(d) の過程は不可逆過程であって，(d) から (c) へ自然に（外界に変化を残すことなく）もどることはない．ただし上述の考察から，(d)→(c) の状態変化の確率は皆無とはいえない．しかしその値が極端に小さいので，事実上この過程が自然に起こらないと断定して差支えないのである．これに対し通常の力学の対象となるような，少数個の粒子よりなる系では，(d)→(c) の過程はかなりの確率で起こり得る．したがって，このような場合には，熱力学の不可逆性に相当するような概念が生じないのである．熱力学で第二法則のような特有な法則が成立する理由は，10^{23} 個程度の巨大な数の粒子が対象となるからである．

Boltzmann は，エントロピーを次式であらわした．

$$S = k \ln \Omega \tag{3・75}$$

ここで k は Boltzmann 定数（p.17 $k=R/L$），Ω は与えられた平衡状態（巨視的状態）に対応する微視状態の数である．上式で $\ln$ が用いられている理由は，エントロピーが示量性状態量であるためである．いま全系が二つの部分系から成るとして，各部分系のエントロピーと微視状態の数をそれぞれ S_1, Ω_1 および S_2, Ω_2 とする．全系のエントロピーは

---

* 海水の量を 1.4×10^{17} m³ とした．

§3·9 エントロピーの分子論的意味

$$S = S_1 + S_2 \tag{3·76}$$

となる（示量性状態量）．一方，部分系1の各微視状態に対して，部分系2の微視状態は $\varOmega_2$ 個ずつあるから，全系の微視状態の数は

$$\varOmega = \varOmega_1 \varOmega_2 \tag{3·77}$$

$$\ln \varOmega = \ln \varOmega_1 + \ln \varOmega_2$$

よって式 (3·75) の形の S で，式 (3·76) が満足されることがわかる ($S = k \ln \varOmega$, $S_1 = k \ln \varOmega_1$, $S_2 = k \ln \varOmega_2$ であるから)．

ここで式 (3·75) を図 3·25 の (c)→(d) の過程に適用してみよう．状態 (c), (d) におけるエントロピーと微視状態の数を，それぞれ S_1, $\varOmega_1$; S_2, $\varOmega_2$ とすれば，エントロピー変化は

$$\Delta S = S_2 - S_1 = k \ln \varOmega_2 - k \ln \varOmega_1 = k \ln \frac{\varOmega_2}{\varOmega_1} \tag{3·78}$$

個々の微視状態は，各分子の位置と速度で区別される．理想気体の場合分子の速度分布は温度だけで決まり，体積によらないから (p.18 注)，上式の $\varOmega_2/\varOmega_1$ は状態 (d) と (c) における分子の空間分布に基づく微視状態の数の比となる．ところで，(d) と (c) における分子の空間分布の相違による微視状態の出現確率の比は，上で計算したように $1 : (V_1/V_2)^N$ となるので，これを $\varOmega_2 : \varOmega_1$ とおいて

$$\frac{\varOmega_2}{\varOmega_1} = \left(\frac{V_2}{V_1}\right)^N$$

これを式 (3·78) に代入して

$$\Delta S = kN \ln \frac{V_2}{V_1}$$

n mol の分子では $N = nL$ となるので

$$\Delta S = nR \ln \frac{V_2}{V_1}$$

これは，熱力学的に求めた式 (3·62) の ΔS と一致する．

〔**例題 3·5**〕 高温の物体から低温の物体への熱の移動を，秩序→無秩序の転換で説明せよ．

〔解〕 温度は，系を構成する粒子の無秩序な運動の激しさの程度をあらわす（p.17, §1·5）．高温の物体は，低温の物体より粒子の無秩序な運動の平均エネルギーが大きい．両者を接触させると運動エネルギーの交換が起こって，全体が一様な運動エネルギーの分布（一様な温度）になろうとする．これが熱伝導である．この場合，両物体を接触させた瞬間，平均して高温側には運動エネルギーの大きい粒子が，低温側には運動エネルギーの小さい粒子があるので，運動エネルギーについて，ある意味で秩序のある状態にある．この状態から，全体として一様な運動エネルギー分布（より無秩序な状態）に移るのである．

§3·10 熱力学第三法則

Nernst（ネルンスト）は実験事実（後述）に基づいて，次の法則を提唱した（1906年）．

固相のみが関与する定温化学反応に伴うエントロピー変化 ΔS は，0 K の極限で 0 となる．すなわち

$$\lim_{T \to 0} \Delta S = 0 \tag{3·79}$$

これを Nernst の**熱定理**（heat theorem）という．ここで反応に関与する物質の状態が固相に限定してあるのは，液相では融解のエントロピーが関与するからである．

定圧における化学反応

$$A \to B$$

に伴うエントロピー変化を考えてみよう．温度 T および T_1 における反応のエントロピー変化を ΔS, ΔS_1，反応物 A および生成物 B の，$T \to T_1$ の温度変化に伴うエントロピー変化を，それぞれ ΔS_A, ΔS_B とする（図 3·26）．図から

$$\Delta S = \Delta S_A + \Delta S_1 - \Delta S_B \tag{3·80}$$

となる（S は状態量であるから，ΔS は経路によらない）．簡単のため温度変化に伴って A お

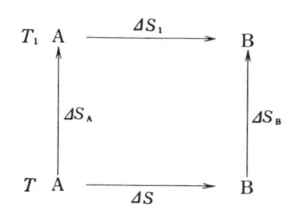

図 3·26 温度 T_1 と T における反応物Aと生成物Bの間のエントロピー変化

§3·10 熱力学第三法則

よび B に相変化がないとすれば，式 (3·65) から

$$\Delta S_\mathrm{A} = \int_T^{T_1} \frac{C_\mathrm{P}^\mathrm{A}}{T}\,\mathrm{d}T \qquad \Delta S_\mathrm{B} = \int_T^{T_1} \frac{C_\mathrm{P}^\mathrm{B}}{T}\,\mathrm{d}T$$

ただし，C_P^A, C_P^B は，それぞれ A および B の定圧熱容量である．これらの式を (3·80) に代入して

$$\Delta S = \Delta S_1 + \int_T^{T_1} \frac{C_\mathrm{P}^\mathrm{A}}{T}\,\mathrm{d}T - \int_T^{T_1} \frac{C_\mathrm{P}^\mathrm{B}}{T}\,\mathrm{d}T$$

したがって，ある温度（例えば常温）T_1 における反応のエントロピー変化 ΔS_1 を求めた後，C_P^A および C_P^B の測定を低温まで行なえば，低温における化学反応に伴うエントロピー変化 ΔS が求められる．Nernst は 0 K 近くまでの熱容量の測定結果を用いて，種々の反応の ΔS を求めたところ，$T \to 0$ で $\Delta S \to 0$ となることを見出した．そこで経験則として，熱定理を提案したのである．

A→B の反応について式 (3·79) を書きかえると

$$\lim_{T \to 0} \{S_\mathrm{B}(T) - S_\mathrm{A}(T)\} = 0$$

$$\lim_{T \to 0} S_\mathrm{B}(T) = \lim_{T \to 0} S_\mathrm{A}(T)$$

すなわち $T \to 0$ で，すべての物質のエントロピーは一定値に近づく．Planck はこの一定値を 0 とおいて，次の法則を与えた．

すべての純物質の完全結晶のエントロピーは，0 K で 0 になる．すなわち

$$\lim_{T \to 0} S = 0 \qquad (3\cdot81)$$

これを **熱力学第三法則** (third law of thermodynamics) という．上の表現で純物質の完全結晶に限定してあるのは，混合物では 0 K でも混合のエントロピーが残るためであり*，また不完全結晶では，分子の配列の乱れによるエ

---

* 通常純物質とよばれるものでも，異なった同位元素よりなる化合物が混合したものであるから，それによるエントロピーが問題となる．ただし通常の反応では，原系と生成系で同位元素の混合比が変わらないので，化学反応に伴う ΔS の計算において，その効果は無視できる．

ントロピーが問題となるからである．

エントロピーの微視的定義 (3·75) によると，0 K の完全結晶において区別できる微視状態の数 $\varOmega$ が 1 ならば，$S=0$ となって第三法則が自然に導入される．これは 0 K では，各分子がエネルギー最低のただ一つの配置をとることを意味している．

§3·11　標準エントロピー

定圧で，純物質の温度を 0 K から T K まで上げる場合を考える．このとき，次のような相転移が起こるとする．

$$\text{固相 I} \xrightarrow[\text{転移}]{T_\text{tr}} \text{固相 II} \xrightarrow[\text{融解}]{T_\text{f}} \text{液相} \xrightarrow[\text{蒸発}]{T_\text{b}} \text{気相}$$

この物質の 0 K における固相 I のエントロピーを $S_0(\text{s, I})$ とすれば，T K における気相のエントロピーは式 (3·65), (3·68)～(3·70) より

$$S = S_0(\text{s, I}) + \int_0^{T_\text{tr}} \frac{C_\text{P}(\text{s, I})}{T} dT + \frac{\Delta H_\text{tr}}{T_\text{tr}} + \int_{T_\text{tr}}^{T_\text{f}} \frac{C_\text{P}(\text{s, II})}{T} dT$$
$$+ \frac{\Delta H_\text{fus}}{T_\text{f}} + \int_{T_\text{f}}^{T_\text{b}} \frac{C_\text{P}(\text{l})}{T} dT + \frac{\Delta H_\text{vap}}{T_\text{b}} + \int_{T_\text{b}}^{T} \frac{C_\text{P}(\text{g})}{T} dT \quad (3·82)$$

上式の右辺の C_P および ΔH は熱的測定によって求められるので，第三法則を用いて $S_0(\text{s, I})=0$ とすれば，T K におけるエントロピーの値を得ることができる．このようにして求めたエントロピーを，**第三法則エントロピー** (third-law entropy) という．なお標準状態 ($P=1\,\text{atm}$)* における物質 1 mol の（第三法則）エントロピーを**標準エントロピー** (standard entropy) とよび，$S^⦵$ であらわす．種々の物質の 25 ℃ における $S^⦵$ の値を表 3·1 に示す．

　〔例題　3·6〕 1 mol の塩化水素気体がその元素から生成するときの 25 ℃ における標準エントロピー変化 $\Delta S^⦵$ を求めよ．

---

* 国際規約によると標準状態として圧力を 1 atm（=1.01325 bar）とする代わりに 1 bar とすることになっている．その場合，$S^⦵$ の値はわずかに異なる．

§ 3·11 標準エントロピー

表 3·1 標準エントロピー (25 ℃)

物 質	$S^{\ominus}/\text{J K}^{-1}\text{mol}^{-1}$	物 質	$S^{\ominus}/\text{J K}^{-1}\text{mol}^{-1}$	物 質	$S^{\ominus}/\text{J K}^{-1}\text{mol}^{-1}$
Ag(s)	42.72	H_2(g)	130.6	Na_2CO_3(s)	136
AgCl(s)	96.11	HBr(g)	198.5	NaCl(s)	72.38
AgBr(s)	107.1	HCN(l)	112.8	$NaNO_3$(s)	116
AgI(s)	114	HCl(g)	186.7	Ne(g)	146.2
$AgNO_3$(s)	140.9	HF(g)	173.5	O_2(g)	205.03
Ag_2O(s)	121.7	HI(g)	206.3	O_3(g)	238
Al(s)	28.3	H_2O(l)	69.96	Pt(s)	41.8
Al_2O_3(s, α)	51.00	H_2O(g)	188.7	S(s, rhombic)	31.9
Ar(g)	154.74	H_2S(g)	205.6	S(s, monoclinic)	32.6
Br_2(g)	245.3	He(g)	126.1	SO_2(g)	248.5
C(s, graphite)	5.69	Hg(l)	77.4	Si(s)	18.7
C(s, diamond)	2.4	Hg(g)	175	SiO_2(s, quartz)	41.84
C(g)	158.0	HgO(s, red)	72.0	Zn(s)	41.6
CO(g)	197.9	I_2(s)	117	CH_4(g)	186.2
CO_2(g)	213.6	K(s)	63.6	C_2H_6(g)	229.5
Ca(s)	41.6	KCl(s)	82.68	C_3H_8(g)	269.9
$CaCO_3$(s, aragonite)	88.7	KNO_3(s)	132.9	C_2H_4(g)	219.5
$CaCl_2$(s)	105	Mg(s)	32.5	$H_2C{=}C{=}CHCH_3$(l)	293.0
CaO(s)	40	$MgCl_2$(s)	89.5	$H_2C{=}CH{-}CH{=}CH_2$(l)	278.7
Cl_2(g)	223.0	MgO(s)	27	C_2H_2(g)	200.82
Cu(s)	33.3	Mn(s, α)	31.8	CH_3OH(l)	127
CuO(s)	43.5	MnO_2(s)	53.1	C_2H_5OH(l)	161
Cu_2O(s)	93.1	N_2(g)	191.5	$(CH_3)_2O$(g)	266.6
F_2(g)	203	NH_3(g)	192.5	HCHO(g)	218.7
Fe(s)	27.2	NH_4Cl(s)	94.6	CH_3CHO(l)	160.4
Fe_2O_3(s, hematite)	90.0	NO(g)	210.6	CH_3Cl(g)	234.2
Fe_3O_4(s, magnetite)	146	NO_2(g)	240.5	C_6H_6(l)	173.4
Ge(s)	31.09	N_2O_4(g)	304.3		
H(g)	114.6	Na(s)	51.0		

〔解〕

$$\frac{1}{2}H_2(g) + \frac{1}{2}Cl_2(g) = HCl(g)$$

において，表 3·1 の数値を用いると

$$\Delta S^{\ominus} = S^{\ominus}(HCl(g)) - \frac{1}{2}S^{\ominus}(H_2(g)) - \frac{1}{2}S^{\ominus}(Cl_2(g))$$
$$= (186.7 - 65.3 - 111.5)\,\text{J K}^{-1}\text{mol}^{-1}$$
$$= 9.9\,\text{J K}^{-1}\text{mol}^{-1}$$

問　題

3·1 右図は理想気体を作業物質とする Otto サイクル（ガソリン機関を理想化したサイクル）である．このサイクルの効率を圧縮比 $r(\equiv V_B/V_C)$ を用いてあらわせ．ただし気体の定積熱容量 C_V は温度によらないものとする．

3·2 $200\,°C$ のボイラーと $30°C$ の凝縮機の間ではたらく蒸気エンジンの最大効率を求めよ．

3·3 $35\,°C$ の外気温の下ではたらいているクーラーで室内の温度を $20\,°C$ に保っている．室内から $2\,000\,\text{kcal}$ の熱を引き出すために必要な最小の仕事を求めよ．

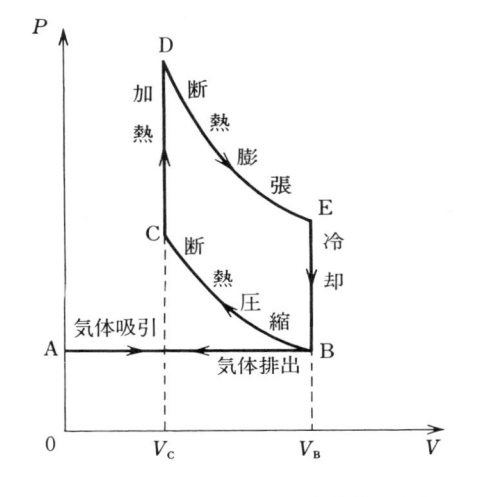

3·4 定圧で温度 T_A, T_B の二つの等しい物体 A，B を接触させて平衡状態にした．この過程のエントロピー変化 ΔS を求め，$\Delta S > 0$ であることを示せ．ただし物体の定圧熱容量 C_P は温度によらないものとする．

3·5 1 mol の理想気体の次の過程に伴うエントロピー変化を求めよ．ただし気体の定積熱容量 C_V は温度によらないものとする．

(1) 温度 T 一定で可逆膨張させて圧力を P_1 から P_2 にする．
(2) 断熱可逆膨張により温度を T_1 から T_2 にする．
(3) 定積で準静的に加熱して温度を T_1 から T_2 にする．
(4) 定圧で準静的に加熱して温度を T_1 から T_2 にする．

3·6 図のようにピストンを備えた容器の中に n mol の理想気体が入っており，ピストンの上に 2 個の等しい錘が置いてある．また容器全体は温度 T の恒温槽に浸してある．錘の 1 個を急に取り去った後，系を平衡状態にした．この過程に伴って理想気体が外界にした仕事，吸収した熱量および気体のエントロピー変化を求めよ．ただしピストンの重さは無視するものとする．

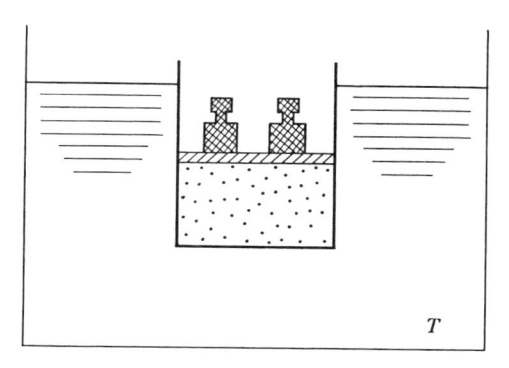

3·7 n mol の van der Waals 気体を温度 T で体積 V_1 から V_2 まで等温可逆膨張させた．気体が外界にした仕事，吸収した熱量およびエントロピー変化を求めよ．ただし必要なら次式を用いよ．

$$\left(\frac{\partial U}{\partial V}\right)_T = a\left(\frac{n}{V}\right)^2 \qquad a \text{ は van der Waals 定数}$$

3·8 Carnot サイクルの過程を，縦軸にエントロピーをとって，S-T 図および S-V 図で表わせ．

3·9 右図は，van der Waals の式による等温線（温度 T）とそれを修正するために引いた水平線である．サイクル ABCDEFCGA が可逆サイクルであるとして ABCGA で囲まれた面積と CDEFC で囲まれた面積が等しいことを示せ．

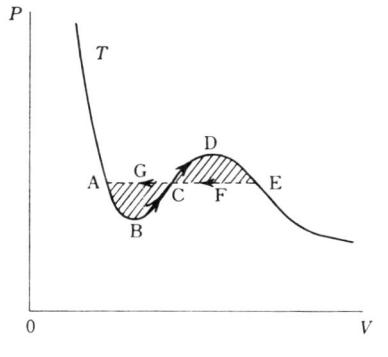

3·10 1 atm で $-10\,°\text{C}$ に過冷された 1 mol の水が $-10\,°\text{C}$ の氷になるとき放出される熱量，およびエントロピー変化を求めよ．ただし氷のモル融解熱は $0\,°\text{C}$, 1 atm で $6.008\,\text{kJ mol}^{-1}$，$0 \sim -10\,°\text{C}$ の水と氷の平均定圧モル熱容量はそれぞれ，75.4, 35.6 J K^{-1} mol^{-1} である．

3·11 コックで連結された同体積の容器の一方に He 1 mol, H$_2$ 1 mol の混合気体，他方に He 気体 2 mol が入っている．容器全体は温度 T の恒温槽に浸してある．

コックを開いた後，平衡状態にした．この過程におけるエントロピー変化を求めよ．ただし He および H_2 は理想気体とする．

3·12 表 3·1 のデータを用いてアセチレンの水素添加，
$$C_2H_2(g) + 2\,H_2(g) = C_2H_6(g)$$
の際の 25°C における標準エントロピー変化 $\Delta S^{\ominus}$ を求めよ．次に，この結果と表 2·2 のデータを用いて 327 °C における $\Delta S^{\ominus}$ を求めよ．ただし $C_2H_6(g)$ のモル定圧熱容量は
$$C_{P,m} = (9.184 + 160.17 \times 10^{-3}\,T - 460.28 \times 10^{-7}\,T^2)\ \mathrm{J\,K^{-1}\,mol^{-1}}$$
である．

3·13 Debye の理論によると，極低温における固体の熱容量は絶対温度の 3 乗に比例する．銅の 10 K におけるモル定圧熱容量は 55.47 mJ K^{-1} mol^{-1} である．銅の 15 K におけるモル定圧熱容量とモルエントロピーを求めよ．

4 自由エネルギーと化学平衡

本章ではまず新しい状態量として，Helmholtzの自由エネルギー A と Gibbs の自由エネルギー G を導入する．A, G を用いて定温定積および定温定圧における平衡条件が得られる．また状態量 U, H, S, A, G を含む熱力学の関係式を求める．§4・4 では，熱力学第一法則を物質の出入がある開いた系に拡張する．これに伴って，開いた系における平衡を取扱う際に便利な量である化学ポテンシャル μ を導入する．次に，化学ポテンシャルを用いて化学平衡を論じる．また熱力学的データから，平衡定数を求める方法について述べる．

§4・1 自由エネルギー

いままでに，状態量として第一法則から内部エネルギー U を，第二法則からエントロピー S を導入した．また §2・5 では，U と PV を組合わせて得られる状態量としてエンタルピー

$$H = U + PV \tag{4・1}$$

を定義した．ここで新たに，次の二つの量を定義する．

$$\boxed{A \equiv U - TS} \tag{4・2}$$

$$\boxed{G \equiv U - TS + PV} \tag{4・3}$$
$$= A + PV = H - TS$$

上の二つの式の右辺はすべて状態量であるから，A, G は状態量である*．A を **Helmholtz（の自由）エネルギー** (Helmholtz (free) energy)，G を **Gibbs（の自由）エネルギー** (Gibbs (free) energy) という．熱力学で導入さ

---

* U, S, V は示量性状態量，T, P は示強性状態量であるから，A, G は示量性状態量である．なお，A の代りに記号 F が使われることもある．

れる状態量は，以上の U, H, S, A, G の五つである．

次に A および G が，自由エネルギーとよばれる理由について述べよう．第一法則によると

$$dU = d'q + d'w \quad \text{または} \quad \Delta U = q + w \tag{4・4}$$

また，第二法則によると

$$\Delta S \geqq \int \frac{d'q}{T_e} \tag{4・5}$$

ここで，系が状態 A から B まで定温変化する場合を考える．<u>定温変化とは，外界の温度 T_e が一定の変化である</u>（p.38, 定圧変化（P_e が一定の変化）の項参照）．図 4・1 に示すように，可逆的（準静的）な定温変化では，系の温度 T は変化の途中でも外界の温度 T_e に等しく常に一定である．これに対し不可逆

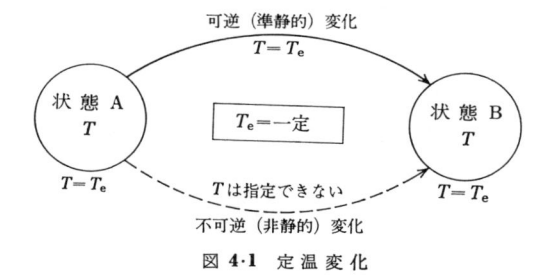

可逆（準静的）変化
$T = T_e$

状態 A
T

$T_e = $ 一定

状態 B
T

$T = T_e$ T は指定できない $T = T_e$

不可逆（非静的）変化

図 4・1 定温変化

的（非静的）な定温変化では，変化の途中で系は平衡状態にないので，系の温度は指定できない．系の温度が決まるのは，変化の前後の状態 A，B においてのみである（このとき $T = T_e$）．式 (4・5) の右辺を $T_e = \text{const}$ の下で積分すると

$$\Delta S \geqq \frac{1}{T_e} \int d'q = \frac{q}{T_e}$$

$T_e > 0$ であるから，上式と (4・4) より

$$\Delta U - T_e \Delta S \leqq w$$

ただし ΔU と ΔS は，図 4・1 の状態変化 A→B に伴う内部エネルギーとエントロピーの変化, w はこの状態変化に伴って系が外界からされる仕事である．また等号は可逆過程の場合，不等号は不可逆過程の場合に相当する．変化の前

§4·1 自由エネルギー

後の状態 A または B に着目すれば，上式の T_e を系の温度 T におきかえることができる（可逆過程の場合には，変化の途中でも $T_e=T$ とおける）．このときは

$$\Delta U - T\Delta S \leq w \tag{4·6}$$

式 (4·2) より，定温変化に伴う A の変化は

$$\Delta A = \Delta U - T\Delta S \tag{4·7}$$

となる*．上の二つの式から

$$w \geq \Delta A \tag{4·8}$$

上式の両辺の符号を変えて

$$-w \leq -\Delta A \tag{4·9}$$

この式は，系が外界にする仕事 $-w$ は可逆過程のとき最大で，それは系の Helmholtz エネルギーの減少に等しいことを意味している．すなわち

$$-\Delta A = -w_{\text{rev}} \tag{4·10}$$

式 (4·7) を書き直すと

$$-\Delta U = -\Delta A - T\Delta S \tag{4·11}$$

上式から，等温過程における系の内部エネルギーの減少 $-\Delta U$ は，Helmholtz エネルギーの減少 $-\Delta A$ と量 TS の減少 $-\Delta(TS)$ $(=-T\Delta S)$ から成ることがわかる．すなわち，等温過程で系が放出するエネルギー ΔU のうち，仕事として"自由"に使えるのは最大でも ΔA の部分だけであって，他の部分 $\Delta(TS)$ は系内に"縛りつけられて"いて，仕事として使えないのである**． A を Helmholtz の**自由**エネルギーとよぶことがあるのは，このためである．これに対し TS は**束縛エネルギー** (bound energy) とよばれる．

ここで，定温定積で系が変化する場合を考えてみよう***．仕事として系の

---
* p. 39 注参照．$\Delta(TS) = T_B S_B - T_A S_A = T(S_B - S_A) = T\Delta S$
** これは等温過程の場合である．断熱過程では $dU = d'w$ となるので，U の減少がすべて外界への仕事となる．
*** §1·2 で述べたように，1成分1相の系では状態変数の数（自由度）が二つであるから，温度と体積を指定すると状態が決まる．したがって，定温定積では状態変化が起こらない．ここで論じているのは，自由度が3以上の多成分系の場合，または系内の束縛条件をとり去る場合（図 3·23 において，仕切り板をとり去ることなどがこれに相当する）などである．次に述べる定温定圧変化についても，同様である．

体積変化による仕事だけしかしないとすると，$d'w=-P_edV$ において $dV=0$ であるから $d'w=0$，よって

$$w=0$$

これを式 (4・8) に入れて

$$\boxed{\Delta A \leqq 0 \qquad T, V \text{ const}} \tag{4・12}$$

ゆえに定温定積において，系の Helmholtz エネルギーは不可逆過程では減少し，可逆過程では一定である．自然に起こる変化はすべて不可逆変化であるから，定温定積では系は Helmholtz エネルギーが減少する方向に変化する．A が極小になっていれば，それ以上変化は起こらない．よって定温定積における平衡条件は

$$A = \min \tag{4・13}$$

である．ただし，仕事として体積変化の仕事だけしかない場合である．

次に，定温定圧変化の場合を考察する．前述したように，定温定圧とは外界の温度 T_e と外界の圧力 P_e が一定の変化を意味する．定温定圧変化に伴う Gibbs エネルギーの変化は，式 (4・3) より

$$\Delta G = \Delta U - T\Delta S + P\Delta V \tag{4・14}$$

である．ただし T, P は変化の前後の状態における系の温度と圧力である．上式と式 (4・6) より

$$\Delta G \leqq w + P\Delta V \tag{4・15}$$

$$-\Delta G \geqq (-w) - (P\Delta V) \tag{4・16}$$

上式の右辺の $-w$ は系のする全仕事，$P\Delta V$ は体積変化によって系がする仕事である (p.39, 式 (2・26′) 参照)．両者の差を**正味の仕事** (net work) という．例えば電池の放電に伴って放出される仕事は，電気的仕事 (§ 6・5 参照) と電池の体積変化に伴う仕事から成るが，われわれが利用するのは前者 (正味の仕事) だけである．式 (4・16) は定温定圧において，系が放出する正味の仕事は可逆過程のとき最大で，その値は系の Gibbs エネルギーの減少に等しいことを意味している．G は系から"自由に"とり出し得る最大の有効な仕事

（電池などの場合）を与えるので，Gibbs の自由エネルギーとよばれる．仕事として体積変化による仕事しかない場合には，式 (4·16) の右辺は 0 となる．すなわち

$$\boxed{\Delta G \leq 0 \qquad T,\ P\ \text{const}} \qquad (4\cdot 17)$$

よって定温定圧において，系の Gibbs エネルギーは不可逆過程では減少し，可逆過程では一定である．自発変化はすべて不可逆的に起こるから，定温定圧では，系は Gibbs エネルギーが減少する方向に変化する．ゆえに定温定圧における平衡条件は

$$G = \min \qquad (4\cdot 18)$$

§4·2 平 衡 条 件

§3·7 および前節で求めた状態量の変化と，平衡条件をまとめると表 4·1 のようになる．通常の力学ではエネルギー極小が平衡条件であるが，多数の粒子を対象とする熱力学では，微視状態の出現確率が問題となるので，表においてエントロピーの大小が平衡に関与することに注意されたい（A や G にも S は含まれている）．

表 4·1

	状態量の変化*	平衡条件	備　考
断熱変化	$\Delta S \geq 0$	$S = \max$	孤立系で成立
定温定積変化	$\Delta A \leq 0$	$A = \min$	系の仕事は体積変化による仕事のみ
定温定圧変化	$\Delta G \leq 0$	$G = \min$	〃

* 不等号は不可逆過程，等号は可逆過程の場合

表の平衡条件のうち，$S = \max$ がもっとも一般的である．p. 91 でも述べたように，外界も系に含めると全系は孤立系となるので，$S = \max$ は何の制限もなしに成立するからである．これに対し，定温定積や定温定圧における平衡条件，$A = \min$ や $G = \min$ が成立するのは，系に出入する仕事が体積変化による仕事のみの場合に限ることに留意しなければならない．化学では，定圧（特に大気圧）における状態変化を取扱うことが多いので，$\Delta G \leq 0$ の式がもっと

もよく使われる．

なお表の結果は，すべて熱力学第二法則の式

$$\Delta S \geqq \int \frac{d'q}{T_e}$$

を通じて導かれたものである．すなわち第二法則は，状態変化が起こる方向および平衡条件を与える熱力学における，もっとも重要な法則である．

§4·3 熱力学の関係式

二つの無限に近い平衡状態を考え，それらの状態における内部エネルギー，エントロピーおよび体積を U, S, V および $U+dU$, $S+dS$, $V+dV$ とする．第一の状態から第二の状態への変化において，系に入る熱量と仕事を $d'q$, $d'w$ とすれば，第一の法則から

$$dU = d'q + d'w \tag{4·19}$$

上の変化はある平衡状態から別の平衡状態への無限小の変化であるから，準静的（可逆的）変化に相当する．よって式 (3·52) および (2·22) から

$$d'q = d'q_{rev} = TdS \qquad d'w = d'w_{rev} = -PdV \tag{4·20}$$

ただし仕事として，体積変化の仕事だけが関与する場合である．式 (4·19), (4·20) から

$$\boxed{dU = TdS - PdV} \tag{4·21}$$

となる*．式 (4·21) は U を S と V の関数，すなわち $U(S, V)$ としたときの全微分の式

$$dU = \left(\frac{\partial U}{\partial S}\right)_V dS + \left(\frac{\partial U}{\partial V}\right)_S dV \tag{4·22}$$

に対応させると，式 (4·21), (4·22) から

---

* 式 (4·21) の両辺を，不可逆的（非静的）な経路に沿って積分することは許されない．変化の途中で，状態量の値が決まらないからである．可逆的（準静的）な経路に沿って積分することはできる．式 (4·25)～(4·27) の各式についても同様である．

§4·3 熱力学の関係式

$$\boxed{\left(\frac{\partial U}{\partial S}\right)_V = T \quad \left(\frac{\partial U}{\partial V}\right)_S = -P} \tag{4·23}$$

上の第一式は定積における U の S に対する変化率が, T に相当することをあらわしており, 第二式はエントロピー一定の下での U の V に対する変化率が $-P$ を与えることを示している. U の独立変数を S, V と選ぶと, dU が式 (4·21) のように簡単な式となるので, S, V を U の**自然な変数** (natural variable) とよぶ.

次に式 (4·1)

$$H = U + PV \tag{4·24}$$

の微分をとると

$$dH = dU + VdP + PdV$$

式 (4·21) を上式に代入して

$$\boxed{dH = TdS + VdP} \tag{4·25}$$

同様に式 (4·2), (4·3) から

$$dA = dU - SdT - TdS$$
$$dG = dH - SdT - TdS$$

これらの式に式 (4·21) および (4·25) を用いて

$$\boxed{dA = -SdT - PdV} \tag{4·26}$$

$$\boxed{dG = -SdT + VdP} \tag{4·27}$$

式 (4·25)〜(4·27) から H, A, G の自然な変数は, それぞれ (S, P), (T, V), (T, P) である. なお式 (4·21) および式 (4·25)〜(4·27) の各項は TdS, SdT または PdV, VdP のように T と S, または P と V の組合わせから成る. 前者を互いに共役な**熱変数** (thermal variable), 後者を互いに共役な**機械変数** (mechanical variable) という.

式 (4·25)〜(4·27) と $H(S, P)$, $A(T, V)$ および $G(T, P)$ の全微分の式を比べると, 次の結果が得られる.

$$\left(\frac{\partial H}{\partial S}\right)_P = T \qquad \left(\frac{\partial H}{\partial P}\right)_S = V \qquad (4\cdot 28)$$

$$\left(\frac{\partial A}{\partial T}\right)_V = -S \qquad \left(\frac{\partial A}{\partial V}\right)_T = -P \qquad (4\cdot 29)$$

$$\left(\frac{\partial G}{\partial T}\right)_P = -S \qquad \left(\frac{\partial G}{\partial P}\right)_T = V \qquad (4\cdot 30)$$

次に (4・23) の第一式と第二式を，それぞれ V と S で偏微分すると

$$\left[\frac{\partial}{\partial V}\left(\frac{\partial U}{\partial S}\right)_V\right]_S = \left(\frac{\partial T}{\partial V}\right)_S \qquad \left[\frac{\partial}{\partial S}\left(\frac{\partial U}{\partial V}\right)_S\right]_V = -\left(\frac{\partial P}{\partial S}\right)_V$$

上の二つの式の左辺は，$U(S, V)$ の S と V による偏微分において微分の順序を変更しただけであるから，互いに等しい．よって

$$\left(\frac{\partial P}{\partial S}\right)_V = -\left(\frac{\partial T}{\partial V}\right)_S \qquad (4\cdot 31)$$

同様に式 (4・28)〜(4・30) から

$$\left(\frac{\partial V}{\partial S}\right)_P = \left(\frac{\partial T}{\partial P}\right)_S \qquad (4\cdot 32)$$

$$\left(\frac{\partial S}{\partial V}\right)_T = \left(\frac{\partial P}{\partial T}\right)_V \qquad (4\cdot 33)$$

$$\left(\frac{\partial S}{\partial P}\right)_T = -\left(\frac{\partial V}{\partial T}\right)_P \qquad (4\cdot 34)$$

式 (4・31)〜式 (4・34) を，**Maxwell の関係式**という．これらの式の左辺は直接実験的に求めることが困難であるが，右辺はそれが容易である（式(4・31)，(4・32) の右辺で $S=\text{const}$ は断熱の場合，(4・20) 参照）．

上にあげた式から，熱力学で用いられる種々の他の関係式が得られる．まず，$G=H-TS$ と式 (4・30) の第一式より

$$G = H + T\left(\frac{\partial G}{\partial T}\right)_P \qquad (4\cdot 35)$$

§ 4·3 熱力学の関係式

上式は，次の形に書き直すことができる*.

$$H = -T^2\left[\frac{\partial}{\partial T}\left(\frac{G}{T}\right)\right]_P = \left[\frac{\partial(G/T)}{\partial(1/T)}\right]_P \tag{4·36}$$

同様に $A = U - TS$ と式 (4·29) の第一式より

$$A = U + T\left(\frac{\partial A}{\partial T}\right)_V \tag{4·37}$$

$$U = -T^2\left[\frac{\partial}{\partial T}\left(\frac{A}{T}\right)\right]_V = \left[\frac{\partial(A/T)}{\partial(1/T)}\right]_V \tag{4·38}$$

式 (4·35)～(4·38) を **Gibbs-Helmholtz の式**という．これらの式は自由エネルギー (G または A) と，その温度変化を H または U と結びつける式で，しばしば用いられる．次に式 (4·21) の両辺を，T 一定の条件の下で dV でわると次式が得られる（p. 41 参照）．

$$\left(\frac{\partial U}{\partial V}\right)_T = T\left(\frac{\partial S}{\partial V}\right)_T - P$$

上式に式 (4·33) を代入して

$$\left(\frac{\partial U}{\partial V}\right)_T = T\left(\frac{\partial P}{\partial T}\right)_V - P \tag{4·39}$$

この式を用いると，状態方程式 $P = f(T, V)$ から $(\partial U/\partial V)_T$ が得られる．

〔**例題 4·1**〕 van der Waals 気体について，$(\partial U/\partial V)_T$ を計算し結果を考察せよ．また，理想気体についてはどうなるか．

〔**解**〕 van der Waals の状態方程式 (p. 20，式 (1·44)) より

$$P = \frac{nRT}{V-nb} - a\left(\frac{n}{V}\right)^2 \tag{4·40}$$

これを式 (4·39) の右辺に用いて

$$\left(\frac{\partial U}{\partial V}\right)_T = a\left(\frac{n}{V}\right)^2 \tag{4·41}$$

すなわち $(\partial U/\partial V)_T > 0$ で，その値は分子間力の項に関連している．これは定温で分子

---

* $\left[\dfrac{\partial}{\partial T}\left(\dfrac{G}{T}\right)\right]_P = \dfrac{1}{T^2}\left[\left(\dfrac{\partial G}{\partial T}\right)_P T - G\right] = \dfrac{-TS - G}{T^2} = -\dfrac{H}{T^2}$
  $\partial\left(\dfrac{1}{T}\right) = -\dfrac{\partial T}{T^2}$ を用いる．

間力に逆って van der Waals 気体が膨張すると，内部エネルギーが増加することに対応する．一方，理想気体は式 (4・40) で $a=b=0$ の場合に相当するから $(\partial U/\partial V)_T=0$ となる．これは Joule の法則である．

〔例題 4・2〕 体膨張率を α，等温圧縮率を κ とすると

$$C_P - C_V = \frac{TV\alpha^2}{\kappa} \tag{4・42}$$

が成立することを示せ．

〔解〕 式 (2・36) より

$$C_P - C_V = \left[P + \left(\frac{\partial U}{\partial V}\right)_T\right]\left(\frac{\partial V}{\partial T}\right)_P$$

式 (4・39) を代入して

$$C_P - C_V = T\left(\frac{\partial P}{\partial T}\right)_V\left(\frac{\partial V}{\partial T}\right)_P$$

式 (1・18), (1・20) より

$$\alpha = \frac{1}{V}\left(\frac{\partial V}{\partial T}\right)_P \qquad \kappa = -\frac{1}{V}\left(\frac{\partial V}{\partial P}\right)_T \tag{1}$$

よって

$$C_P - C_V = T\left(\frac{\partial P}{\partial T}\right)_V \alpha V \tag{2}$$

ここで

$$\left(\frac{\partial P}{\partial T}\right)_V = -\left(\frac{\partial P}{\partial V}\right)_T\left(\frac{\partial V}{\partial T}\right)_P \tag{3}$$

となる*．(1)〜(3) から

---

* P を V, T の関数 $P(V, T)$ として全微分をとると

$$dP = \left(\frac{\partial P}{\partial V}\right)_T dV + \left(\frac{\partial P}{\partial T}\right)_V dT$$

上式の両辺を $P=\text{const}$ $(dP=0)$ の条件の下で dT で割ると

$$\left(\frac{\partial P}{\partial V}\right)_T\left(\frac{\partial V}{\partial T}\right)_P + \left(\frac{\partial P}{\partial T}\right)_V = 0$$

これから本文の式が得られる．一般に，関数関係にある三つの変数 X, Y, Z について

$$\left(\frac{\partial X}{\partial Z}\right)_Y = -\left(\frac{\partial X}{\partial Y}\right)_Z\left(\frac{\partial Y}{\partial Z}\right)_X \tag{a}$$

が成立する．この式と

$$\left(\frac{\partial X}{\partial Z}\right)_Y = 1 \Big/ \left(\frac{\partial Z}{\partial X}\right)_Y \tag{b}$$

から次式が得られる．

$$\left(\frac{\partial X}{\partial Y}\right)_Z\left(\frac{\partial Y}{\partial Z}\right)_X\left(\frac{\partial Z}{\partial X}\right)_Y = -1 \tag{c}$$

$$C_P - C_V = \frac{TV\alpha^2}{\kappa}$$

§4·4 開いた系

いままでは，物質の出入がない閉じた系を扱ってきた．ここで，物質の出入がある開いた系を考察することにする．そのためには，閉じた系についての熱力学第一法則を，開いた系に適用できるように拡張しなければならない．

熱力学第一法則の微分形式による表現は

$$dU = d'q + d'w \tag{4·43}$$

であった．いま，系に微小の熱や仕事の他に，ある物質の微小量 dn（単位は mol）が入ってくるとして，それに伴う系の内部エネルギーの増加を μdn とすると，上式は

$$dU = d'q + d'w + \mu dn \tag{4·44}$$

となる．上式において，系の内部エネルギーは dn に比例して増加すると考えている*．この比例定数を，その物質の**化学ポテンシャル**（chemical potential）という（名前の由来については §4·5 で述べる）．さらに異なった種類の物質 1, 2, ··· が $dn_1, dn_2, \cdots$ ずつ系に入るとすれば，上式は次のように拡張される．

$$dU = d'q + d'w + \sum_i \mu_i dn_i \tag{4·45}$$

ただし μ_i は物質 i の化学ポテンシャルである．上式が開いた系についての熱力学第一法則の式である．

式 (4·45) の $d'q$ を TdS，$d'w$ を $-PdV$ におきかえると（式 (4·19)～(4·21) 参照）．

$$\boxed{dU = TdS - PdV + \sum_i \mu_i dn_i} \tag{4·46}$$

---

* このような比例関係が成立するのは，系に入ってくる物質の量が微小量 dn の場合に限る．μ は系に入ってくる単位物質量(1 mol)あたりの，系の内部エネルギーの増加に相当するが，その値は系の状態（系の物質組成や P, T などの状態量の値によって決まる）によって異なる．ゆえに，比例関係が成立するためには，系に入る物質の量は，それに伴う状態変化（したがって μ の変化）が無視できる程度に微小量でなければならない．

この式から開いた系では関数 U の変数に S, V の他，物質量 n_1, n_2, $\cdots$ が加わることがわかる．物質の出入がない閉じた系では，内部エネルギーの変数として n_i をとる必要はなかったが，開いた系では S, V の他，n_i が変数として必要になるのである．$U(S, V, n_1, n_2, \cdots)$ の全微分と式 (4·46) を比較すると

$$dU = \left(\frac{\partial U}{\partial S}\right)_{V,n_i} dS + \left(\frac{\partial U}{\partial V}\right)_{S,n_i} dV + \sum_i \left(\frac{\partial U}{\partial n_i}\right)_{S,V,n_j(j\neq i)} dn_i$$

$$\left(\frac{\partial U}{\partial S}\right)_{V,n_i} = T \quad \left(\frac{\partial U}{\partial V}\right)_{S,n_i} = -P \tag{4·47}$$

$$\boxed{\mu_i = \left(\frac{\partial U}{\partial n_i}\right)_{S,V,n_j(j\neq i)}} \tag{4·48}$$

式 (4·47) は $U(S, V, n_1, n_2, \cdots)$ において各物質量 n_i を一定にして偏微分するという条件を除けば式 (4·23) と同じである．式 (4·48) によると，化学ポテンシャル μ_i は，系のエントロピー，体積，および i 以外のすべての物質の物質量 $n_j(j\neq i)$ を一定にして，系に物質 i の微小量を加えたときの内部エネルギーの増加率である．なお式 (4·48) において，μ_i は示量性状態量 U を n_i で微分したものであるから，示強性状態量である．次に

$$H = U + PV \qquad dH = dU + VdP + PdV$$

に式 (4·46) を用いると

$$\boxed{dH = TdS + VdP + \sum_i \mu_i dn_i} \tag{4·49}$$

同様に

$$A = U - TS \qquad dA = dU - SdT - TdS$$
$$G = H - TS \qquad dG = dH - SdT - TdS$$

に式 (4·46), (4·49) を用いて

$$\boxed{dA = -SdT - PdV + \sum_i \mu_i dn_i} \tag{4·50}$$

$$\boxed{dG = -SdT + VdP + \sum_i \mu_i dn_i} \tag{4·51}$$

§4·4 開 い た 系

すなわち,開いた系の式 (4·46), (4·49)〜(4·51) は,閉じた系の対応する式 (4·21), (4·25)〜(4·27) に $\sum_i \mu_i dn_i$ を加えれば得られる. $H(S, P, n_1, n_2, \cdots)$, $A(T, V, n_1, n_2, \cdots)$ および $G(T, P, n_1, n_2, \cdots)$ の全微分と式 (4·49)〜(4·51) より

$$\left(\frac{\partial H}{\partial S}\right)_{P,n_i}=T \qquad \left(\frac{\partial H}{\partial P}\right)_{S,n_i}=V \qquad (4·52)$$

$$\left(\frac{\partial A}{\partial T}\right)_{V,n_i}=-S \qquad \left(\frac{\partial A}{\partial V}\right)_{T,n_i}=-P \qquad (4·53)$$

$$\boxed{\left(\frac{\partial G}{\partial T}\right)_{P,n_i}=-S} \qquad \boxed{\left(\frac{\partial G}{\partial P}\right)_{T,n_i}=V} \qquad (4·54)$$

$$\mu_i=\left(\frac{\partial H}{\partial n_i}\right)_{S,P,n_j(j\neq i)} \qquad \mu_i=\left(\frac{\partial A}{\partial n_i}\right)_{T,V,n_j(j\neq i)} \qquad (4·55)$$

$$\boxed{\mu_i=\left(\frac{\partial G}{\partial n_i}\right)_{T,P,n_j(j\neq i)}} \qquad (4·56)$$

を得る.式 (4·52)〜(4·54) は閉じた系の式 (4·28)〜(4·30) に添字 n_i が付加したものである.また式 (4·55), (4·56) は式 (4·48) と同様に,化学ポテンシャルと状態量を関連づける式である.例えば式 (4·56) から,μ_i は P, T, $n_j (j\neq i)$ を一定にして n_i を変化させたときの G の変化率である*.式 (4·47) の第一式を V で,第二式を S で偏微分して右辺同志を等置すると

$$\left(\frac{\partial P}{\partial S}\right)_{V,n_i}=-\left(\frac{\partial T}{\partial V}\right)_{S,n_i} \qquad (4·57)$$

を得る.この式は,式 (4·31) に対応する開いた系の式である.同様に,式 (4·32)〜(4·34) の各式に添字 n_i をつければ,開いた系で成立する式が得られる.

---

* 熱力学の多くの本では,式 (4·56) を化学ポテンシャルの定義にしているが,上述のように μ_i を特に G に関連させる必要はない.

§4·5 化学ポテンシャルの性質

化学では，定温定圧の下における平衡を扱うことが多いので，この節では G に関連した式 (4·51) および式 (4·56) を基にして，化学ポテンシャルの性質を述べる．

エタノール C_2H_5OH と水の混合物を容器に入れて，適当な条件の下で定温定圧に保つと下層（液相）に C_2H_5OH の水溶液が，上層（気相）に C_2H_5OH と H_2O の混合気体が生じ平衡に達する．このように二成分よりなる系において，二相 α, β が定温定圧で平衡になっている場合を考えてみよう（図 4·2）．図において，相 α および β の Gibbs エネルギーをそれぞれ $G^{(\alpha)}, G^{(\beta)}$ とすると，全系の Gibbs エネルギーは

$$G = G^{(\alpha)} + G^{(\beta)} \tag{4·58}$$

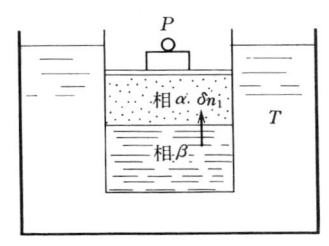

図 4·2 定温定圧における相 α と β の平衡

いま T, P を一定に保ったまま，成分 1 の微小量 δn_1 mol を相 β から α に移す仮想変化を考えると，それに伴う G の変化は式 (4·51) から

$$\begin{aligned}\delta G &= \delta G^{(\alpha)} + \delta G^{(\beta)} = \mu_1^{(\alpha)} \delta n_1 - \mu_1^{(\beta)} \delta n_1 \\ &= (\mu_1^{(\alpha)} - \mu_1^{(\beta)}) \delta n_1 \end{aligned} \tag{4·59}$$

となる*．ただし $\mu_1^{(\alpha)}$ と $\mu_1^{(\beta)}$ は，成分 1 の相 α および β における化学ポテンシャルである．ところで全系は定温定圧で平衡であるから $G = \min$ である．したがって

$$\delta G = 0 \tag{4·60}$$

でなければならない．式 (4·59), (4·60) より

$$\mu_1^{(\alpha)} = \mu_1^{(\beta)} \tag{4·61}$$

上と同様にして，成分 2 についても

$$\mu_2^{(\alpha)} = \mu_2^{(\beta)} \tag{4·62}$$

---

* 実際に起こる微小変化 dn, dG と区別するため，仮想的な微小変化を $\delta n, \delta G$ であらわした．

§4·5 化学ポテンシャルの性質

すなわち相 α と β が定温定圧で平衡にあるとき，各成分の化学ポテンシャルは相間で等しいのである．T, P 一定での自発変化では，$\Delta G < 0$ であるから，相 β から相 α へ成分1が自発的に移るためには式 (4·59) から $\mu_1^{(\alpha)} < \mu_1^{(\beta)}$ でなければならない．すなわち T, P 一定では，μ が高い相から低い相へ物質が移行する．μ が化学ポテンシャルとよばれるのは，このためである．

なお定温定積では α, β 二相の平衡条件は $\delta A = \delta A^{(\alpha)} + \delta A^{(\beta)} = 0$ である．式 (4·50) を用いて上と同様な考察を行なうと，この場合にも式 (4·61) と式 (4·62) が成立することがわかる．すなわち二相が定温定積で平衡にあるときにも，各成分の化学ポテンシャルは相間で等しい．

Gibbs エネルギーは示量性の状態量であるから，定温定圧で各成分の量を λ 倍すると，その値も λ 倍となる．すなわち

$$G(T, P, \lambda n_1, \lambda n_2, \cdots) = \lambda G(T, P, n_1, n_2, \cdots) \quad (4·63)$$

上式の両辺を λ で微分すると*

$$G(T, P, n_1, n_2, \cdots) = \sum_i \left[\frac{\partial G(T, P, \lambda n_1, \lambda n_2, \cdots)}{\partial (\lambda n_i)} \right]_{T, P, \lambda n_j (j \neq i)} n_i$$

上式で $\lambda = 1$ とおくと，式 (4·56) を考慮して

$$\boxed{G = \sum_i n_i \mu_i} \quad (4·64)$$

すなわち Gibbs エネルギーは，各成分の化学ポテンシャルと物質量の積の和となる．特に成分の数が一つ（純物質）のときは，上式は

$$G = n\mu$$

となる．したがって純物質の化学ポテンシャルは，単位物質量（1 mol）当たりの Gibbs エネルギーに等しい．

式 (4·64) の全微分をとると

---

* 関数 $Z = f(x_1, x_2, \cdots)$ において各変数 x_i が t の関数 $(x_i(t))$ のときは

$$\frac{dZ}{dt} = \sum_i \frac{\partial Z}{\partial x_i} \frac{dx_i}{dt}$$

となる．同様に $x_i(t_1, t_2, \cdots)$ のときは，次式が成立する．

$$\frac{\partial Z}{\partial t_j} = \sum_i \frac{\partial Z}{\partial x_i} \frac{\partial x_i}{\partial t_j}$$

$$dG = \sum_i \mu_i dn_i + \sum_i n_i d\mu_i$$

定温定圧では式 (4·51) は $dG = \sum_i \mu_i dn_i$ となるから

$$\sum_i n_i d\mu_i = 0 \qquad (T, P = \text{const}) \tag{4·65}$$

が成立する．これを **Gibbs-Duhem** の式という．

§4·6 理想気体の化学ポテンシャル

まず，純粋な理想気体の化学ポテンシャルを求めよう．式 (4·30) の第2式

$$\left(\frac{\partial G}{\partial P}\right)_T = V \tag{4·66}$$

を温度一定で P_1 から P_2 まで積分すると

$$\Delta G = G(T, P_2) - G(T, P_1) = \int_{P_1}^{P_2} V dP$$

$$= nRT \int_{P_1}^{P_2} \frac{dP}{P} = nRT \ln \frac{P_2}{P_1}$$

$$G(T, P_2) = G(T, P_1) + nRT \ln \frac{P_2}{P_1} \tag{4·67}$$

前節で述べたように，純物質の化学ポテンシャルは単位物質量（1 mol）あたりの Gibbs エネルギーに等しいから，上式の両辺を n でわって

$$\mu(T, P_2) = \mu(T, P_1) + RT \ln \frac{P_2}{P_1} \tag{4·68}$$

いま標準状態の圧力を $P^{\ominus}$ として，上式で $P_1 = P^{\ominus}, P_2 = P, \mu(T, P^{\ominus}) = \mu^{\ominus}(T)$ とすれば

$$\boxed{\mu(T, P) = \mu^{\ominus}(T) + RT \ln (P/P^{\ominus}) \qquad \text{理想気体}} \tag{4·69}$$

ただし $\mu^{\ominus}(T)$ は標準状態（$P = P^{\ominus}$）における化学ポテンシャル（**標準化学ポテンシャル**）である．標準状態の圧力としては，通常 $P^{\ominus} = 1\text{ atm}$ がとられる．このとき上式は

$$\mu(T, P) = \mu^{\ominus}(T, 1\text{ atm}) + RT \ln (P/\text{atm}) \tag{4·69'}$$

§4·6 理想気体の化学ポテンシャル

とも書ける*.

次に，理想気体の混合物の化学ポテンシャルを求めよう．図 3·23 の場合と同様に，2種の理想気体の n_1 mol と n_2 mol を仕切り板の両側に入れる（図 4·3）．このときの全系の Gibbs エネルギーは，各気体の Gibbs エネルギー

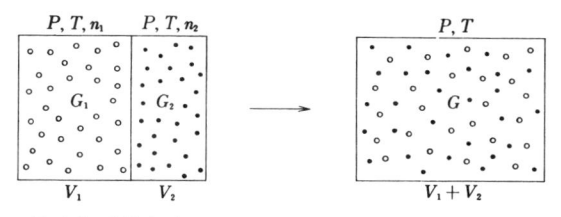

図 4·3 定温定圧における理想気体の混合に伴う G の変化

G_1 と G_2 の和である．理想気体の単位物質量（1 mol）あたりの Gibbs エネルギーは，式 (4·69) であらわされるから

$$G_1+G_2=n_1[\mu_1^{\ominus}(T)+RT\ln(P/P^{\ominus})]+n_2[\mu_2^{\ominus}(T)+RT\ln(P/P^{\ominus})]$$

ただし $\mu_1^{\ominus}(T)$ と $\mu_2^{\ominus}(T)$ は純粋な理想気体1および2の標準化学ポテンシャルである．次に定温定圧で仕切り板をとり去って気体を混合させる．このとき混合に伴う Gibbs エネルギーの変化は，$\Delta P=\Delta T=0$ であるから

$$\Delta G_{\mathrm{mix}}=\Delta U_{\mathrm{mix}}-T\Delta S_{\mathrm{mix}}+P\Delta V_{\mathrm{mix}}$$

ここで

$\Delta U_{\mathrm{mix}}=0$	(p.96 注参照)	(4·70)
$\Delta S_{\mathrm{mix}}=-R(n_1\ln x_1+n_2\ln x_2)$	(式 (3·74))	(4·71)
$\Delta V_{\mathrm{mix}}=0$	(Dalton の法則，式 (1·26))	(4·72)

を用いると

$$\Delta G_{\mathrm{mix}}=RT(n_1\ln x_1+n_2\ln x_2) \qquad (4\cdot73)$$

よって混合後の Gibbs エネルギーは，はじめの値 G_1+G_2 に ΔG_{mix} を加えて

$$G=G_1+G_2+\Delta G_{\mathrm{mix}}$$

---

* 式 (4·69′) において $\ln(P/\mathrm{atm})$ の代りに $\ln P$ と表記することはできない．ln の中は無次元の数でなければならないからである．

$$=n_1[\mu_1^{\ominus}(T)+RT\ln(P/P^{\ominus})]+n_2[\mu_2^{\ominus}(T)+RT\ln(P/P^{\ominus})]$$
$$+RT(n_1\ln x_1+n_2\ln x_2)$$

式 (4·56) から

$$\mu_1=\left(\frac{\partial G}{\partial n_1}\right)_{T,P,n_2}=\mu_1^{\ominus}(T)+RT\ln(P/P^{\ominus})+RT\ln x_1$$
$$+RT\left[n_1\left(\frac{\partial \ln x_1}{\partial n_1}\right)_{n_2}+n_2\left(\frac{\partial \ln x_2}{\partial n_1}\right)_{n_2}\right]$$

上式で,最後の項の [　] 内は 0 であるから*

$$\mu_1=\mu_1^{\ominus}(T)+RT\ln(P/P^{\ominus})x_1$$

同様に

$$\mu_2=\mu_2^{\ominus}(T)+RT\ln(P/P^{\ominus})x_2$$

一般に異なった種類の理想気体 1, 2, ··· の混合物における成分気体 i の化学ポテンシャルは,上と同様な考察から

$$\mu_i=\mu_i^{\ominus}(T)+RT\ln(P/P^{\ominus})x_i \tag{4·75}$$

または各気体の分圧 $p_i=Px_i$ を用いて

$$\mu_i=\mu_i^{\ominus}(T)+RT\ln(p_i/P^{\ominus}) \tag{4·76}$$

ただし $\mu_i^{\ominus}(T)$ は,純粋な理想気体 i の標準化学ポテンシャルである.式 (4·75) は,次のように書き直すこともできる.

$$\boxed{\mu_i=\mu_i^{*}(T,\ P)+RT\ln x_i \qquad \text{理想混合気体}} \tag{4·77}$$

$$\mu_i^{*}(T,\ P)\equiv\mu_i^{\ominus}(T)+RT\ln(P/P^{\ominus}) \tag{4·78}$$

ただし $\mu_i^{*}(T,\ P)$ は温度 T,圧力 P の純粋な気体 i の化学ポテンシャルである(式 (4·69) 参照).なお * は,純粋をあらわす記号である.

〔例題 4·3〕 理想気体を定温定圧で混合するときの,エンタルピーおよび Helmholtz エネルギーの変化を求めよ.

〔解〕 定温定圧では

---

* $n_1\left(\dfrac{\partial\ln x_1}{\partial n_1}\right)_{n_2}+n_2\left(\dfrac{\partial\ln x_2}{\partial n_1}\right)_{n_2}=n_1\dfrac{1}{x_1}\left(\dfrac{\partial}{\partial n_1}\dfrac{n_1}{n_1+n_2}\right)_{n_2}+n_2\dfrac{1}{x_2}\left(\dfrac{\partial}{\partial n_1}\dfrac{n_2}{n_1+n_2}\right)_{n_2}$
$=n_1\dfrac{n_1+n_2}{n_1}\dfrac{n_1+n_2-n_1}{(n_1+n_2)^2}+n_2\dfrac{n_1+n_2}{n_2}\dfrac{-n_2}{(n_1+n_2)^2}=\dfrac{n_2-n_2}{n_1+n_2}=0$

§4・6 理想気体の化学ポテンシャル

$$\Delta H = \Delta(U+PV) = \Delta U + P\Delta V$$
$$\Delta A = \Delta(U-TS) = \Delta U - T\Delta S$$

上式に (4・70)〜(4・72) を用いて

$$\Delta H_{\mathrm{mix}} = 0 \tag{4・79}$$
$$\Delta A_{\mathrm{mix}} = RT(n_1 \ln x_1 + n_2 \ln x_2) \tag{4・80}$$

〔**例題 4・4**〕 気体 1, 2, ・・・ の混合物において，成分気体 i の化学ポテンシャルが

$$\mu_i = \mu_i^*(T, P) + RT \ln x_i$$

$\mu_i^*(T, P)$；純粋な気体 i の化学ポテンシャル

で表わされるとして，これらの気体の n_1 mol, n_2 mol, ・・・ を定温定圧で混合するときの G, S, V, U および A の変化，ΔG_{mix}, ΔS_{mix}, ΔV_{mix}, ΔU_{mix} および ΔA_{mix} を求めよ．

〔**解**〕 全系の Gibbs エネルギーは混合前は

$$\sum_i n_i \mu_i^*(T, P)$$

混合後は式 (4・64) より

$$\sum_i n_i \mu_i = \sum_i n_i [\mu_i^*(T, P) + RT \ln x_i]$$

となる．よって両者の差から

$$\Delta G_{\mathrm{mix}} = RT \sum_i n_i \ln x_i$$

また式 (4・54) より

$$\Delta S_{\mathrm{mix}} = -\left(\frac{\partial \Delta G_{\mathrm{mix}}}{\partial T}\right)_{P, n_i} = -R \sum_i n_i \ln x_i$$

$$\Delta V_{\mathrm{mix}} = \left(\frac{\partial \Delta G_{\mathrm{mix}}}{\partial P}\right)_{T, n_i} = 0$$

定温定圧では $\Delta G = \Delta U - T\Delta S + P\Delta V$ であるから，上の結果を用いて

$$\Delta U_{\mathrm{mix}} = \Delta G_{\mathrm{mix}} + T\Delta S_{\mathrm{mix}} - P\Delta V_{\mathrm{mix}} = 0$$
$$\Delta A_{\mathrm{mix}} = \Delta U_{\mathrm{mix}} - T\Delta S_{\mathrm{mix}} = RT \sum_i n_i \ln x_i$$

上の例題の結果から式 (4・77)（または式 (4・76)）が成立する混合気体は，理想気体の混合物としての性質 (4・70)〜(4・72) を示すことがわかる．したがって成分 i の化学ポテンシャルが，式 (4・77)（または (4・76)）で与えられる

混合気体を，理想混合気体と定義することもある．

§ 4·7 質量作用の法則

例として，アンモニアの生成反応
$$N_2(g) + 3 H_2(g) = 2 NH_3(g)$$
を考えてみよう．窒素と水素の混合気体を，触媒とともに容器に入れて定温定圧に保つとアンモニアが生成するが，この反応は完全には進行しない．これは反応が進んで N_2 と H_2 の濃度が減少するに従って，正反応の速度は減るが，一方で NH_3 の濃度が増加するとともに逆反応の速度が増え，両者の速度が等しくなったところで，見かけ上反応が止まるからである．これが**化学平衡**（chemical equilibrium）の状態である．この状態において，N_2，H_2 および NH_3 の濃度の間には次の関係がある．

$$\frac{[NH_3]^2}{[N_2][H_2]^3} = K_c \tag{4·81}$$

ただし K_c は，一定温度では各成分の濃度に無関係な定数で**平衡定数**（equilibrium constant）という．また後に述べる圧平衡定数と区別するときは濃度平衡定数とよぶ．なお式（4·81）のような関係を，**質量作用の法則**（mass action law）または**化学平衡の法則**という．

上の反応で，左辺の各項を移項すると
$$0 = - N_2(g) - 3 H_2(g) + 2 NH_3(g)$$
となる．また式（4·81）は，次の形に書き直すことができる．
$$K_c = [N_2]^{-1}[H_2]^{-3}[NH_3]^2$$
これと同様に，一般の反応（p. 51，式（2·55））

$$0 = \sum_i \nu_i A_i \tag{4·82}$$

において物質 A_i の濃度を c_i とすると，質量作用の法則は次の形になる．

$$\boxed{K_c = \prod_i c_i^{\nu_i}} \tag{4·83}$$

K_c は一定温度では一定で，**濃度平衡定数**という．

§4·7 質量作用の法則

アンモニアの生成反応において，反応に伴う N_2，H_2 および NH_3 のモル数の微小変化 dn_{N_2}，dn_{H_2} および dn_{NH_3} の間には

$$\frac{dn_{N_2}}{-1} = \frac{dn_{H_2}}{-3} = \frac{dn_{NH_3}}{2}$$

の関係がある（反応が右に進むと $dn_{N_2} < 0$，$dn_{H_2} < 0$，$dn_{NH_3} > 0$，モル比は $1:3:2$ であるから）．一般の反応 (4·82) においても，反応に伴う物質 A_i のモル数の微小変化を dn_i とすると

$$\frac{dn_1}{\nu_1} = \frac{dn_2}{\nu_2} = \cdots \tag{4·84}$$

上式の比を $d\xi$ とすると

$$dn_i = \nu_i d\xi \qquad i=1, 2, \cdots \tag{4·85}$$

ξ が増加すると原系の物質の量が減少し，生成系の物質の量が増加する．このように，ξ は化学反応の進行の程度をあらわすので，**反応進行度** (extent of reaction) とよばれる．その単位は mol である．反応開始前の状態を $\xi=0$ mol とすると，$\xi=1$ mol では反応式の上で反応が1単位進んだことになる（物質 A_1，A_2，$\cdots$ が ν_1 mol，ν_2 mol，$\cdots$ ずつ反応）．

ここで反応 (4·82) にしたがう系が，定温定圧で平衡状態にあるとする．このとき，全系の Gibbs エネルギーは極小であるから，平衡状態からの仮想的な微小のずれ（反応進行度の仮想変化 $\delta\xi$）に伴う Gibbs エネルギーの変化を δG とすると

$$\delta G = \sum_i \mu_i \delta n_i = \sum_i \mu_i \nu_i \delta\xi = 0$$

でなければならない（式 (4·51)，(4·85) 参照．式 (4·51) において $P, T =$ const の条件を用いた）．上式から

$$\sum_i \nu_i \mu_i = 0 \tag{4·86}$$

これが反応 (4·82) の平衡条件である．ただし μ_i は平衡状態における物質 A_i の化学ポテンシャルである．

反応に関与する物質がすべて気体の場合，気相を理想混合気体と仮定すると，上式の μ_i に式 (4·76) を代入して

$$\sum_i \nu_i \mu_i^{\ominus}(T) + RT\sum_i \nu_i \ln(p_i/P^{\ominus}) = 0$$

この式で $\sum_i \nu_i \ln(p_i/P^{\ominus}) = \ln \prod_i (p_i/P^{\ominus})^{\nu_i}$ であるから

$$\Delta G^{\ominus} = \sum_i \nu_i \mu_i^{\ominus}(T) \tag{4・87}$$

$$\boxed{K_P^{\ominus} = \prod_i (p_i/P^{\ominus})^{\nu_i}} \tag{4・88}$$

とおくと

$$\boxed{\Delta G^{\ominus} = -RT \ln K_P^{\ominus}} \tag{4・89}$$

が得られる.ここで $\mu_i^{\ominus}(T)$ は,標準状態 ($P=P^{\ominus}$) における純粋気体 i の化学ポテンシャル (1 mol あたりの Gibbs エネルギー G_i^*) であるから,$\Delta G^{\ominus}$ は標準状態 ($P=P^{\ominus}$) にある原系の物質が化学反応式にしたがって,標準状態 ($P=P^{\ominus}$) にある生成系の物質に変化するときの,Gibbs エネルギー変化である.$\Delta G^{\ominus}$ は**標準 Gibbs エネルギー変化**(standard Gibbs energy change) とよばれる.ただしこの変化において原系,生成系とも各物質が混合気体の状態

反応: $0 = \sum \nu_i A_i$ または $-\nu_1 A_1 - \nu_2 A_2 - \cdots -\nu_n A_n = \nu_{n+1} A_{n+1} + \nu_{n+2} A_{n+2} + \cdots$

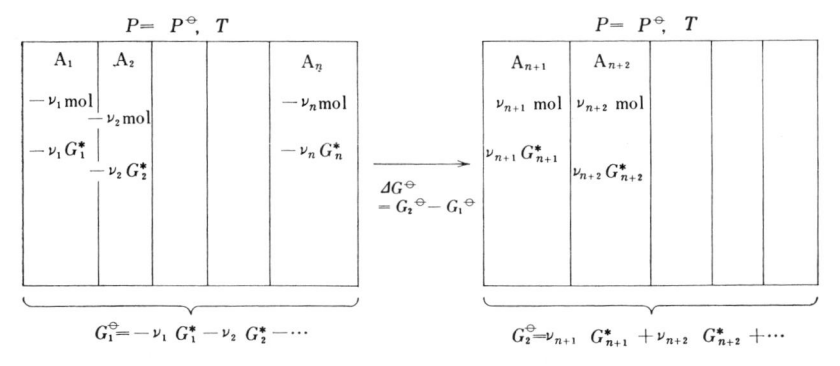

図 4・4 標準 Gibbs エネルギー変化 $\Delta G^{\ominus}$.温度 T,圧力 $P=P^{\ominus}$ における純粋気体 A_i の 1 mol あたりの Gibbs エネルギーを G_i^* とすると,$\mu_i^{\ominus}(T) = G_i^*$.上図で
$$\Delta G^{\ominus} = G_2^{\ominus} - G_1^{\ominus} = (\nu_{n+1}G_{n+1}^* + \nu_{n+2}G_{n+2}^* + \cdots)$$
$$- (-\nu_1 G_1^* - \nu_2 G_2^* - \cdots) = \sum_i \nu_i G_i^* = \sum_i \nu_i \mu_i^{\ominus}(T)$$
$\nu_1, \nu_2, \cdots < 0;\ \nu_{n+1}, \nu_{n+2}, \cdots > 0$ であることに注意されたい.

§4·7 質量作用の法則

ではなくて，分かれて存在している状態を考えていることに注意されたい（図 4·4 参照）．すなわち混合に伴うエントロピーや Gibbs エネルギーの変化は，$\Delta G^{\ominus}$ において考慮する必要がないのである．式 (4·88) の $K_P{}^{\ominus}$ は，標準状態の圧力 $P^{\ominus}$ を単位とする気体の分圧 $p_i/P^{\ominus}$ を用いてあらわした平衡定数で**標準圧平衡定数**とよばれる．式 (4·89) において $\Delta G^{\ominus}$ は温度のみに依存するから，$K_P{}^{\ominus}$ は一定温度では気体の分圧 p_i によらない定数となる．なお，$K_P{}^{\ominus}$ は無次元の数である．通常の**圧平衡定数**は

$$\boxed{K_P = \prod_i p_i{}^{\nu_i}} \tag{4·90}$$

で定義される．K_P も一定温度では一定である．K_P と $K_P{}^{\ominus}$ の関係は式 (4·88), (4·90) より

$$K_P = K_P{}^{\ominus} P^{\ominus \sum_i \nu_i} \tag{4·91}$$

$P^{\ominus} = 1 \text{ atm}$ のときは

$$K_P = K_P{}^{\ominus} (\text{atm})^{\sum_i \nu_i} \tag{4·91'}$$

となる．ただし $\sum_i \nu_i$ は反応式の上で反応が 1 単位進んだときのモル数の増加である．

次に，理想混合気体中の成分気体 i のモル濃度を c_i とすると，

$$p_i = \frac{n_i}{V} RT = c_i RT \tag{4·92}$$

これを式 (4·90) に代入すると

$$K_P = \prod_i (c_i RT)^{\nu_i} = (RT)^{\sum_i \nu_i} \prod_i c_i{}^{\nu_i} \tag{4·93}$$

ここで $K_C = \prod_i c_i{}^{\nu_i}$ であるから

$$K_P = K_C (RT)^{\sum_i \nu_i} \tag{4·94}$$

上式において K_P は温度だけの関数であるから，K_C も一定温度では一定である．このようにして理想混合気体の反応について，質量作用の法則 (4·83) が熱力学的に証明されたことになる．

〔**例題 4·5**〕 アンモニアの生成反応
$$N_2(g) + 3H_2(g) = 2NH_3(g)$$
において，圧平衡定数 K_P を平衡時のアンモニアのモル分率 x と全圧 P を用いてあらわせ．また K_P と濃度平衡定数 K_C の関係を求めよ．ただし反応前の N_2 と H_2 の体積比を $1:3$ とする．

〔**解**〕 NH_3 のモル分率が x のとき，N_2 と H_2 のモル分率はそれぞれ $(1/4)(1-x)$，$(3/4)(1-x)$ となる．したがって，平衡状態における各成分の分圧は
$$p(N_2) = \frac{1}{4}(1-x)P \qquad p(H_2) = \frac{3}{4}(1-x)P \qquad p(NH_3) = xP$$
よって
$$K_P = \frac{[p(NH_3)]^2}{p(N_2)[p(H_2)]^3} = \frac{256\,x^2}{27\,(1-x)^4 P^2}$$
また式 (4·94) において
$$\sum_i \nu_i = -1 - 3 + 2 = -2$$
であるから
$$K_P = K_C (RT)^{-2}$$

〔**例題 4·6**〕 四酸化二窒素（無色）は次式にしたがって二酸化窒素（褐色）に解離して平衡に達する．
$$N_2O_4(g) \rightleftarrows 2NO_2(g)$$
圧平衡定数 K_P を，N_2O_4 の解離度 α と全圧 P を用いてあらわせ．

〔**解**〕 解離前の N_2O_4 のモル数を n とすると，平衡時の N_2O_4 と NO_2 のモル数は，それぞれ $n(1-\alpha)$ と $2n\alpha$ となる．よって N_2O_4 と NO_2 のモル分率は
$$\frac{n(1-\alpha)}{n(1-\alpha)+2n\alpha} = \frac{1-\alpha}{1+\alpha} \qquad \frac{2n\alpha}{n(1-\alpha)+2n\alpha} = \frac{2\alpha}{1+\alpha}$$
分圧はそれぞれ
$$p(N_2O_4) = \frac{1-\alpha}{1+\alpha}P \qquad p(NO_2) = \frac{2\alpha}{1+\alpha}P$$
$$K_P = \frac{[p(NO_2)]^2}{p(N_2O_4)} = \frac{4\alpha^2 P}{1-\alpha^2}$$
なお，上式を α について解くと

§4·7 質量作用の法則

$$\alpha = \left(\frac{K_P}{K_P + 4P}\right)^{1/2}$$

上では気相反応の平衡を考えたが,次に気相と純粋な固相から成る不均一系の化学平衡について述べる.例えば,炭酸カルシウム $CaCO_3$ を密閉した容器の中で一定温度に保つと,次の平衡が成立する.

$$CaCO_3(s) \rightleftarrows CaO(s) + CO_2(g)$$

このときの平衡条件は式 (4·86) より*

$$\mu[CaO(s)] + \mu[CO_2(g)] - \mu[CaCO_3(s)] = 0 \qquad (4·95)$$

ここで $CO_2(g)$ を理想気体とすると,式 (4·76) より

$$\mu[CO_2(g)] = \mu^\ominus[CO_2(g)] + RT \ln [p(CO_2)/P^\ominus] \qquad (4·96)$$

$\mu[CaO(s)]$ と $\mu[CaCO_3(s)]$ は,平衡時の圧力 $(p(CO_2))$ における固体の CaO と $CaCO_3$ の化学ポテンシャルであるが,その圧力依存性は小さいので,それらを $P=P^\ominus$ における化学ポテンシャル(標準化学ポテンシャル)でおきかえる.すなわち

$$\mu[CaO(s)] = \mu^\ominus[CaO(s)], \quad \mu[CaCO_3(s)] = \mu^\ominus[CaCO_3(s)] \qquad (4·97)$$

式 (4·95)〜(4·97) より

$$\mu^\ominus[CaO(s)] + \mu^\ominus[CO_2(g)] - \mu^\ominus[CaCO_3(s)] = -RT \ln [p(CO_2)/P^\ominus] \qquad (4·98)$$

この式の左辺は標準 Gibbs エネルギー変化 $\Delta G^\ominus$ である.ここで式 (4·89) に従って上式を $\Delta G^\ominus = -RT \ln K_P^\ominus$ と書くと,$P^\ominus = 1\,atm$ のとき

$$K_P^\ominus = p(CO_2)/P^\ominus = p(CO_2)\,atm^{-1} \qquad (4·99)$$

となる.この式は (4·88) において $\nu_{CO_2}=1$,$\nu_{CaCO_3}=\nu_{CaO}=0$ に相当する式であるから式 (4·90) から

$$K_P = p(CO_2) \qquad (4·99')$$

$\Delta G^\ominus$ は温度のみに依存するから $K_P^\ominus$ や K_P も温度のみによる.$p(CO_2)$ は $CaCO_3$ の**解離圧** (dissociation pressure) とよばれる.K_P の値は,25 °C では

---

* 定温定積の系であるから,平衡状態で $\delta A = 0$.式 (4·50),(4·85) から,定温定積で $\delta A = \sum_i \mu_i \delta n_i = \sum_i \mu_i \nu_i \delta \xi = 0$ となるから,定温定圧の場合と同じ式 (4·86) が成立する.

1.175×10^{-23} atm ときわめて小さいが，897 °C では 1 atm に達する．式 (4·99′) は

$$K=\frac{[\text{CaO(s)}][\text{CO}_2(\text{g})]}{[\text{CaCO}_3(\text{s})]}$$

において $[\text{CaCO}_3(\text{s})]=[\text{CaO(s)}]=1$ とおき，$[\text{CO}_2(\text{g})]$ を圧力であらわした式に相当する．このように気相と純固相から成る系の平衡では，K_P を表現する際に気相の分圧のみを考慮し純固相を無視することができる．気相と純液相から成る系の平衡においても同様である．

〔例題 4·7〕 反応

$$\text{C (graphite)} + \text{CO}_2(\text{g}) = 2\,\text{CO(g)}$$

の圧平衡定数を CO_2 と CO の分圧 $p(\text{CO}_2)$ と $p(\text{CO})$ を用いて表現せよ．
〔解〕

$$K_P=\frac{[p(\text{CO})]^2}{p(\text{CO}_2)}$$

§4·8 標準生成 Gibbs エネルギー

前節の式 (4·89) から，化学反応の平衡定数は標準 Gibbs エネルギー変化 $\Delta G^{\ominus}$ の値を知れば計算できることがわかる．定温では

$$\Delta G^{\ominus}=\Delta H^{\ominus}-T\Delta S^{\ominus} \qquad (4\cdot100)$$

となるから，$\Delta G^{\ominus}$ は標準反応熱（標準エンタルピー変化）$\Delta H^{\ominus}$ と標準エントロピー変化 $\Delta S^{\ominus}$ から求められる．ここで $\Delta S^{\ominus}$ は反応式 (4·82) では

$$\Delta S^{\ominus}=\sum_i \nu_i S_i^{\ominus} \qquad (4\cdot101)$$

によって反応に関与する各物質の標準エントロピーから得られる (p.104, 〔例題 3·6〕)．

標準状態 ($P^{\ominus}=1$ atm)* にある 1 mol の化合物が，標準状態 ($P^{\ominus}=1$ atm) にあるその成分元素の単位から生成するときの Gibbs エネルギー変化 $\Delta G_\text{f}^{\ominus}$ を，**標準生成 Gibbs エネルギー** (standard Gibbs energy of formation) とよぶ．$\Delta G_\text{f}^{\ominus}$ は化合物の標準生成エンタルピー（標準生成熱）$\Delta H_\text{f}^{\ominus}$（表 2·3,

---

* 国際規約によると標準状態として圧力を 1 atm (=1.01325 bar) とする代わりに 1 bar とすることになっている．その場合，$\Delta G_\text{f}^{\ominus}$ の値はわずかに異なる．

表 4·2　無機化合物の標準生成 Gibbs エネルギー (25°C)

物　質	$\Delta G_f^\ominus/\text{kJ mol}^{-1}$	物　質	$\Delta G_f^\ominus/\text{kJ mol}^{-1}$	物　質	$\Delta G_f^\ominus/\text{kJ mol}^{-1}$
$AgBr(s)$	−96.90	$CaCl_2(s)$	−748.1	$H_2O_2(l)$	−120.42	$NO_2(g)$	51.30
$AgCl(s)$	−109.80	$CaO(s)$	−604.04	$H_2S(g)$	−33.28	$N_2O_4(g)$	97.8
$AgI(s)$	−66.19	$CuO(s)$	−128.12	$Hg(g)$	31.853	$Na_2CO_3(s)$	−1048.08
$AgNO_3(s)$	−33.47	$Cu_2O(s)$	−147.7	$HgO(s, red)$	−58.56	$NaCl(s)$	−384.04
$Ag_2O(s)$	−11.21	$Fe_2O_3(s, hematite)$	−743.6	$KCl(s)$	−408.78	$NaNO_3(s)$	−365.89
$Al_2O_3(s, \alpha)$	−1581.9	$Fe_3O_4(s, magnetite)$	−1017.5	$KOH(s)$	−379.0	$NaOH(s)$	−380.19
$Br_2(g)$	3.142	$H(g)$	203.280	$MgCl_2(s)$	−591.83	$O(g)$	231.773
$C(s, diamond)$	2.8995	$HBr(g)$	−53.49	$MgO(s)$	−569.44	$O_3(g)$	163.2
$C(g)$	669.58	$HCN(l)$	124.93	$MnO_2(s)$	−465.18	$SO_2(g)$	−300.194
$CO(g)$	−137.16	$HCl(g)$	−95.303	$N(g)$	455.5	$SO_3(s, \beta)$	−368.99
$CO_2(g)$	−394.405	$HF(g)$	−273.2	$NH_3(g)$	−16.64	$SiO_2(s, quartz)$	−856.5
$CS_2(l)$	65.27	$HI(g)$	1.57	$NH_4Cl(s)$	−203.19	$ZnCl_2(s)$	−369.43
$CaCO_3(s, aragonite)$	−1127.80	$H_2O(l)$	−237.183	$NO(g)$	86.57		

表 4・3 有機化合物の標準生成 Gibbs エネルギー (25°C)

物質		$\Delta G_f^\ominus$/kJ mol^{-1}	物質		$\Delta G_f^\ominus$/kJ mol^{-1}
メタン	$CH_4(g)$	-50.84	ジメチルエーテル	$(CH_3)_2O(g)$	-112.6
エタン	$C_2H_6(g)$	-32.93	ジエチルエーテル	$(C_2H_5)_2O(l)$	-122.9
プロパン	$C_3H_8(g)$	-23.47	ホルムアルデヒド	$HCHO(g)$	-102.7
ブタン	$C_4H_{10}(g)$	-17.03	アセトアルデヒド	$CH_3CHO(l)$	-133.3
エチレン	$C_2H_4(g)$	68.12	アセトン	$(CH_3)_2CO(l)$	-155.39
1,2 ブタジエン	$H_2C=C=CHCH_3(g)$	199.5	塩化メチル	$CH_3Cl(g)$	-58.5
1,3 ブタジエン	$H_2C=CH-CH=CH_2(g)$	150.7	クロロホルム	$CHCl_3(l)$	-71.8
			ベンゼン	$C_6H_6(l)$	124.35
アセチレン	$C_2H_2(g)$	209.20	クロロベンゼン	$C_6H_5Cl(l)$	89.20
メタノール	$CH_3OH(l)$	-166.23	アニリン	$C_6H_5NH_2(l)$	149.08
エタノール	$C_2H_5OH(l)$	-174.14			

2・4) と, 化合物およびその単体の標準エントロピー $S^\ominus$ (表 3・1) から計算される (〔例題 4・8〕参照). 表 4・2 と 4・3 に, 種々の無機および有機化合物の 25°C における $\Delta G_f^\ominus$ の値を示す.

標準生成 Gibbs エネルギーは, 単体 ($P^\ominus=1\,atm$) の Gibbs エネルギーを 0 としたときの化合物 ($P^\ominus=1\,atm$) の Gibbs エネルギーに相当するから, 反応 (4・82) の標準 Gibbs エネルギー変化は

$$\Delta G^\ominus = \sum_i \nu_i (\Delta G_f^\ominus)_i \tag{4・102}$$

となる. ただし $(\Delta G_f^\ominus)_i$ は, 反応に関与する物質 A_i の標準生成 Gibbs エネルギーである. このようにして表 4・2, 4・3 のデータと式 (4・89), (4・102) から, 25°C における種々の反応の平衡定数が計算できることになる (〔例題 4・9〕,〔例題 4・10〕参照). なお, 上述の熱力学的データでは, すべて標準状態の圧力として $P^\ominus=1\,atm$ を用いていることに注意されたい. したがって, 式 (4・91′) から $K_P^\ominus$ に $(atm)^{\sum_i \nu_i}$ をつければ K_P となる.

〔例題 4・8〕 表 2・3 および 3・1 の数値を用いて, 25°C におけるアンモニアの標準生成 Gibbs エネルギー $\Delta G_f^\ominus$ を求めよ.

〔解〕

$$\frac{1}{2} N_2(g) + \frac{3}{2} H_2(g) = NH_3(g)$$

において表 2・3 から, $NH_3(g)$ の $\Delta H_f^\ominus$ は $-46.19\,kJ\,mol^{-1}$. また上の反応の $\Delta S_f^\ominus$ は

§ 4·8 標準生成 Gibbs エネルギー

式 (4·101) と表 3·1 の数値を用いて

$$\Delta S_f^\ominus = \sum_i \nu_i S_i^\ominus = \left[-\frac{1}{2}\times 191.5 - \frac{3}{2}\times 130.6 + 192.5\right] \text{J K}^{-1}\text{ mol}^{-1}$$
$$= -99.2 \text{ J K}^{-1}\text{ mol}^{-1}$$

$$\Delta G_f^\ominus = \Delta H_f^\ominus - T\Delta S_f^\ominus$$
$$= -46.19 \text{ kJ mol}^{-1} - (298.15 \text{ K})(-99.2\times 10^{-3}\text{ kJ K}^{-1}\text{ mol}^{-1})$$
$$= -16.61 \text{ kJ mol}^{-1}$$

〔例題 4·9〕 4·3 の数値を用いて, 25 °C における反応

$$\text{C}_2\text{H}_4(\text{g}) + \text{H}_2(\text{g}) = \text{C}_2\text{H}_6(\text{g})$$

の標準 Gibbs エネルギー変化 $\Delta G^\ominus$ と圧平衡定数 K_P を求めよ.

〔解〕 式 (4·102) より

$$\Delta G^\ominus = \sum_i \nu_i (\Delta G_f^\ominus)_i = [-(68.12)-(0)+(-32.93)]\text{kJ mol}^{-1}$$
$$= -101.05 \text{ kJ mol}^{-1}$$

次に式 (4·89) から

$$\ln K_P^\ominus = -\frac{\Delta G^\ominus}{RT}$$

上式に数値を入れて

$$2.303 \log K_P^\ominus = -\frac{-101.05\times 10^3 \text{ J mol}^{-1}}{(8.314 \text{ J K}^{-1}\text{ mol}^{-1})(298.15 \text{ K})}$$

となる*. 上式から

$$\log K_P^\ominus = 17.70 \qquad K_P^\ominus = 5.01\times 10^{17}$$

また, $\sum_i \nu_i = -1$ であるから $K_P = K_P^\ominus \text{ atm}^{-1}$. よって

$$K_P = \frac{p(\text{C}_2\text{H}_6)}{p(\text{C}_2\text{H}_4)p(\text{H}_2)} = 5.01\times 10^{17} \text{ atm}^{-1}$$

〔例題 4·10〕 表 4·2 の値を用いて, 25 °C におけるアンモニアの生成反応

$$\text{N}_2(\text{g}) + 3\text{ H}_2(\text{g}) = 2\text{ NH}_3(\text{g})$$

の圧平衡定数 K_P と, 濃度平衡定数 K_C を求めよ.

〔解〕

$$\ln K_P^\ominus = -\frac{\Delta G^\ominus}{RT}$$

---

* $\ln x = \log_{10} x / \log_{10} e = 2.303 \log_{10} x$.

において $\Delta G^\ominus$ は表 4·2 の値の 2 倍になるから

$$2.303 \log K_P^\ominus = -\frac{-2 \times 16.64 \times 10^3 \text{ J mol}^{-1}}{(8.314 \text{ J K}^{-1} \text{ mol}^{-1})(298.15 \text{ K})}$$

$$\log K_P^\ominus = 5.830 \qquad K_P^\ominus = 6.76 \times 10^5$$

$\sum_i \nu_i = -2$ であるから $K_P = K_P^\ominus \text{atm}^{-2}$.

$$K_P = \frac{[p(\text{NH}_3)]^2}{p(\text{N}_2)[p(\text{H}_2)]^3} = 6.76 \times 10^5 \text{ atm}^{-2}$$

次に $K_P = K_C(RT)^{-2}$ であるから（〔例題 4·5〕参照），

$$K_C = K_P(RT)^2$$
$$= (6.76 \times 10^5 \text{ atm}^{-2})[(0.0821 \text{ atm dm}^3 \text{ K}^{-1} \text{ mol}^{-1})(298.15 \text{ K})]^2$$
$$= 4.05 \times 10^8 \text{ mol}^{-2} \text{ dm}^6$$

〔**例題 4·11**〕〔例題 4·5〕と上の例題の結果を用いて 1 atm，25 ℃ における NH_3 のモル分率 x を求めよ．

〔**解**〕〔例題 4·5〕の K_P の式と上の例題の K_P の値を用いて

$$\frac{x}{(1-x)^2} = \sqrt{\frac{27}{256} K_P P}$$
$$= \sqrt{\frac{27}{256} \times 6.76 \times 10^5 \text{ atm}^{-2} \times (1 \text{ atm})}$$
$$= 2.67 \times 10^2$$

これより

$$267 x^2 - 535 x + 267 = 0$$
$$x = 0.94, \ 1.06$$

$x > 1$ は不適だから

$$x = 0.94$$

§4·9 平衡定数の温度変化

前節では 25 ℃ における平衡定数の計算法について述べた．この節では一般の温度における平衡定数の求め方を考察する．定温変化における最初と最後の状態に Gibbs–Helmholtz の式 (4·36) を用い，両者の差をとると

$$\Delta H = -T^2 \left[\frac{\partial}{\partial T} \left(\frac{\Delta G}{T} \right) \right]_P \tag{4·103}$$

§ 4・9　平衡定数の温度変化

上式で $P=P^\ominus$（標準状態）とすると

$$\Delta H^\ominus = -T^2 \frac{\mathrm{d}}{\mathrm{d}T}\left(\frac{\Delta G^\ominus}{T}\right)$$

この式に式（4・89）$\Delta G^\ominus = -RT\ln K_P^\ominus$ を代入して

$$\boxed{\frac{\mathrm{d}\ln K_P^\ominus}{\mathrm{d}T} = \frac{\Delta H^\ominus}{RT^2}} \qquad (4\cdot 104)$$

ここで $\Delta H^\ominus$ は標準反応熱である．この式を van't Hoff の**定圧平衡式**（reaction isobar）という．

上式から吸熱反応（$\Delta H^\ominus > 0$）のときは $\mathrm{d}\ln K_P^\ominus/\mathrm{d}T > 0$，すなわち温度の上昇に伴って $K_P^\ominus$ が大きくなり，平衡が右（生成系の方）にずれることがわかる．逆に発熱反応（$\Delta H^\ominus < 0$）のときは温度の上昇に伴って，平衡が左（原系の方）にずれることになる．これは **Le Chatelier**（ル・シャトリエ）の**原理**に相当する．

Le Chatelier の原理は一般的に，「平衡にある系の状態量の一つを変化させると，その変化による影響をなるべく小さくする方向に平衡が移動する」と表現される．平衡定数の圧力依存性についてもこの原理は成立する．すなわち，一般に反応により系の体積が増加するときは，圧力が増加するとともに，K_P が小さくなって平衡が左（原系の方）にずれる．逆に系の体積が減少するときは，圧力の増加とともに平衡が右（生成系の方）にずれる．

例えばアンモニアの生成反応の例では

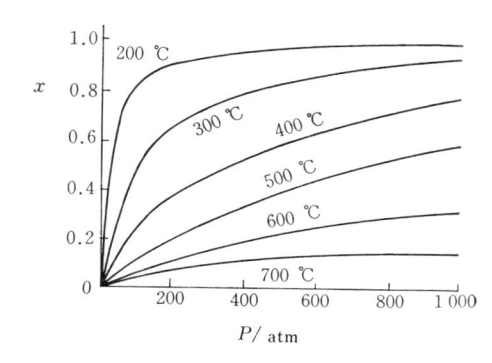

$$\left.\begin{array}{l} \mathrm{N}_2(\mathrm{g}) + 3\,\mathrm{H}_2(\mathrm{g}) = 2\,\mathrm{NH}_3(\mathrm{g}) \\ \Delta H_{298}^\ominus = -92.38\,\mathrm{kJ\,mol^{-1}} \end{array}\right\} \qquad (4\cdot 105)$$

図 4・5　アンモニアの生成反応における $\mathrm{NH}_3(\mathrm{g})$ のモル分率（x）と温度および圧力との関係

であるから，系の温度が上昇すると平衡が左にずれる．またこの反応は気相の

分子数が減る反応であるから，系の圧力を増加させると平衡は右にずれることになる．アンモニアの工業的合成が比較的低温（400～500℃）*，高圧（数百気圧）で行なわれるのは，このためである．図 4·5 に，平衡における NH_3 のモル分率と温度および圧力との関係を示す．

さて，標準反応熱の温度依存性 $\Delta H^\ominus(T)$ がわかっていれば式 (4·104) を T で積分して，$\ln K_P^\ominus$ の温度変化を知ることができる．すなわち

$$\ln K_P^\ominus(T) = \int \frac{\Delta H^\ominus(T)}{RT^2} dT + I \quad (4 \cdot 106)$$

ただし I は積分定数である．例えば $\Delta H^\ominus(T)$ が式 (2·70′) のような実験式

$$\Delta H^\ominus(T) = \Delta H_0 + \Delta a \cdot T + \frac{1}{2} \Delta b \cdot T^2 - \Delta c \cdot T^{-1}$$

であらわされるときは

$$\ln K_P^\ominus(T) = \frac{1}{R} \left[-\frac{\Delta H_0}{T} + \Delta a \ln T + \frac{\Delta b}{2} T + \frac{\Delta c}{2 T^2} \right] + I \quad (4 \cdot 107)$$

ただし積分定数 I は，ある温度（通常 25 ℃）における $K_P^\ominus$ の値から定められる．

〔**例題 4·12**〕 アンモニアの生成反応

$$N_2(g) + 3 H_2(g) = 2 NH_3(g)$$

について，$\Delta H^\ominus(T)$ の式（p.58，〔例題 2·2〕）と 25 ℃ における $K_P^\ominus$ の値（例題 4·10）を用いて，$K_P^\ominus$ の温度変化をあらわす式を導け．またその式を用いて，600 ℃ における圧平衡定数 K_P を計算せよ．

〔**解**〕 上の生成反応の $\Delta H^\ominus$ は，〔例題 2·2〕の生成熱の 2 倍であるから

$$\Delta H^\ominus = \left[-80.46 \times 10^3 - 50.4 \left(\frac{T}{K}\right) + 18.0 \times 10^{-3} \left(\frac{T}{K}\right)^2 + 4.50 \times 10^5 \left(\frac{T}{K}\right)^{-1} \right] \text{ J mol}^{-1}$$

上式を式 (4·104) に代入して積分すると

$$\ln K_P^\ominus = \frac{1}{8.314} \left[80.46 \times 10^3 \left(\frac{K}{T}\right) - 50.4 \ln \left(\frac{T}{K}\right) + 18.0 \times 10^{-3} \left(\frac{T}{K}\right) \right.$$

---

* 温度をあまり低くすると，反応速度が遅くなる，すなわち平衡に到達するのに時間がかかるので不利である．なおアンモニア合成では，反応速度を大きくするため鉄系触媒を用いる．

§4・10 熱力学と平衡定数　　　141

$$-2.25\times 10^5\left(\frac{K}{T}\right)^2\right]+I$$

この式に $T=298$ K, $K_P^\ominus=6.76\times 10^5$ を代入して，積分定数 I を求めると，$I=15.14$ となる．よって

$$\ln K_P^\ominus = 9.678\times 10^3\left(\frac{K}{T}\right)-6.06\ln\left(\frac{T}{K}\right)+2.17\times 10^{-3}\left(\frac{T}{K}\right)$$
$$-2.71\times 10^4\left(\frac{K}{T}\right)^2+15.14$$

上式で $T=873$ K とすると，$K_P^\ominus=2.37\times 10^{-6}$, $K_P=2.37\times 10^{-6}$ atm^{-2} となる．なお Haber による実測値は，$K_P=2.3\times 10^{-6}$ atm^{-2} である．

§4・10　熱力学と平衡定数

§4・7〜4・9 で述べたことをまとめると，図 4・6 のようになる．25℃におけ

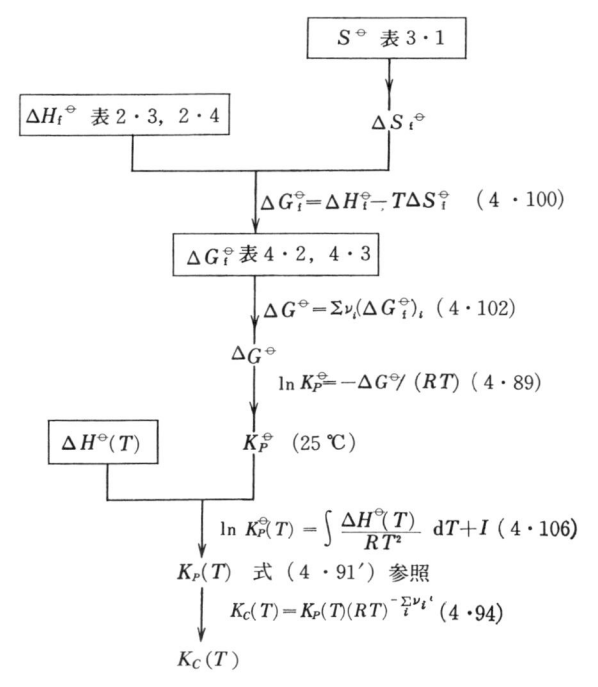

図 4・6　$\Delta H_f^\ominus$, $S^\ominus$ および $\Delta H^\ominus(T)$ から $K_P(T)$ および $K_C(T)$ を得る手順．$\Delta H^\ominus(T)$ については図 2・22 参照．

る標準反応熱（標準生成エンタルピー）$\Delta H_f^\ominus$（表 2·3, 2·4）と標準エントロピー $S^\ominus$（表 3·1）から，25°C における反応 $0=\sum_i \nu_i A_i$ の標準圧平衡定数 $K_P^\ominus$ が，図に示したような手順で求められる．さらに，標準反応熱の温度依存性 $\Delta H^\ominus(T)$ がわかっていれば，平衡定数の温度変化 $K_P(T)$（および $K_C(T)$）を知ることができるのである．$\Delta H_f^\ominus$ および $\Delta H^\ominus(T)$ は熱容量や燃焼熱などの測定値を用いて得られる（図 2·22 参照）．また $S^\ominus$ は，物質の熱容量と相転移熱の測定値から計算される（式 (3·82) 参照）．このようにして熱的測定だけで，実際に反応を行なうことなく，化学反応の平衡定数を求めることができるのである．これは熱力学の化学における大きな成果である．化学反応は，平衡に到達するのに時間がかかるものが多い．また高温や低温における反応の実験は一般に困難である．しかし熱力学のデータを用いると，このような場合にも容易に平衡定数が算出できるのである．

式 (4·89) から

$$K_P^\ominus = e^{-\Delta G^\ominus/(RT)} = 10^{-\Delta G^\ominus/(2.303RT)} \tag{4·108}$$

となる．したがって $\Delta G^\ominus$ が負で絶対値が大きい場合には，$K_P^\ominus$ は大きくなり，平衡は生成系の側に大きくかたよる．例えば反応

$$H_2(g) + F_2(g) = 2\,HF(g)$$

では，表 4·2 より 25°C の $\Delta G^\ominus = -273.2 \times 2\,\text{kJ mol}^{-1} = -546.4\,\text{kJ mol}^{-1}$ であって

$$K_P = \frac{[p(HF)]^2}{p(H_2)p(F_2)} = 10^{95.71}$$

に達する．すなわち上の反応は，ほぼ完全に右に進行するのである．これに対し $\Delta G^\ominus$ が正の大きい値の場合には，K_P は小さくなり，平衡は原系の方にかたよる．反応

$$\frac{1}{2}N_2(g) + O_2(g) = NO_2(g)$$

では，25°C において $\Delta G^\ominus = 51.30\,\text{kJ mol}^{-1}$ であるから

§ 4·10　熱力学と平衡定数

$$K_P = \frac{p(\mathrm{NO}_2)}{[p(\mathrm{N}_2)]^{1/2} p(\mathrm{O}_2)} = 10^{-8.99} \, \mathrm{atm}^{-1/2}$$

となって，平衡状態ではほとんど NO_2 を生じないのである．

ここで注意すべきことは，上例のように $\Delta G^\ominus \gg 0$ であっても，平衡状態で生成系の物質が，微量とはいえ存在することである．これは式 (4·17) の自発変化の条件 $\Delta G < 0$ に反するようであるが，実はそうではない．$\Delta G^\ominus$ は，図 4·4 に示したように，標準状態における生成系の物質の Gibbs エネルギーの和 $G_2^\ominus$ と原系の物質の Gibbs エネルギーの和 $G_1^\ominus$ との差，$\Delta G^\ominus = G_2^\ominus - G_1^\ominus$ である．しかも原系と生成系の物質は混合状態ではなくて，分かれて存在している状態を考えている．これに対し原系の物質を混合させたとき，平衡状態で生成系の物質が生じるかどうかは，反応の平衡状態（原系と生成系の物質は混在している）における Gibbs エネルギー G_eq と $G_1^\ominus$ との差 $\Delta G = G_\mathrm{eq} - G_1^\ominus$ の正負によって定まるのである．式 (4·108) において，$\Delta G^\ominus$ のどのような値に対しても $K_P \neq 0$ であることから，どのような系においても，平衡状態では生成系の物質が存在する（無視できるほど微量の場合もあるが）．これは，上の ΔG が常に負になることに対応する*．

次に式 (4·100) から $T = \mathrm{const}$ では $\Delta G^\ominus = \Delta H^\ominus - T\Delta S^\ominus$ となる．したがって $\Delta G^\ominus$ の値は，$\Delta H^\ominus$ と $T\Delta S^\ominus$ のかね合いによって決まることになる．図 4·7 に，広い温度範囲における水の生成反応

$$\mathrm{H}_2(\mathrm{g}) + \frac{1}{2}\mathrm{O}_2(\mathrm{g}) = \mathrm{H}_2\mathrm{O}(\mathrm{g})$$

の $\Delta H^\ominus$，$T\Delta S^\ominus$ および $\Delta G^\ominus$ を示す．図からわかるように，$\Delta H^\ominus$ の値はほとんど温度によらない．これは H—H と O—O の結合を切って H—O—H の結合を形成する際のエネルギーが温度に強く依存しないためである．また $\Delta S^\ominus$ も温度にほとんどよらない（$\Delta S^\ominus$ は 1 000 K，3 000 K および 5 000 K でそれぞれ $-55.27 \, \mathrm{J \, K^{-1}}$，$-58.72 \, \mathrm{J \, K^{-1}}$，$-59.35 \, \mathrm{J \, K^{-1}}$）から，$T\Delta S^\ominus$ は温度にほぼ比例して変化する．ゆえに $\Delta G^\ominus$ の温度変化はこの $T\Delta S^\ominus$ 項に支配

---

* これは，すべての反応過程が不可逆過程であることを意味する．

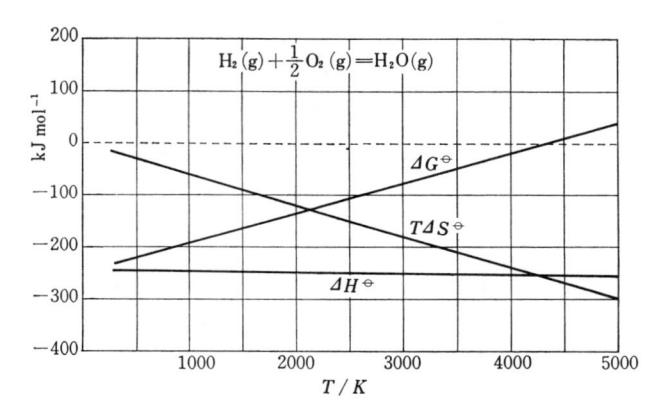

図 4・7 水の生成反応の $\Delta H^{\ominus}$, $T\Delta S^{\ominus}$ および $\Delta G^{\ominus}$ の温度変化

されている．低温では $\Delta G^{\ominus}$ はほぼ $\Delta H^{\ominus}$ により決まるため，上の反応の平衡はいちじるしく右に片寄っているが，温度が上ると $T\Delta S^{\ominus}$ の項が利いてくるため，平衡は次第に左にずれてくる．

図から，約 4 300 °C 以上の温度になると，$\Delta G^{\ominus}>0$ となり，水の分解反応が進むことがわかる．上の反応は $\Delta S^{\ominus}<0$ の例であるが，水性ガスを生じる反応

$$C(s) + H_2O(g) = CO(g) + H_2(g)$$

では $\Delta S^{\ominus}>0$ であるため*，高温になると平衡は右にずれる（図 4・8）．この反応においても，$\Delta H^{\ominus}$ と $\Delta S^{\ominus}$ はほとんど温度によらない．低温では $\Delta G^{\ominus}>0$ であるため，反応は起こり難いが，約 1 000 °C 以上の高温になると $\Delta G^{\ominus}<0$ となり，反応が進むことになる．

ところで式 (4・108)（または (4・89)）は，反応に関与する気体が理想気体であると仮定して，理想気体の化学ポテンシャルの式 (4・76)

$$\mu_i = \mu_i^{\ominus}(T) + RT\ln(p_i/P^{\ominus})$$

を用いて求められた．しかし系の圧力が高くなると，各成分気体の性質が理想

---

* 一般に $H_2(g) + (1/2)O_2(g) = H_2O(g)$ のように気相の分子数が減少する反応では $\Delta S^{\ominus}<0$ である．一方，この反応のように，気相の分子数が増加するときは $\Delta S^{\ominus}>0$ となる．これは気相の分子数が増えると，系はより無秩序な状態に移行するためである（§ 3・9 参照）．

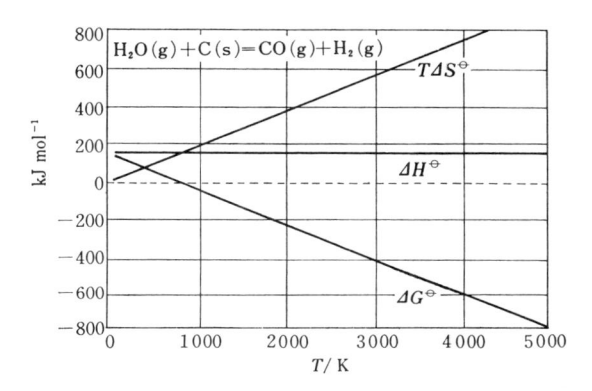

§4·10 熱力学と平衡定数

図 4·8 水性ガス生成反応の $\Delta H^\ominus$, $T\Delta S^\ominus$ および $\Delta G^\ominus$ の温度変化

気体の性質からずれるため，K_P の値が一定でなくなる．例えば 450 °C におけるアンモニアの生成反応

$$(1/2)N_2(g) + (3/2)H_2(g) = NH_3(g)$$

の K_P 値は全圧 P が 10 atm で 6.6×10^{-3} atm^{-1}，50 atm で 6.8×10^{-3} atm^{-1} であるが，600 atm では 1.29×10^{-2} atm^{-1}，1 000 atm では 2.31×10^{-2} atm^{-1} にも達する．このような場合には分圧 p_i の代りに，実効的な分圧 f_i を導入して，上式を

$$\mu_i = \mu_i^\ominus(T) + RT \ln(f_i/P^\ominus) \qquad (4\cdot108)$$

とする．f_i は **逸散能** (fugacity) または逃散能とよばれる*．上式を式 (4·86) に代入すると

$$\Delta G^\ominus = -RT \ln K_f^\ominus \qquad (4\cdot109)$$

となる．ただし $K_f^\ominus$ は式 (4·88) において，分圧 p_i の代りに f_i を用いた平衡定数

$$K_f^\ominus = \prod_i (f_i/P^\ominus)^{\nu_i} \qquad (4\cdot110)$$

であって，理想気体からのずれが補正されているから，すべての圧力範囲で

---

* 気体の圧力は気体分子が系から飛び去る能力に相当するので，この実効的な圧力 f_i が逸散能と名づけられた．p_i の代りに f_i を使うことは，理想気体の式 $PV=nRT$ において，理想気体から実在気体へのずれを補正するため $fV=nRT$ を用いることにあたる．

一定である．全圧 P が小さくなると，各成分気体は理想気体としてふるまうから

$$\lim_{P\to 0}\left(\frac{f_i}{x_i P}\right) = \lim_{P\to 0}\frac{f_i}{p_i} = 1 \qquad (4\cdot 111)$$

f_i の P 依存性は，実験的に求められる（〔例題 4·13〕参照）．

上述のように熱力学を用いると，平衡定数を算出することはできるが，平衡に達するまでの時間，すなわち化学反応の速度を論じることはできない．例えば H_2 と O_2 の混合物の平衡は，室温ではいちじるしく H_2O の側にかたよっているが，単に水素と酸素の気体を混合しただけでは，ほとんど反応は起こらない．ただし混合気体を加熱したり，白金などの触媒を加えたりすると，反応は爆発的に進む．このような反応速度の変化や触媒作用についての議論は，§1·1 (p.3) でも述べたように，平衡状態を扱う熱力学ではできないことに注意されたい．

〔例題 4·13〕 純粋気体の逸散能を f，モル体積を V_m として

$$RT\ln\frac{f}{P} = \int_0^P \left(V_\mathrm{m} - \frac{RT}{P}\right)dP$$

を導け．

〔解〕 1 mol の純粋気体では，Gibbs エネルギーは化学ポテンシャルに等しいから

$$G = \mu = \mu^{\ominus}(T) + RT\ln(f/P^{\ominus}) \qquad (1)$$

式 (4·30) から

$$\left(\frac{\partial G}{\partial P}\right)_T = V_\mathrm{m}$$

上式を $T=\mathrm{const}$ で P_1 から P_2 まで積分して

$$G_2 - G_1 = \int_{P_1}^{P_2} V_\mathrm{m}\,dP = \int_{P_1}^{P_2}\left(\frac{RT}{P} + V_\mathrm{m} - \frac{RT}{P}\right)dP$$

$$= \int_{P_1}^{P_2}\frac{RT}{P}dP + \int_{P_1}^{P_2}\left(V_\mathrm{m} - \frac{RT}{P}\right)dP$$

$$\therefore\ G_2 - G_1 = RT\ln\frac{P_2}{P_1} + \int_{P_1}^{P_2}\left(V_\mathrm{m} - \frac{RT}{P}\right)dP$$

一方，(1) から温度一定で

$$G_2 - G_1 = RT \ln \frac{f_2}{f_1}$$

上の二つの式から

$$RT \ln \frac{f_2/P_2}{f_1/P_1} = \int_{P_1}^{P_2} \left(V_m - \frac{RT}{P} \right) dP$$

ここで $P \to 0$ で $f/P \to 1$ であるから，上式で $P_1 \to 0$, $P_2 = P$ とすると

$$RT \ln \frac{f}{P} = \int_0^P \left(V_m - \frac{RT}{P} \right) dP$$

この式を用いると $(V_m - RT/P)$ の P 依存性の測定から，種々の圧力 P における逸散能 f の値を求めることができる．

問 題

4・1 温度 T 一定で n mol の理想気体の体積を2倍にするときの ΔU, ΔH, ΔS, ΔA および ΔG を求めよ．

4・2 1 mol の van der Waals 気体を体積 V_1 から V_2 まで等温可逆膨張させた．この過程に伴う気体の Helmholtz エネルギーの変化 ΔA を求めよ．理想気体の場合には ΔA はどうなるか．両者の結果を比較検討せよ．

4・3 次式を証明せよ．ただし α は体膨脹率，κ は等温圧縮率である．

$$\left(\frac{\partial H}{\partial P} \right)_T = -T \left(\frac{\partial V}{\partial T} \right)_P + V, \qquad \left(\frac{\partial S}{\partial P} \right)_T = -\alpha V$$

$$\left(\frac{\partial S}{\partial V} \right)_T = \frac{\alpha}{\kappa}$$

4・4 $dU = C_V dT + \left(\frac{\partial U}{\partial V} \right)_T dV$

を導け．また $(\partial U/\partial V)_T$ が温度によらないときは，C_V は温度のみの関数となることを示せ．

4・5 Boyle の法則 $PV = f(T)$ と，Joule の法則 $(\partial U/\partial V)_T = 0$ が成立する気体の状態方程式を求めよ．

4・6 温度 300 K，定圧で窒素，酸素，二酸化炭素各 1 mol を混合するときのエントロピー，Helmholtz エネルギーおよび Gibbs エネルギーの変化を求めよ．ただし各気体は理想気体とする．

4・7 各成分（分圧 p_i）の化学ポテンシャルが $\mu_i = \mu_i^{\ominus}(T) + RT \ln (p_i/P^{\ominus})$ で与えら

れる混合気体の状態方程式を求めよ．ただし $\mu_i^\ominus(T)$ は温度 T の標準状態（全圧 $P=P^\ominus$）における成分気体 i の化学ポテンシャルである．

4·8 表 4·2 と表 4·3 のデータを用いて，次の反応の 25℃ における標準 Gibbs エネルギー変化と圧平衡定数を計算せよ．

（1） $H_2(g) + Cl_2(g) = 2\,HCl(g)$

（2） $CO(g) + \dfrac{1}{2}\,O_2(g) = CO_2(g)$

（3） $C_2H_2(g) + 2\,H_2(g) = C_2H_6(g)$

4·9 五塩化リンは

$$PCl_5(g) = PCl_3(g) + Cl_2(g)$$

のように解離する．解離平衡にある気体の密度は，1 atm 300℃ において 2.24 g dm^{-3} である．300℃ における解離度 α, 圧平衡定数 K_P および濃度平衡定数 K_C を求めよ．また 300℃ で圧力を 2 atm にすると，α はどうなるか．ただし PCl$_5$ =208 とする．

4·10 酸化水銀 (II) は

$$HgO(s) = Hg(g) + \dfrac{1}{2}\,O_2(g)$$

のように解離する．357℃ (水銀の沸点) における酸化水銀 (II) の解離圧は $P=$ 86 Torr である．

（1） 357℃ における上の反応の K_P と $\Delta G^\ominus$ を求めよ．

（2） 固体酸化水銀 (II) と液体水銀を，真空にした容器に入れて 357℃ に加熱した．平衡状態における酸素の分圧を求めよ．

4·11 反応

$$Fe_2O_3(s) + 3\,H_2(g) = 2\,Fe(s) + 3\,H_2O(g)$$

について表 2·3 と表 3·1 のデータを用いて 25℃ における $\Delta H^\ominus$, $\Delta S^\ominus$, $\Delta G^\ominus$ を求め，25℃ における圧平衡定数 K_P を算出せよ．また $\Delta H^\ominus$ が温度によらないとして，K_P が 1 となる温度を求めよ．

4·12 反応

$$CO(g) + \dfrac{1}{2}\,O_2(g) = CO_2(g)$$

について表 2·3 と表 3·1 のデータを用いて，25℃ における $\Delta H^\ominus$, $\Delta S^\ominus$, $\Delta G^\ominus$ を

求め，25°C における圧平衡定数 K_P を算出せよ．また表 2·2 の $C_{P,\mathrm{m}}$ の式を用いて K_P の温度変化をあらわす式を求めよ．さらにこの式から，1 000 K における K_P の値を計算せよ．

4·13 van der Waals 気体の圧縮因子が

$$Z = \frac{PV_\mathrm{m}}{RT} = 1 + \left(b - \frac{a}{RT}\right)\frac{P}{RT}$$

で近似されることを示し，この式を用いて逸散能 f を与える式を求めよ．また 100°C, 1 atm の水蒸気の f の値を計算せよ．ただし水の a, b の値として表 1·1 の数値を用いよ．

5 相平衡と溶液

本章では，相平衡と溶液の問題を熱力学で取扱う．まず，相平衡における自由度(自由に選びうる状態量の数)を与える相律と，二相平衡における温度と圧力の関係を与える Clapeyron-Clausius の式を導き，それらを用いて相平衡を論じる．

次に，実在の溶液の性質を理想化して得られる，理想溶液と理想希薄溶液の概念を導入して，溶液の蒸気圧について成立する Raoult の法則と Henry の法則を導く．希薄溶液では，沸点上昇，凝固点降下，浸透圧などの式が証明される．一般の溶液では，有効濃度に相当する活量を用いて，溶液とその蒸気の間の平衡や，溶液内の溶質の間の平衡が論じられる．

§5·1 相 律

図 2·17 (p. 48) の水の状態図において，水，水蒸気，氷の 3 相が共存する三重点 O では，温度，圧力ともに定まっている．これに対し水と水蒸気の 2 相が平衡にある曲線 OC 上では，温度または圧力のどちらかを自由に選ぶことができる．これは曲線 OA (氷と水蒸気の平衡) または OB (水と氷の平衡) 上でも同様である．このように，自由に定めることができる示強性状態変数* の数を，系の**自由度** (degree of freedom) という．上の例では 3 相が共存する場合は自由度 0，2 相共存の場合には自由度 1 である．

一般に多成分多相系の自由度は，どのようになるであろうか．これに関する規則が，Gibbs によって導入された**相律** (phase rule) である．いま c 個の成分を含む閉じた系において，定温定圧で p 個の相が共存して平衡状態にあるとする．各相の状態は温度，圧力および組成によって決まる（各相の分量は問題にしなくてよい）．各相が c 個の成分を含むとすると，各相の組成は $(c-1)$ 個

---

* 相平衡の条件は各相の分量によらないので，温度，圧力，濃度などの示強性変数が問題となる．

の変数(たとえばモル分率または質量百分率)で指定される*. ゆえに温度と圧力を含めて各相の状態は,$(c+1)$ 個の変数によって決まる. 相の数は p 個あるので,全系の状態変数の数は $p(c+1)$ 個である. 平衡状態では,各相の温度および圧力は,互いに等しくなければならない. すなわち

$$T^{(1)}=T^{(2)}=\cdots=T^{(p)} \qquad 熱的平衡 \qquad (5\cdot1)$$

$$P^{(1)}=P^{(2)}=\cdots=P^{(p)} \qquad 力学的平衡 \qquad (5\cdot2)$$

さらに§4・5 (p.122) の考察から明らかなように,各成分の化学ポテンシャルが各相の間で等しくなければならない. これは上の熱的および力学的平衡に対して,物質的平衡に相当する. いま,α 番目の相における成分 i の化学ポテンシャルを $\mu_i^{(\alpha)}$ とすれば

$$\mu_i^{(1)}=\mu_i^{(2)}=\cdots=\mu_i^{(p)} \qquad 物質的平衡 \qquad (5\cdot3)$$
$$i=1,\ 2,\ \cdots,\ c$$

式 (5・1)〜(5・3) において,等式の数は $T,\ P,\ \mu_i\ (i=1,\ 2,\ \cdots,\ c)$ についてそれぞれ $(p-1)$ 個ずつあるから**,全体では $(p-1)(c+2)$ 個となる. われわれが自由に選ぶことができる示強性変数の数は,変数の総数から条件式の数を差引いたものである. よって系の自由度 f は

$$f=p(c+1)-(p-1)(c+2)$$

$$\boxed{f=c-p+2} \qquad (5\cdot4)$$

となる. これが Gibbs の相律の式である.

はじめにあげた図 2・17 の水の例では一成分系 ($c=1$) であるから,$f=3-p$ となる. よって三重点Oでは3相が共存するため $p=3,\ f=0$,また曲線 OA, OB, OC 上では2相が共存するため,$p=2,\ f=1$ である. それ以外の G, L, S の領域では気相,液相,固相のみが存在するので $p=1,\ f=2$ となる. したがって,温度と圧力を自由に選ぶことができる.

相律については二,三注意すべきことがある. 上では c 個の各成分が p 個の

---

* たとえば各成分のモル分率の和は 1,質量百分率の和は 100% となるので,独立変数の数は $c-1$ となる.

** 式 (5・1)〜(5・3) において,等式の数は等号の数に等しい.

各相に存在していると仮定した．しかし，特定の成分 j がある相 α に存在しない場合もある．このとき相 α について状態変数の数が1個だけ減るが，同時に $\mu_j^{(\alpha)}$ の項が等式 (5·3) から落ちるので，条件式の数も1個だけ減る．よって式 (5·4) の結果は，そのまま成り立つ．また上であげた成分の数 c は，正確には**独立成分の数** (number of independent compornents) である．成分の間に化学反応が起こる場合には，化学平衡式が成立するので，各成分の濃度は独立に決まらなくなる．この場合，成分の総数から成分間に成立する化学平衡式の数を引いたものが独立成分の数である．たとえば，N_2O_4 と NO_2 のように，$N_2O_4 \rightleftarrows 2NO_2$ の平衡が成立するときは，c は2ではなくて1である．

§5·2 二成分系の相平衡

相律を二成分系に適用してみよう．式 (5·4) によると，$c=2$ では $f=4-p$ となるので，相の数 $p=1\sim4$ にしたがって自由度は $f=3\sim0$ である．最大の自由度は3であるから温度，圧力および組成（どちらか一方の成分の濃度）を座標軸にとって**状態図** (phase diagram) を作ると，立体図となる．通常は，これらの変数の一つを一定値にして平面図とする．

図 5·1 は温度一定 (30°C) のときの二硫化炭素-ベンゼン系の組成（ベンゼンのモル分率であらわす）と圧力の関係を示す図である．図の上の曲線は，液相の組成と圧力の関係を与える**液相線**，下の曲線は，気相の組成と圧力の関係を示す**気相線**である．液相線の上の領域では液相のみ，気相線の下の領域では気相のみが存在する．ま

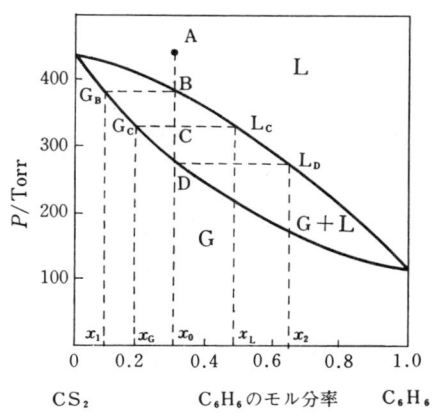

図 5·1 CS_2-C_6H_6 系の圧力-組成図 (30°C)

た二つの曲線で囲まれた半月形の領域では，気相と液相が共存する．図の A 点

§5·2 二成分系の相平衡

に相当する組成 (x_0) と圧力の液体を減圧していくと，B 点で G_B に相当する組成 (x_1) の気相を生じる．この気相中では，液相に比べて蒸発しやすい CS_2 の濃度が高い．

次に B→D の圧力変化の間，二相は共存しており，気相の組成は曲線 G_BD に沿って x_1 から x_0 まで，液相の組成は曲線 BL_D に沿って x_0 から x_2 まで変化する（BD の中間の点 C における気相と液相の組成は，それぞれ x_G と x_L). D 点より低い圧力では，気相のみとなる．図の二相共存の領域では，圧力が決まると気相と液相の組成は決定される．これは二成分系の相律の式 $f=4-p$ において，$p=2$ とすると $f=2$ となるが，すでに温度 (30°C) が決まっているので，残りの自由度は 1 しかないからである．これに対し，**液相または気相のみの領域**では $p=1$, $f=3$ となり，残りの自由度は 2 となるので，圧力と組成を自由に選ぶことができる．

図 5·1 の C 点（組成 x_0）において引いた水平線が，気相線および液相線と交わる点をそれぞれ G_C, L_C, それらに対応する組成を x_G, x_L, 共存する気相と液相における物質の全モル数をそれぞれ n_G, n_L とすると，ベンゼンの気相中のモル数は $x_G n_G$, 液相中のモル数は $x_L n_L$, ベンゼンの全モル数は系の全モル数に x_0 をかけて $x_0(n_G+n_L)$ となる．よって

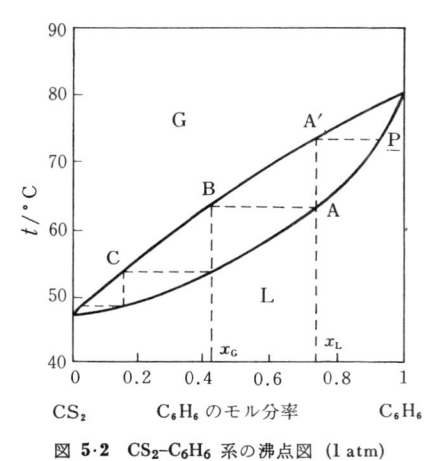

$$x_G n_G + x_L n_L = x_0(n_G + n_L)$$

$$\frac{n_L}{n_G} = \frac{x_0 - x_G}{x_L - x_0} = \frac{CG_C}{CL_C}$$

すなわち液相と気相における全モル数の比は，線分 CG_C と CL_C の長さの比となる．これを**てこの関係** (lever relation) という．

図 5·2 は，$P=1$ atm のときの二硫化炭素-ベンゼン系の温度と組成の関係をあらわす図である．このような図は，**沸点図**ともよばれる．図

図 5·2 CS_2-C_6H_6 系の沸点図 (1 atm)

において，下の曲線は液相の組成と沸点の関係を示す**沸騰曲線**，上の曲線は気相の組成と凝縮温度の関係を与える**凝縮曲線**である．図の x_L の組成の液体を加熱していくと，A 点で沸騰し始め，B 点に相当する組成 x_G の蒸気を出す．すなわち気相では，沸点の低い二硫化炭素の濃度が液相に比べて大きい．加熱を続けていくと，液相と気相の組成と温度は，それぞれ曲線 AP および BA′ に沿って変化する．すなわち二相が共存するときは，温度が決まると各相の組成が決まってしまうのである．これは $f=4-p=2$ において，すでに圧力（1 atm）を決めているので，残りの自由度は 1 しかないからである．これに対し図の G および L の領域では，温度と組成を自由に選ぶことができる．なお，x_L の組成の液体を加熱したとき生じる x_G の組成の蒸気を凝縮させてから再び蒸溜すると，C 点に相当する組成の蒸気を出す．この過程を繰り返して二成分を分けることを**分留** (fractional distillation) という．

図 5・3 に，アセトン-クロロホルム系の沸点図を示す．この場合，曲線に極大が現われており，そこでは**溶液と蒸気の組成は同じになる** ($x_L=x_G=0.655$)．この組成の溶液を**共沸混合物** (azeotropic mixture) という．共沸混合物は，定圧では一定の組成と温度で蒸留されるので，純物質のように見える．しかしこれが混合物であることは，圧力を変えると組成が変わることからわかる．沸点図に極小を示す場合もある．例えばエタノール（b. p. 78.3 ℃）と水（b. p. 100 ℃）は，エタノールの質量百分率が 96.0% のとき 78.17 ℃ の極小沸点をもつ共沸混合物となる．共沸混合物を生じる場合は，蒸留によって溶液を二成分に分けることはできない．例えば図 5・3 の x_L の組成の溶液からは，クロロホルムのモル分率が 0.655 を越える溶液は得られない．

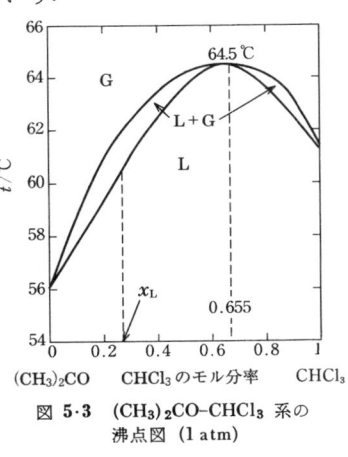

互いに混じり合わない液体の混合物の全蒸気圧は，各成分液体の蒸気圧の和に等しい．沸点は全蒸気圧が 1 atm になる温度であるから，この種の混合物

図 5・3 $(CH_3)_2CO$–$CHCl_3$ 系の沸点図（1 atm）

§5·2 二成分系の相平衡

は各成分液体の沸点以下で蒸留することができる．このとき留出する成分液体のモル比は，蒸気圧の比に等しい．水に不溶の有機物を水と共存させて蒸留する方法（**水蒸気蒸留**）は，この現象を応用したものである．

液相-液相平衡の例を図 5·4 に示す．水-フェノール系（1 atm）では，図のように1相の領域と2相に分かれる領域がある．図のA点の温度と組成では，B点の組成の液相（水にフェノールが飽和）とC点の組成の液相（フェノールに水が飽和）に分かれる．このように各相の成分組成が決まるのは，相律により $f=c-p+2=2$ となり，圧力と温度を決めると自由度がなくなるからである．温度を上げるとB点とC点は次第に近づいていき，65.9 ℃ で両者は一致する．この温度を**臨界共溶温度**（critical solution temperature）という．これ以上の温度では，水とフェノールは任意の割合で溶け合う．図5·4は上の臨界共溶温度をもつ例であるが，下の臨界共溶温度をもつ系もある．例えばトリエチルアミンと水の系は，1 atm では 18.5 ℃ 以下で完全に溶け合う．なお水-ニコチン系では上と下に臨界共溶温度（61 ℃ と 210 ℃）がある．

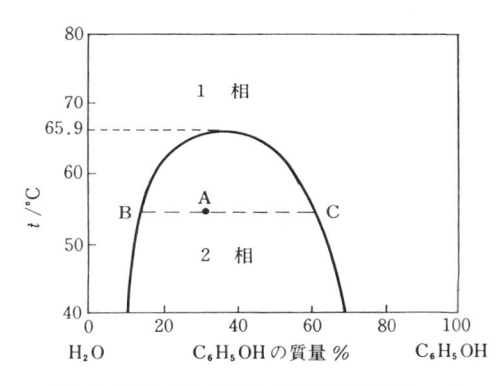

図 5·4 H_2O-C_6H_5OH 系の温度-組成図（1 atm）

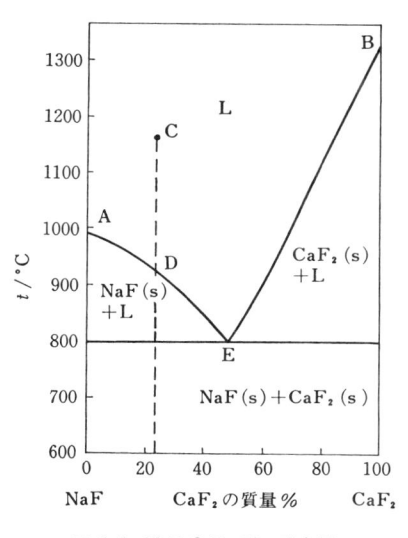

図 5·5 NaF-CaF_2 系の融点図

次に，二成分系の固相-液相の平衡について述べよう．NaF-CaF_2 系の例

を図 5・5 に示す．この系では二成分が固相では溶け合わないため，状態図は L（溶液），NaF(s)+L，CaF_2(s)+L および NaF(s)+CaF_2(s) の領域からなる．図の C 点に相当する溶液を冷却していくと，D 点で NaF が析出する．このため溶液は CaF_2 に富むようになり，温度と溶液組成は曲線 DE に沿って変化する．E 点に達すると，CaF_2 の析出も始まる．このときは NaF と CaF_2 の微結晶が密に混じり合ったものを生じ，全系が固相になるまで温度が一定である．点 E を**共融点**（eutectic point）とよび，このとき析出する混合物を**共晶**（eutectic crystal）または**共融混合物**（eutectic mixture）という．共融点では二つの固相と液相が共存しているので，自由度は $f=c-p+2=2-3+2=1$ である．このため圧力が決まると，温度も組成も決まる．

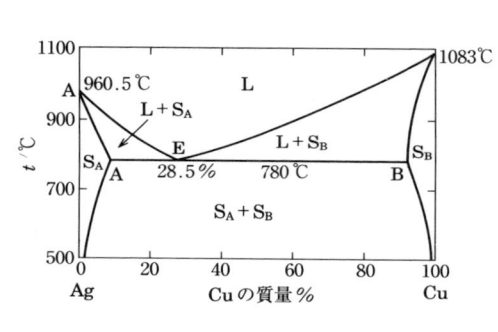

図 5・6 Ag–Cu 系の融点図

銀–銅系の場合を図 5・6 に示す．図で L は溶液，S_A，S_B は**固溶体**（solid solution）領域（S_A は Cu が Ag に溶けたもの，S_B は Ag が Cu に溶けたもの）である．このように Cu と Ag は固相で，互いに少量ずつ溶け合う．これは Cu（または Ag）の原子が Ag（または Cu）の結晶格子の間隙に若干入りうるからである（**侵入型合金**，interstitial alloy）．

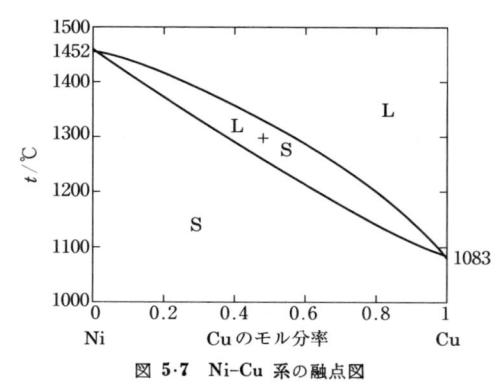

図 5・7 Ni–Cu 系の融点図

780℃ では，液相 L，固溶体相 S_A，S_B が共存する．このとき，液相の組成は E 点，固溶体相 S_A，S_B の組成は A 点，B 点に対応する．E 点は共融点である．Ni–Cu

系では相互に完全に溶け合い,図5・2の気相-液相の場合と同様な相図となる.これはNiとCuの原子半径が近いため*,一方の原子から成る結晶の格子点で,他方の原子が自由に置きかわるからである(**置換型合金**,substitutional alloy).

§ 5・3 Clapeyron-Clausius の式

一成分系(純物質)の二相 α, β が平衡にある場合の,圧力の温度変化をあらわす式を求めよう.

温度 T,圧力 P において二相 α, β が平衡にあるとすると,両相の化学ポテンシャルは互いに等しい.

$$\mu^{(\alpha)}(T, P) = \mu^{(\beta)}(T, P) \tag{5・5}$$

純物質の化学ポテンシャルは,単位物質量(1 mol)あたりのGibbsエネルギーに等しいから,上式は

$$G_m^{(\alpha)}(T, P) = G_m^{(\beta)}(T, P) \tag{5・6}$$

となる.ただしmは,1 mol を意味する添字である.温度を T から $T+dT$ に変えたとき,平衡圧が P から $P+dP$ になるとすると,このときも式(5・6)に相当する式が成立するから

$$G_m^{(\alpha)}(T+dT, P+dP) = G_m^{(\beta)}(T+dT, P+dP) \tag{5・7}$$

式(5・7)から式(5・6)を引くと

$$\left(\frac{\partial G_m^{(\alpha)}}{\partial T}\right)_P dT + \left(\frac{\partial G_m^{(\alpha)}}{\partial P}\right)_T dP = \left(\frac{\partial G_m^{(\beta)}}{\partial T}\right)_P dT + \left(\frac{\partial G_m^{(\beta)}}{\partial P}\right)_T dP$$

上式に式(4・30)を用いて

$$-S_m^{(\alpha)} dT + V_m^{(\alpha)} dP = -S_m^{(\beta)} dT + V_m^{(\beta)} dP$$

$$\frac{dP}{dT} = \frac{S_m^{(\beta)} - S_m^{(\alpha)}}{V_m^{(\beta)} - V_m^{(\alpha)}} \tag{5・8}$$

$S_m^{(\beta)} - S_m^{(\alpha)}$ は相転移 $\alpha \to \beta$ に伴う 1 mol あたりのエントロピー変化であるから,1 mol あたりの相転移熱を ΔH_{trans} とすると,$\Delta H_{trans}/T$ に等しい(式(3・68)~(3・70)参照).よって上式は

---

* NiとCuの原子半径の値は,それぞれ 1.25 Å と 1.28 Å である.これに対し Ag の原子半径は 1.34 Å である.

$$\boxed{\frac{dP}{dT} = \frac{\Delta H_{trans}}{T(V_m^{(\beta)} - V_m^{(\alpha)})}} \quad (5\cdot 9)$$

ただし $V_m^{(\alpha)}$ と $V_m^{(\beta)}$ は相 α, β における物質のモル体積である．この式を **Clapeyron-Clausius** の式という．

上式を液相と気相の平衡に適用すると，次のようになる．

$$\frac{dP}{dT} = \frac{\Delta H_{vap}}{T(V_m^{(g)} - V_m^{(l)})} \quad (5\cdot 10)$$

ただし P は液体の蒸気圧, ΔH_{vap} はモル蒸発熱, $V_m^{(g)}$ と $V_m^{(l)}$ はそれぞれ気体と液体のモル体積である．通常, $V_m^{(l)} \ll V_m^{(g)}$ であるから，上式で $V_m^{(l)}$ を無視し, $V_m^{(g)}$ を理想気体の式 $V_m^{(g)} = RT/P$ で近似すると

$$\frac{dP}{dT} = \frac{\Delta H_{vap} P}{RT^2} \quad (5\cdot 11)$$

を得る．この式を変形して

$$\boxed{\frac{d \ln P}{dT} = \frac{\Delta H_{vap}}{RT^2}} \quad (5\cdot 12)$$

ΔH_{vap} が一定とみなせるときは

$$\ln P = -\frac{\Delta H_{vap}}{RT} + C \quad (5\cdot 13)$$

図 5・8 $\log P \sim 1/T$ のプロット．
1 Torr = 1 mmHg

ただし C は積分定数である．上式の左辺を10を底とする対数に変えると

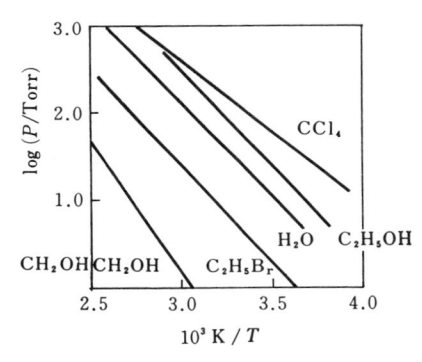

$$\log P = -\frac{\Delta H_{vap}}{2.303\,RT} + C' \quad (5\cdot 14)$$

温度 T_1, T_2 における液体の蒸気圧を P_1, P_2 とすると

$$\log \frac{P_2}{P_1} = -\frac{\Delta H_{vap}}{2.303\,R}\left(\frac{1}{T_2} - \frac{1}{T_1}\right) \quad (5\cdot 15)$$

式 (5・14) から $\log P$ と $1/T$ は直線関係にあり，その勾配からモル蒸発熱 ΔH_{vap} が得られることがわかる．図 5・8 に，いくつかの液体の $\log P$ と $1/T$

§5·3 Clapeyron-Clausius の式

の関係を示す*.

〔**例題 5·1**〕 水のモル蒸発熱は 100 °C で 40.65 kJ mol^{-1} である. 95 °C の蒸気圧を求めよ.

〔解〕 100 °C の蒸気圧は 1 atm である. 95 °C の蒸気圧を P とすると,式 (5·15) より

$$\log \frac{P}{1\,\mathrm{atm}} = -\frac{40.65 \times 10^3\,\mathrm{J\,mol^{-1}}}{2.303 \times 8.314\,\mathrm{J\,K^{-1}\,mol^{-1}}}\left(\frac{1}{368.15} - \frac{1}{373.15}\right)\mathrm{K^{-1}}$$

$$= -0.077\,27$$

$$P = 0.837\,\mathrm{atm}$$

表5·1 に種々の物質の**標準沸点** (standard boiling point)**,モル蒸発熱および蒸発の際のモルエントロピー変化を示す.多くの液体では,標準沸点におけるモル蒸発エントロピーはほぼ一定で

$$\Delta S_\mathrm{vap} = \frac{\Delta H_\mathrm{vap}}{T_\mathrm{b}} \fallingdotseq 88\,\mathrm{J\,K^{-1}\,mol^{-1}}$$

となる.これを **Trouton の通則** (Trouton's rule) という.ただし,これは沸点の低い物質,水やエタノールのように水素結合している液体,また酢酸のように水素結合で会合している物質などにはあてはまらない (表5·1 参照).

表 5·1 種々の物質の標準沸点,モル蒸発熱およびモル蒸発エントロピー

	T_b/K	ΔH_vap/kJ mol^{-1}	ΔS_vap/J K^{-1} mol^{-1}
He	4.216	0.084	20
Ar	87.29	6.519	74.68
H$_2$	20.39	0.904	44.3
N$_2$	77.34	5.58	72.0
Cl$_2$	239.10	20.41	85.36
H$_2$O	373.15	40.66	109.0
四塩化炭素	349.9	30.0	85.7
クロロホルム	334.4	29.4	88
エタノール	351.7	38.6	110
ヘキサン	341.90	28.85	84.4
ベンゼン	353	30.76	87
酢酸	391.4	24.4	62.3

---

 * (5·12)〜(5·14) の各式の $\ln P$ や $\log P$ は正確には P に用いた単位,atm,Torr などを用いて $\ln(P/\mathrm{atm})$,$\log(P/\mathrm{Torr})$ などとしておかなければならない(図 5·8 参照).ln や log の中は無次元の数でなければならないからである.
** 外圧 1 atm における沸点を標準沸点という.ただし,外圧 1 bar における沸点を標準沸点とすることもある.その場合 1 atm における沸点を通常沸点 (normal boiling point) と呼ぶ.

Clapeyron-Clausius の式 (5・9) を固相と液相の平衡に適用して, 分母分子を入れかえた式を書くと

$$\frac{dT}{dP} = \frac{T(V_m^{(l)} - V_m^{(s)})}{\Delta H_{fus}} \tag{5・16}$$

この式は, 融点の圧力変化をあらわす式とみなすことができる. ただし ΔH_{fus} はモル融解熱である. 一般に液相と固相のモル体積の差 $V_m^{(l)} - V_m^{(s)}$ は小さいので, dT/dP も小さい. 通常, 融解に伴ってモル体積が増加するので $dT/dP > 0$ であるが, 水, アンチモン, ビスマス, ガリウムなどでは融解の際モル体積が減少するため, $dT/dP < 0$ となる (図 2・17 参照, $dT/dP < 0$ であるため, BO は右下りの線となっている).

〔例題 5・2〕 0 °C における水と氷の密度は, それぞれ 0.999 8 g cm⁻³, 0.916 8 g cm⁻³, モル融解熱は 6.008 kJ mol⁻¹ である. 氷の融点を 1 K 下げるために必要な圧力を計算せよ.

〔解〕 水のモル質量は 18.02 g mol⁻¹ であるから

$$V_m^{(l)} - V_m^{(s)} = \left(\frac{18.02}{0.999\ 8} - \frac{18.02}{0.916\ 8}\right) \times 10^{-6}\ \text{m}^3\ \text{mol}^{-1}$$

$$= -1.63 \times 10^{-6}\ \text{m}^3\ \text{mol}^{-1}$$

式 (5・16) に数値を入れて

$$\frac{dT}{dP} = \frac{(273\ \text{K})(-1.63 \times 10^{-6}\ \text{m}^3\ \text{mol}^{-1})}{6\ 008\ \text{J}\ \text{mol}^{-1}}$$

$$= -7.41 \times 10^{-8}\ \text{K}\ \text{Pa}^{-1}$$

1 atm = 1.013 × 10⁵ Pa であるから

$$\frac{dT}{dP} = -7.51 \times 10^{-3}\ \text{K}\ \text{atm}^{-1}$$

すなわち, 圧力が 1 atm 増すごとに融点が 0.007 5 K ずつ低下する. 融点を 1 K 下げるために必要な圧力は, 上の値の逆数から

$$133\ \text{atm}\ \text{K}^{-1}$$

固相と気相の平衡に, Clapeyron-Clausius の式を適用すると

$$\frac{dP}{dT} = \frac{\Delta H_{sub}}{T(V_m^{(g)} - V_m^{(s)})} \tag{5・17}$$

ただし，ΔH_{sub} はモル昇華熱である．液相-気相の平衡の場合と同様な近似を行なうと，式 (5・12) に相当する式は

$$\frac{d \ln P}{dT} = \frac{\Delta H_{sub}}{RT^2} \tag{5・18}$$

となる．Clapeyron-Clausius の式は，固相 I と II の平衡（相転移の温度と圧力の関係，例えば図 2・18 の O_1O_3 の曲線）にも適用できる．

§5・4 理想溶液

理想気体の性質は，実在気体の性質を理想化して得られたものである．これと同様に，この節では現実の溶液の性質を理想化して**理想溶液** (ideal solution) を定義する．そして現実の溶液の挙動を，理想溶液の挙動からのずれとして議論する（§ 5・7, § 5・11）．

まず，理想気体の混合物（理想混合気体）の性質を復習しておこう．§ 4・6 で述べたように，2 種の理想気体の定温定圧における混合において次式が成立する（式 (4・70)〜(4・72)）．

$$\Delta V_{mix} = 0 \tag{5・19}$$

$$\Delta U_{mix} = 0 \tag{5・20}$$

$$\Delta S_{mix} = -R(n_1 \ln x_1 + n_2 \ln x_2) \tag{5・21}$$

(5・19), (5・20) は混合の前後で理想混合気体の全体積と全内部エネルギーが変化しないことを表す．また (5・21) は，混合のエントロピーが，混合前の各気体の体積変化に伴うエントロピー変化の和（図 3・24 の過程 (a)→(a 1) に伴うエントロピー変化）に等しいことを意味する．これらの式はいずれも，理想気体において，分子の大きさと分子間相互作用が無視できるため成立するのである．§ 4・6 において，これらの式から次の関係が導かれた（式 (4・79), (4・80), (4・73)）．

$$\Delta H_{mix} = 0 \tag{5・22}$$

$$\Delta A_{mix} = RT(n_1 \ln x_1 + n_2 \ln x_2) \tag{5・23}$$

$$\Delta G_{mix} = RT(n_1 \ln x_1 + n_2 \ln x_2) \tag{5・24}$$

さらに式 (5・24) から，理想混合気体における成分気体 i の化学ポテンシャル

として式 (4・77)

$$\mu_i = \mu_i^*(T, P) + RT \ln x_i \tag{5・25}$$

を得た．ただし $\mu_i^*(T, P)$ は温度 T，圧力 P の純粋気体 i の化学ポテンシャルである．

ここで理想混合気体における式 (5・19)～(5・21) に対応して，定温定圧で液体を混合して溶液を作ったとき，次の式が成立する溶液を理想溶液と定義する．

$$\left.\begin{array}{l} \Delta V_{\mathrm{mix}} = 0 \\ \Delta U_{\mathrm{mix}} = 0 \\ \Delta S_{\mathrm{mix}} = -R(n_1 \ln x_1 + n_2 \ln x_2) \end{array}\right\} \text{理想溶液} \quad \begin{array}{l}(5・26)\\(5・27)\\(5・28)\end{array}$$

前述したように，理想混合気体において式(5・19)～(5・21)が成立するのは，分子の大きさと分子間相互作用が無視できるためである．この条件は，一般に気体では低圧になると実現される．これに対し，溶液の場合は分子が凝集しているので，分子の大きさも分子間相互作用も無視できない．ただし 2 種の液体において，分子の大きさや分子間相互作用がよく似ている場合には，それらを混合するとき混合の前後で液体の構造* も分子間相互作用もほとんど変わらないので式 (5・26)～(5・28) がほぼ成立することになる．例えば H_2O と D_2O のように，同位元素からなる化合物の液体を混合すると，ほぼ完全な理想溶液となる．クロロベンゼンとブロモベンゼン，n-ヘキサンと n-ヘプタンの混合液体も理想溶液に近い．このように理想溶液に近い性質を示す溶液は限られている．これは，通常の混合気体がほぼ理想混合気体としてふるまうのと対照的である．

モル体積 V_1^* の液体 1 の n_1 mol とモル体積 V_2^* の液体 2 の n_2 mol を混合するとき，式 (5・26) が成立すれば混合後の溶液の体積は

$$V = n_1 V_1^* + n_2 V_2^* \tag{5・29}$$

ただし，* は純粋（混合前）を意味する記号である．同様に純液体 1 と 2 の 1

---

* 固体では分子は規則正しく配列しているのに対し，気体では分子の配列の秩序がまったく乱れている．液体は両者の中間であって，分子の配列において近距離の秩序がみられる．

§5・4 理想溶液

mol あたりの内部エネルギーを $U_1{}^*$, $U_2{}^*$, エントロピーを $S_1{}^*$, $S_2{}^*$ とすれば, 式 (5・27) と (5・28) から混合後の内部エネルギーとエントロピーはそれぞれ

$$U = n_1 U_1{}^* + n_2 U_2{}^* \tag{5・30}$$

$$S = n_1 S_1{}^* + n_2 S_2{}^* - R(n_1 \ln x_1 + n_2 \ln x_2) \tag{5・31}$$

理想気体において, 式 (5・19)～(5・21) から式 (5・22)～(5・25) が導かれたのと同様にして, 理想溶液においても式 (5・26)～(5・28) から次式が得られる (例題〔5・3〕参照).

$$\left.\begin{aligned}
\Delta H_{\text{mix}} &= 0 \\
\Delta A_{\text{mix}} &= RT(n_1 \ln x_1 + n_2 \ln x_2) \\
\Delta G_{\text{mix}} &= RT(n_1 \ln x_1 + n_2 \ln x_2) \\
\boxed{\mu_i = \mu_i{}^*(T, P) + RT \ln x_i \quad (i=1, 2, \cdots)}
\end{aligned}\right\} \text{理想溶液}
\begin{aligned}
&(5・32)\\
&(5・33)\\
&(5・34)\\
&(5・35)
\end{aligned}$$

ただし μ_i は理想溶液における成分 i の化学ポテンシャル, $\mu_i{}^*(T, P)$ は, 純粋な成分液体 i の化学ポテンシャル (単位物質量 (1 mol) 当たりの Gibbs エネルギー) である.

上の (5・35) は (5・26)～(5・28) から導かれるが, 逆に (5・35) から (5・26) ～(5・28) を導くこともできる. 次にそれを述べよう.

溶液の Gibbs エネルギーは, 混合前は $\sum_i n_i \mu_i{}^*$ である. また混合後は $G = \sum_i n_i \mu_i$ である ((4・64) 参照). よって (5・35) が成立するならば

$$\Delta G_{\text{mix}} = \sum_i n_i \mu_i - \sum_i n_i \mu_i{}^* = RT(n_1 \ln x_1 + n_2 \ln x_2) \tag{5・36}$$

また, (4・54) より

$$\Delta S_{\text{mix}} = -\left(\frac{\partial \Delta G_{\text{mix}}}{\partial T}\right)_{P,n_i} = -R(n_1 \ln x_1 + n_2 \ln x_2), \quad \Delta V_{\text{mix}} = \left(\frac{\partial \Delta G_{\text{mix}}}{\partial P}\right)_{T,n_i} = 0 \tag{5・37}$$

また, 定温定圧では, $\Delta G = \Delta U - T\Delta S + P\Delta V$ であるから

$$\Delta U_{\mathrm{mix}} = \Delta G_{\mathrm{mix}} + T\Delta S_{\mathrm{mix}} - P\Delta V_{\mathrm{mix}} = 0$$

このようにして，(5·35) から (5·26)～(5·28) が導かれた．

以上のことから，(5·35) と (5·26)～(5·28) は同等であることがわかる．したがって，(5·26)～(5·28) を理想溶液の定義にする代わりに，(5·35) を理想溶液の定義にすることもできる．

〔**例題 5·3**〕 式 (5·26)～(5·28) から式 (5.32)～(5·35) を導け．

〔解〕 式 (5·26)～(5·28) から，定温定圧における混合において

$$\Delta H_{\mathrm{mix}} = \Delta U_{\mathrm{mix}} + P\Delta V_{\mathrm{mix}} = 0$$
$$\Delta A_{\mathrm{mix}} = \Delta U_{\mathrm{mix}} - T\Delta S_{\mathrm{mix}} = RT(n_1 \ln x_1 + n_2 \ln x_2)$$
$$\Delta G_{\mathrm{mix}} = \Delta H_{\mathrm{mix}} - T\Delta S_{\mathrm{mix}} = RT(n_1 \ln x_1 + n_2 \ln x_2)$$

上の最後の式から，純粋な成分液体 1 と 2 の 1 モルあたりの Gibbs エネルギーを，それぞれ G_1^*, G_2^* とすれば

$$G = n_1 G_1^* + n_2 G_2^* + RT(n_1 \ln x_1 + n_2 \ln x_2)$$

上式を n_1 で偏微分して (p.126 注参照)

$$\mu_1 = \left(\frac{\partial G}{\partial n_1}\right)_{T,P,n_2} = G_1^* + RT \ln x_1$$

G_1^* は純液体 1 の化学ポテンシャルに相当するから，温度と圧力を明示して $\mu_1^*(T, P)$ と書くと

$$\mu_1 = \mu_1^*(T, P) + RT \ln x_1$$

同様にして

$$\mu_2 = \mu_2^*(T, P) + RT \ln x_2$$

異なった種類の液体 1, 2, ··· を混合したとき，理想溶液ができるならば，上と同様な考察から，成分 i の化学ポテンシャルとして

$$\mu_i = \mu_i^*(T, P) + RT \ln x_i \qquad i = 1, 2, \cdots$$

§5·5 Raoult の法則

一定の温度 T と圧力 P で成分 1, 2, ···, n より成る理想溶液が，その気相と平衡にある場合を考えよう．気相では各成分気体は理想気体としてふるまうものとする．平衡条件は，各成分の化学ポテンシャルが気相と液相で等しい

§ 5·5 Raoult の法則

ことである.すなわち

$$\mu_i^{(g)} = \mu_i^{(l)} \qquad i=1, 2, \cdots, n \qquad (5\cdot38)$$

ただし $\mu_i^{(g)}$ と $\mu_i^{(l)}$ は,i 番目の成分の気相および液相における化学ポテンシャルである.式 (5·25) と (5·35) より

$$\mu_i^{(g)} = \mu_i^{*(g)}(T, P) + RT \ln x_i^{(g)} \qquad (5\cdot39)$$

$$\mu_i^{(l)} = \mu_i^{*(l)}(T, P) + RT \ln x_i^{(l)} \qquad (5\cdot40)$$

ただし $\mu_i^{*(g)}$ と $\mu_i^{*(l)}$ は,純気体 i と純液体 i の化学ポテンシャル,$x_i^{(g)}$ と $x_i^{(l)}$ は,成分 i の気相および液相におけるモル分率である.式 (5·38)~(5·40) より

$$x_i^{(g)} = x_i^{(l)} \exp\left[\frac{\mu_i^{*(l)}(T, P) - \mu_i^{*(g)}(T, P)}{RT}\right] \qquad (5\cdot41)$$

となる.気相における成分 i の分圧を p_i とすれば,$p_i = x_i^{(g)} P$ であるから (p.12, (1·24)),上式の両辺に P をかけて

$$p_i = \alpha x_i^{(l)} \qquad (5\cdot42)$$

ただし

$$\alpha = P \exp\left[\frac{\mu_i^{*(l)}(T, P) - \mu_i^{*(g)}(T, P)}{RT}\right] \qquad (5\cdot43)$$

は T, P のみにより,$x_i^{(l)}$ には依存しない.ここで,成分 i の純粋な液体と気体の平衡 ($x_i^{(l)} = x_i^{(g)} = 1$) においては

$$P = p_i^*, \qquad \mu_i^{*(l)} = \mu_i^{*(g)}$$

が成立する.これらの式を (5·43) に代入すると

$$\alpha = p_i^*$$

これを式 (5·42) に用いて

$$\boxed{p_i = p_i^* x_i^{(l)}} \qquad i=1, 2, \cdots, n \qquad (5\cdot44)$$

すなわち溶液とその蒸気が平衡になっているとき,成分蒸気の分圧 p_i は,純成分の蒸気圧 p_i^* に溶液中のその成分のモル分率 $x_i^{(l)}$ をかけたものに等しい.これを **Raoult**(ラウル)**の法則**という.

二成分系の場合,式 (5·44) の関係は図 5·9 のようになる.この場合,系の

全圧（理想溶液の全蒸気圧）は

$$P = p_1 + p_2 = p_1^* x_1^{(1)} + p_2^* x_2^{(1)}$$
$$= p_1^*(1 - x_2^{(1)}) + p_2^* x_2^{(1)}$$
$$\therefore \quad P = p_1^* + (p_2^* - p_1^*) x_2^{(1)} \tag{5.45}$$

となる。p_1, p_2, P は，いずれも直線である。25℃におけるトルエン-ベンゼン系の分圧と全圧を図 5・10 に示す。トルエンとベンゼンは分子の形が似ており，理想溶液を形成するので，図か

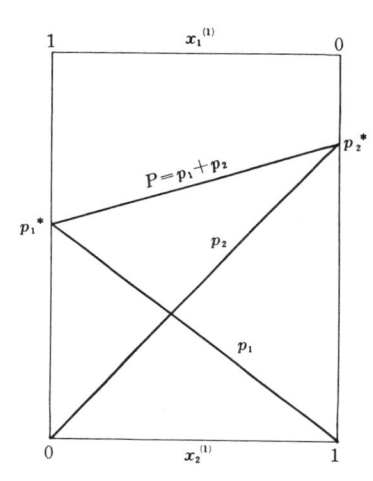

図 5・9　理想溶液の分圧と全圧

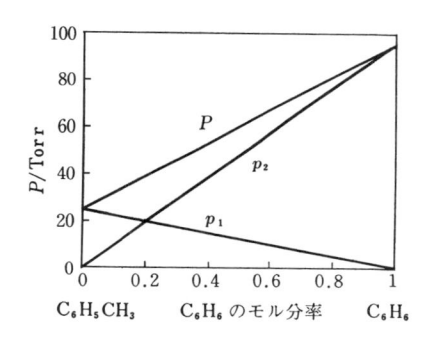

図 5・10　$C_6H_5CH_3$-C_6H_6 系の分圧と全圧 (25℃)

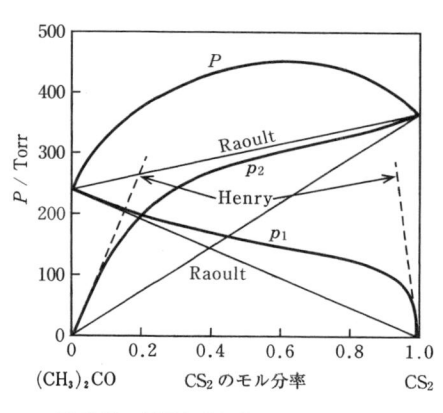

図 5・11　$(CH_3)_2CO$–CS_2 系の分圧と全圧 (35.2℃)

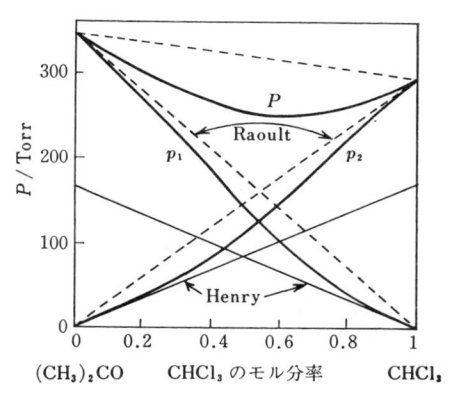

図 5・12　$(CH_3)_2CO$–$CHCl_3$ 系の分圧と全圧 (35.2℃)

§ 5·5 Raoult の法則

らわかるように Raoult の法則が成立する．アセトン-二硫化炭素およびアセトン-クロロホルム系の場合を図 5·11 と 5·12 に示す．これらの系は理想溶液ではないので，Raoult の法則（点線）からのずれが見られる．図 5·11 は正のずれ，図 5·12 は負のずれの例である．図中の細い実線は，後に述べる Henry の法則（§ 5·8）に相当する．なお図 5·1 の液相線は二硫化炭素-ベンゼン系の全圧 P の曲線である．

前述のように，Raoult の法則 (5·44) は，液相の化学ポテンシャルが式 (5·35) によって与えられる場合（理想溶液の場合）に得られたものである．逆に Raoult の法則から，式 (5·35) を導くことができる（次の例題参照）．よって Raoult の法則が成立する溶液を，理想溶液と定義することもできる．

〔例題 5·4〕 Raoult の法則の式 (5·44) から，理想溶液の化学ポテンシャルの式 (5·35) を導け．

〔解〕 全圧を P，気相における成分 i のモル分率を $x_i^{(g)}$ とすると，$p_i = x_i^{(g)} P$ となるので，式 (5·44) は

$$x_i^{(g)} P = p_i^* x_i^{(l)} \qquad i = 1, 2, \cdots, n$$

上式から

$$\ln x_i^{(g)} = \ln x_i^{(l)} + \ln(p_i^*/P) \tag{1}$$

平衡状態では各成分について，液相と気相の化学ポテンシャルが等しいので

$$\mu_i^{(l)} = \mu_i^{(g)} = \mu_i^{*(g)}(T, P) + RT \ln x_i^{(g)}$$

ただし $\mu_i^{(g)}$ には，理想混合気体の式 (5·39) を用いた．上式に (1) を代入して

$$\mu_i^{(l)} = \alpha + RT \ln x_i^{(l)} \tag{2}$$

$$\alpha = \mu_i^{*(g)}(T, P) + RT \ln(p_i^*/P)$$

成分 i の純液体では，$x_i^{(l)} = 1$，$\mu_i^{(l)} = \mu_i^{*(l)}$ となる．これらの条件を，(2) に代入すると

$$\mu_i^{*(l)} = \alpha$$

よって

$$\mu_i^{(l)} = \mu_i^{*(l)} + RT \ln x_i^{(l)} \qquad i = 1, 2, \cdots, n$$

§5·6 部分モル量

§5·4 で述べたように理想溶液の体積 V は，混合前の各成分の体積の和である（式 (5·29)）．

$$V = n_1 V_1^* + n_2 V_2^* \tag{5·46}$$

一般の溶液では，このような簡単な関係は成立しない．いま物質 $1, 2, \cdots$ を $n_1 \,\mathrm{mol}, n_2 \,\mathrm{mol}, \cdots$ ずつ混合した系の，温度 T，圧力 P における体積を

$$V(T, P, n_1, n_2, \cdots)$$

とすると，V の全微分は

$$\mathrm{d}V = \left(\frac{\partial V}{\partial T}\right)_{P, n_i} \mathrm{d}T + \left(\frac{\partial V}{\partial P}\right)_{T, n_i} \mathrm{d}P + \sum_i \left(\frac{\partial V}{\partial n_i}\right)_{T, P, n_j (j \neq i)} \mathrm{d}n_i$$

T, P 一定では，上式は

$$\mathrm{d}V = \sum_i V_i \mathrm{d}n_i \tag{5·47}$$

ただし

$$V_i \equiv \left(\frac{\partial V}{\partial n_i}\right)_{T, P, n_j (j \neq i)} \tag{5·48}$$

は物質 i の**部分モル体積** (partial molar volume) とよばれる．上式から部分モル体積 V_i は系の温度，圧力および i 以外の成分のモル数を一定にして，成分 i を微少量加えたときの系の体積の変化率である．Gibbs エネルギー $G(T, P, n_1, n_2, \cdots)$ についても，上と同様に考えると

$$\mathrm{d}G = \left(\frac{\partial G}{\partial T}\right)_{P, n_i} \mathrm{d}T + \left(\frac{\partial G}{\partial P}\right)_{T, n_i} \mathrm{d}P + \sum_i \left(\frac{\partial G}{\partial n_i}\right)_{T, P, n_j (j \neq i)} \mathrm{d}n_i \tag{5·49}$$

T, P 一定で

$$\mathrm{d}G = \sum_i G_i \mathrm{d}n_i \tag{5·50}$$

$$G_i \equiv \left(\frac{\partial G}{\partial n_i}\right)_{T, P, n_j (j \neq i)} \tag{5·51}$$

G_i を**部分モル Gibbs エネルギー** (partial molar Gibbs energy) とよぶ．ところで式 (4·56) より上式の右辺は μ_i に等しいから

$$G_i = \mu_i \tag{5·52}$$

§5·6 部分モル量

すなわち成分 i の部分モル Gibbs エネルギーは,その成分の化学ポテンシャルに等しい.μ_i について式 (4·64)

$$G=\sum_i n_i\mu_i=\sum_i n_i G_i \qquad (5\cdot53)$$

が成立したように,V_i についても

$$V=\sum_i n_i V_i \qquad (5\cdot54)$$

が成り立つ*.上式は,2成分の場合には

$$V=n_1 V_1+n_2 V_2 \qquad (5\cdot55)$$

式 (5·46),(5·55) を比較すると,理想溶液の成分 i の部分モル体積 V_i は,成分 i の純粋状態のモル体積 V_i^* に等しいことがわかる.したがって理想溶液では組成が変っても,部分モル体積は変化しない.これに対し一般の溶液では,V_i は組成とともに変化する(V_i は T,P,n_1,n_2,… の関数である).図 5·13 に,1 atm,20 ℃ における水-エタノール系の例を示す.

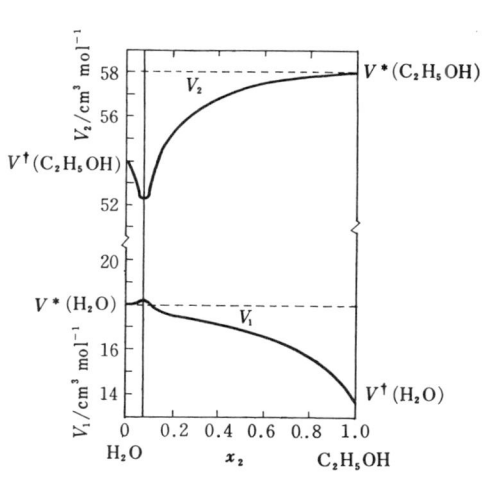

図 5·13 H_2O–C_2H_5OH 系の部分モル体積 (1 atm,20 ℃)

図の点線は,理想溶液と仮定した場合の部分モル体積を示す.二成分系の部分モル体積は,実験的には平均モル体積

$$\bar{V}_\mathrm{m}=\frac{V}{n_1+n_2} \qquad (5\cdot56)$$

の組成変化の測定結果(図 5·14)から求められる.図 5·14 で,点 $(x_2,\bar{V}_\mathrm{m})$ において $\bar{V}_\mathrm{m}$ の曲線に接線を引き,これが $x_2=0$,$x_2=1$ を切る点を B,D と

---

* 式 (4·63) から式 (4.64) までの記述参照.
 $V(T,\ P,\ \lambda n_1,\ \lambda n_2,\cdots)=\lambda V(T,\ P,\ n_1,\ n_2,\cdots)$
 の両辺を λ で微分した後,$\lambda=1$ とおく.

すると，AB，CD がそれぞれ組成 x_2 における成分1と2の部分モル体積 V_1，V_2 を与える．

これは，次のようにして証明される．
式 (5·55) の全微分は
$$dV = V_1 dn_1 + V_2 dn_2 + n_1 dV_1 + n_2 dV_2$$
式 (5·47) を2成分系について書くと
$$dV = V_1 dn_1 + V_2 dn_2 \quad (T, P \text{ const})$$
上の二つの式から
$$n_1 dV_1 + n_2 dV_2 = 0 \quad (T, P \text{ const})$$
上式を $n_1 + n_2$ でわって
$$x_1 dV_1 + x_2 dV_2 = 0 \quad (T, P \text{ const}) \tag{5·57}$$
式 (5·55)，(5·56) より
$$\overline{V}_m = \frac{n_1 V_1 + n_2 V_2}{n_1 + n_2} = x_1 V_1 + x_2 V_2$$
$$d\overline{V}_m = x_1 dV_1 + V_1 dx_1 + x_2 dV_2 + V_2 dx_2$$

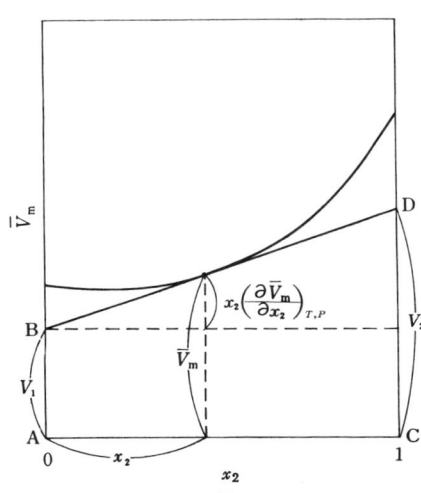

図 5·14 平均モル体積 $\overline{V}_m$ からの部分モル体積 V_1，V_2 の求め方

上式に (5·57) を入れて
$$d\overline{V}_m = V_1 dx_1 + V_2 dx_2 \quad (T, P \text{ const})$$
また $x_1 + x_2 = 1$ より $dx_1 = -dx_2$，よって
$$d\overline{V}_m = (V_2 - V_1) dx_2 \quad (T, P \text{ const})$$
$$\left(\frac{\partial \overline{V}_m}{\partial x_2}\right)_{T,P} = V_2 - V_1$$
上式の両辺に x_2 をかけて変形すると
$$x_2 \left(\frac{\partial \overline{V}_m}{\partial x_2}\right)_{T,P} = x_2 V_2 - x_2 V_1 = x_1 V_1 + x_2 V_2 - (x_1 V_1 + x_2 V_1)$$
$$= \overline{V}_m - V_1$$
$$\therefore \quad V_1 = \overline{V}_m - x_2 \left(\frac{\partial \overline{V}_m}{\partial x_2}\right)_{T,P}$$

上式から，図 5·14 の AB が V_1 を与えることがわかる．CD が V_2 を与えることも，同様にして証明できる．

V_i，G_i の場合と同様に，示量性状態量である U，H，S，A についても**部**

分モル量 (partial molar quantity) が定義される．例えば部分モル内部エネルギーと部分モルエントロピーは

$$U_i \equiv \left(\frac{\partial U}{\partial n_i}\right)_{T,P,n_j(j \neq i)} \qquad S_i = \left(\frac{\partial S}{\partial n_i}\right)_{T,P,n_j(j \neq i)} \qquad (5\cdot58)$$

また，これらについても式 (5・53), (5・54) に相当する式

$$U = \sum_i n_i U_i \qquad S = \sum_i n_i S_i \qquad (5\cdot59)$$

が成立する．なお式 (5・53), (5・54), (5・59) からわかるように，一成分系（純物質）の場合には，ある量の部分モル量はその量の 1 mol あたりの値に等しい（例えば一成分系では，式 (5・54) から $V = n_1 V_1$, $V_1 = V/n_1$ となるので，部分モル体積はモル体積に等しい）．純物質の化学ポテンシャル（部分モル Gibbs エネルギー）が，1 mol あたりの Gibbs エネルギーに等しいことは，すでに述べた（§ 4・5, p.123）．部分モル量は，いずれも示強性状態量である．

§ 5・7 希薄溶液

前節で述べたように，一般の溶液では理想溶液の場合のように簡単な関係は成立しない．しかし溶液中のある成分の量に比べて他の成分の量がはるかに少なくなると，すなわち溶液が十分希薄になると，取扱いが簡単になるとともに，溶液は普遍的な性質を示すようになる．

二成分系において多量にある成分（**溶媒**, solvent）を A，少量の成分（**溶質**, solute）を B とする．n_A モルの溶媒 A と n_B モルの溶質 B からなる溶液において，A, B の部分モル体積をそれぞれ V_A, V_B とすると，式 (5・55) から

$$V = n_A V_A + n_B V_B \qquad (5\cdot60)$$

溶液が十分希薄のとき（$x_A \to 1$，または $x_B \to 0$），溶媒の部分モル体積 V_A は，純溶媒の部分モル体積で置きかえることができるであろう．ところで純溶媒の部分モル体積は，そのモル体積 V_A^* に等しい．よって $x_A \to 1$ で $V_A = V_A^*$ である．一方，溶質の部分モル体積も溶液が十分希薄のときは，一定値になると考えられる．いま

$$V_B^\dagger \equiv \lim_{x_B \to 0} V_B = \lim_{n_B \to 0} \left(\frac{\partial V}{\partial n_B} \right)_{T,P,n_A}$$

とすると，式 (5・60) は $x_A \to 1$ ($x_B \to 0$) において

$$V = n_A V_A^* + n_B V_B^\dagger \tag{5・61}$$

となる．水-エタノール系については，V^* と $V^\dagger$ が図 5・13 に示してある．式 (5・61) に相当する式は，内部エネルギーの場合にも成立すると考えられる．すなわち，$x_A \to 1$ ($x_B \to 0$) で

$$U = n_A U_A^* + n_B U_B^\dagger \tag{5・62}$$

ただし U_A^* は純溶媒の 1 mol あたりの内部エネルギー，$U_B^\dagger$ は溶質の無限希釈の場合の部分モル内部エネルギーである．

$V_B^\dagger$ と $U_B^\dagger$ は無限希釈の状態で溶質分子が完全に溶媒分子で取り囲まれたときの，溶質の部分モル体積と部分モル内部エネルギーである（図5・15参照）．したがって，$V_B^\dagger$ と $U_B^\dagger$ は溶質分子と溶媒分子との両方の性質に依存している．一方，溶媒分子のまわりは，ほとんど他の溶媒分子から成るから，溶媒の部分モル体積と部分モル内部エネルギーとして，純溶媒の値を用いてよいのである．

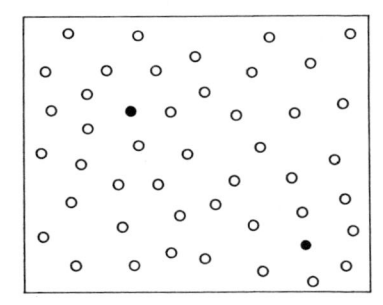

○ 溶媒分子
● 溶質分子

図 5・15 希薄溶液

上述のことから，希薄溶液の溶媒の化学ポテンシャルは，理想溶液の式 (5・35) に準じて，次のように表されるだろう．

$$\boxed{\mu_A = \mu_A^*(T, P) + RT \ln x_A \qquad (x_A \to 1)} \tag{5・63}$$

ただし，$\mu_A^*(T, P)$ は温度 T，圧力 P における純溶媒の化学ポテンシャルである．また溶質の化学ポテンシャルは，すぐ次で述べるように次式で表される．

$$\boxed{\mu_B = \mu_B^\ominus(T, P) + RT \ln x_B \qquad (x_B \to 0)} \tag{5・64}$$

§5・7 希薄溶液

ここで，$\mu_B^{\ominus}(T, P)$ は上式が $x_B=1$ でも成立すると仮定したときの化学ポテンシャル（**標準化学ポテンシャル**）である．

次に（5・64）を求めよう．この溶液の系に Gibbs-Duhem の式（4・65）を適用すると

$$n_A d\mu_A + n_B d\mu_B = 0 \qquad (T, P = \text{const})$$

$$d\mu_B = -\frac{n_A}{n_B} d\mu_A = -\frac{x_A}{x_B} d\mu_A \tag{5・65}$$

式（5・63）より T, P 一定では

$$d\mu_A = RT \frac{dx_A}{x_A} \tag{5・66}$$

（5・65），（5・66）より

$$d\mu_B = -RT \frac{dx_A}{x_B} = RT \frac{dx_B}{x_B} \tag{5・67}$$

ただし，$x_A + x_B = 1$，$dx_A = -dx_B$ を用いた．（5・67）を T, P 一定で積分して

$$\mu_B = C(T, P) + RT \ln x_B \tag{5・68}$$

となる．$C(T, P)$ は，x_B に依らない積分定数である．ここで，$C(T, P) = \mu_B^{\ominus}(T, P)$ とおくと，式（5・64）が得られる．

溶媒の化学ポテンシャルの式（5・63）は理想溶液中の成分 i の化学ポテンシャル（5・35）と一致する．すなわち $x_A \to 1$ では溶媒は理想的な挙動をする．これに対し（5・64）の $\mu_B^{\ominus}$ は μ_B^* とは異なっており，溶質は理想溶液の成分としての性質を示さないことに注意されたい．なお，（5・63），（5・64）が成立する濃度範囲にある溶液を**理想希薄溶液**（ideal dilute solution）という．

上述のことをさらに詳しく検討してみよう．図5・16は，T, P 一定のもとで，モル分率の対数 $\ln x$ を横軸にとって溶液の化学ポテンシャル μ をプロットしたグラフである．図の（a）は溶媒に，（b），（c）は溶質に対応する．x の変化する範囲は $0 \leqq x \leqq 1$ であるから，$\ln x$ の変域は $-\infty \leqq \ln x \leqq 0$ のはずであるが，図の左側は図示できないので途中から示されている．

図5·16 (a) の溶媒の化学ポテンシャル μ_A は，もしあらゆる濃度範囲で理想溶液としての挙動 (5·63) を示すとすれば，勾配が RT で，$\ln x_A = 0$ における切片が μ_A^* の直線（図の点線）になるはずである．しかし，一般には μ_A が (5·63) で近似できるのは $\ln x_A = 0$ ($x_A = 1$) の近傍だけである．(b) の溶質の化学ポテンシャル μ_B は，$\ln x_B$ が負の大きい値をとる範囲（$x_B = 0$ の近傍）では，式 (5·64)（図の点線）で近似される．この点線は勾配が RT で切片が $\mu_B^\ominus$ の直線である．もし，A，B 両物質が任意の割合で混ざるとすれば，μ_B は，例えば，図5·16 (c) のようになるであろう．この図からもわかるように理想希薄溶液の溶質としての標準化学ポテンシャル $\mu_B^\ominus$ と純物質の化学ポテンシャル μ_B^* とははっきり異なっていることに注意されたい．

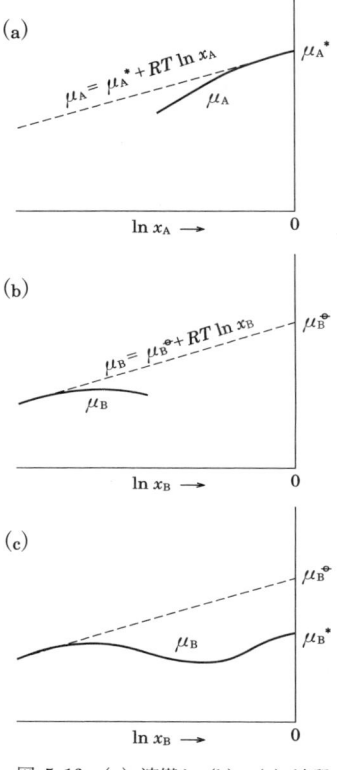

図 5·16 (a) 溶媒と (b)，(c) 溶質の化学ポテンシャル

§5·8 Henry の法則

理想希薄溶液が T, P 一定で，その蒸気と平衡にある場合を考えよう．気相を理想混合気体とする．溶媒および溶質成分の平衡条件は

$$\mu_A{}^{(g)} = \mu_A{}^{(l)} \qquad \mu_B{}^{(g)} = \mu_B{}^{(l)} \tag{5·69}$$

上式の左辺に式 (5·25) を，右辺に式 (5·63) と (5·64) を用いて

$$\mu_A{}^{*(g)}(T, P) + RT \ln x_A{}^{(g)} = \mu_A{}^{*(l)}(T, P) + RT \ln x_A{}^{(l)} \tag{5·70}$$

$$\mu_B{}^{*(g)}(T, P) + RT \ln x_B{}^{(g)} = \mu_B{}^{\ominus(l)}(T, P) + RT \ln x_B{}^{(l)} \tag{5·71}$$

式 (5·70) は，理想溶液の場合（式 (5·38)～(5·40)）と同じ条件式であるか

ら，式 (5・41)～(5・44) と同じ式の変形を行なって，式 (5・44) に対応する式

$$p_A = p_A^* x_A^{(l)} \tag{5・72}$$

を得る．ただし p_A は気相における溶媒蒸気の分圧，p_A^* は純溶媒の蒸気圧である．すなわち溶媒については，Raoult の法則が成立する．

次に式 (5・71) から

$$x_B^{(g)} = x_B^{(l)} \exp\left[\frac{\mu_B^{\ominus(l)}(T,\ P) - \mu_B^{*(g)}(T,\ P)}{RT}\right]$$

両辺に全圧 P をかけて

$$p_B = K_B x_B^{(l)} \tag{5・73}$$

ただし $p_B = x_B^{(g)} P$ は，気相における溶質蒸気の分圧である．また

$$K_B = P \exp\left[\frac{\mu_B^{\ominus(l)}(T,\ P) - \mu_B^{*(g)}(T,\ P)}{RT}\right]$$

は T, P 一定では定数である．式 (5・73) から，希薄溶液では溶質の蒸気圧は溶液中の溶質の濃度に比例することがわかる．これを **Henry の法則**という．式 (5・73) を書き直すと

$$x_B^{(l)} = \frac{1}{K_B} p_B$$

この式から，溶解度の小さい気体（希薄溶液となる気体）では，一定量の液体に溶解する気体の質量*は，溶液と平衡にある気体の圧力（分圧）に比例することがわかる．図 5・11 と 5・12 は，理想希薄溶液（$x_A \to 1$, $x_B \to 0$）では，溶媒については Raoult の法則（点線）が，溶質については Henry の法則（細い実線）が成立することを示している．

§5・9 沸点上昇と凝固点降下

理想希薄溶液において，溶媒には Raoult の法則 (5・72) が成立するので

---

* 溶媒と溶質の質量とモル質量がそれぞれ w_A, M_A, および w_B, M_B である希薄溶液では
$$x_B^{(l)} = \frac{n_B}{n_A + n_B} \cong \frac{n_B}{n_A} = \frac{M_A}{M_B} \frac{w_B}{w_A}$$
であるから，$w_B/w_A \propto x_B^{(l)}$

5. 相平衡と溶液

$$\frac{p_A{}^*-p_A}{p_A{}^*}=1-x_A{}^{(l)}=x_B{}^{(l)} \qquad (5\cdot74)$$

溶質が不揮発性の場合には，p_A は溶液の蒸気圧とみなせる．ゆえに上式の左辺は，純溶媒の蒸気圧に対する溶液の蒸気圧の相対的降下である．したがって式 (5・74) から，理想希薄溶液では蒸気圧の相対的降下は溶質のモル分率に等しいといえる．希薄溶液において，溶媒の質量とモル質量をそれぞれ w_A，M_A とすれば

$$x_B{}^{(l)}=\frac{n_B}{n_A+n_B}\simeq\frac{n_B}{n_A}=\frac{n_B}{w_A/M_A}=M_A m_B \qquad (5\cdot75)$$

となる．ただし $m_B=n_B/w_A$ は，溶質の重量モル濃度（通常溶媒 1 kg 中に含まれる溶質のモル数であらわす）である．上式を式 (5・74) に代入して

$$\boxed{\Delta p\equiv p_A{}^*-p_A=M_A p_A{}^* m_B} \qquad (5\cdot76)$$

すなわち理想希薄溶液の蒸気圧降下は，溶質の重量モル濃度に比例する．

図 5・17 からわかるように，不揮発性溶質を溶かした溶液において，蒸気圧が ΔP 降下すると，溶液の沸点が ΔT_b だけ上昇する．沸点上昇 ΔT_b と溶液の濃度の関係を，熱力学を用いて求めてみよう．定温定圧で理想希薄溶液と純溶媒の蒸気が平衡にあるとき，溶液中の溶媒の化学ポテンシャル $\mu_A{}^{(l)}$ は，純溶媒の蒸気の化学ポテンシャル $\mu_A{}^{*(g)}$ に等しい．$\mu_A{}^{(l)}$ に式 (5・63) を用いて

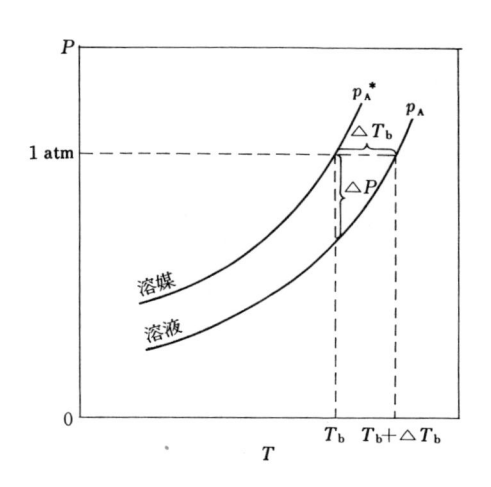

図 5・17　蒸気圧降下 ΔP と沸点上昇 ΔT_b

$$\mu_A{}^{*(l)}(T,\ P)+RT\ln x_A{}^{(l)}$$
$$=\mu_A{}^{*(g)}(T,\ P) \qquad (5\cdot77)$$

純物質の化学ポテンシャル μ^* は，1 mol あたりの Gibbs エネルギー G_m に

§5·9 沸点上昇と凝固点降下

等しいから，上式を変形して

$$\ln x_A^{(l)} = \frac{G_{mA}^{(g)} - G_{mA}^{(l)}}{RT} \tag{5·78}$$

を得る．ただし $G_{mA}^{(g)}$ と $G_{mA}^{(l)}$ は，純溶媒 A の気相と液相におけるモル Gibbs エネルギーである．上式の両辺を P 一定で T で微分して，Gibbs-Helmholtz の式 (4·36) を使うと

$$\left(\frac{\partial \ln x_A^{(l)}}{\partial T}\right)_P = -\frac{H_{mA}^{(g)} - H_{mA}^{(l)}}{RT^2} = -\frac{\Delta H_{vap}}{RT^2} \tag{5·79}$$

ただし ΔH_{vap} は，溶媒のモル蒸発熱（蒸気と液体のモルエンタルピーの差）である．純溶媒（$x_A^{(l)} = 1$）のときの液相と気相の平衡温度は，沸点 T_b である．上式の両辺を，P 一定で T_b から T まで積分して

$$\int_{T_b}^{T} \left(\frac{\partial \ln x_A^{(l)}}{\partial T}\right)_P dT = -\int_{T_b}^{T} \frac{\Delta H_{vap}}{RT^2} dT$$

上式において

$$\text{左辺} = \int_0^{\ln x_A^{(l)}} d\ln x_A^{(l)} = \ln x_A^{(l)} = \ln(1 - x_B^{(l)}) \simeq -x_B^{(l)}$$

となる*．また ΔH_{vap} が T によらないとすると

$$\text{右辺} = \frac{\Delta H_{vap}}{R}\left(\frac{1}{T} - \frac{1}{T_b}\right) = -\frac{\Delta H_{vap}(T - T_b)}{RT_b T}$$

$$\simeq -\frac{\Delta H_{vap}(T - T_b)}{RT_b^2}$$

ここで $T - T_b$ は，**沸点上昇** (boiling-point elevation) ΔT_b である．よって

$$\Delta T_b = \frac{RT_b^2}{\Delta H_{vap}} x_B^{(l)}$$

式 (5·75) を用いると

$$\boxed{\Delta T_b = K_b m_B} \tag{5·80}$$

ただし

---

* 展開式 $\ln(1+x) = \sum_{i=1}^{\infty} \frac{(-1)^{i-1}}{i} x^i$ $(-1 < x \leq 1)$ を用いて第 1 項のみをとると
$$\ln(1 - x_B^{(l)}) \simeq -x_B^{(l)}$$

$$K_{\mathrm{b}} = \frac{RT_{\mathrm{b}}^2 M_{\mathrm{A}}}{\Delta H_{\mathrm{vap}}} \tag{5・81}$$

すなわち理想希薄溶液では，沸点上昇は溶質の重量モル濃度に比例する．比例定数 K_{b} は溶媒に特有な定数で，**モル沸点上昇定数**とよばれる．

次に，液相から固相が析出する温度（凝固点）について考えよう．一般に析出する固相が純溶媒だけから成る場合，溶液の凝固点は純溶媒の凝固点より低い（図 5・5 参照）．いま定温定圧で理想希薄溶液と純溶媒の固相が平衡にあるとき，溶液中の溶媒の化学ポテンシャル $\mu_{\mathrm{A}}^{*(l)}$ は純溶媒の固相の化学ポテンシャル $\mu_{\mathrm{A}}^{*(s)}$ に等しい．

$$\mu_{\mathrm{A}}^{*(l)}(T, P) + RT \ln x_{\mathrm{A}}^{*(l)} = \mu_{\mathrm{A}}^{*(s)}(T, P) \tag{5・82}$$

前と同様に Gibbs-Helmholtz の式を使うと

$$\left(\frac{\partial \ln x_{\mathrm{A}}^{(l)}}{\partial T} \right)_P = \frac{H_{\mathrm{mA}}^{(l)} - H_{\mathrm{mA}}^{(s)}}{RT^2} = \frac{\Delta H_{\mathrm{fus}}}{RT^2}$$

ただし ΔH_{fus} は，溶媒のモル融解熱（液体と固体のモルエンタルピーの差）である．上式の両辺を T_{f} （純溶媒の凝固点）から T まで積分すると，ΔH_{fus} が T によらないとして，前と同様に

$$左辺 \cong -x_{\mathrm{B}}^{(l)} \qquad 右辺 \cong \frac{\Delta H_{\mathrm{fus}}(T - T_{\mathrm{f}})}{RT_{\mathrm{f}}^2}$$

ここで $T_{\mathrm{f}} - T = \Delta T_{\mathrm{f}}$ は**凝固点降下** (freezing-point depression) に相当する．よって

$$T_{\mathrm{f}} = \frac{RT_{\mathrm{f}}^2}{\Delta H_{\mathrm{fus}}} x_{\mathrm{B}}^{(l)}$$

式 (5・75) を用いて

$$\boxed{\Delta T_{\mathrm{f}} = K_{\mathrm{f}} m_{\mathrm{B}}} \tag{5・83}$$

$$K_{\mathrm{f}} = \frac{RT_{\mathrm{f}}^2 M_{\mathrm{A}}}{\Delta H_{\mathrm{fus}}} \tag{5・84}$$

上式から理想希薄溶液では，凝固点降下は溶質の重量モル濃度に比例することがわかる．溶媒に特有な定数 K_{f} は**モル凝固点降下定数**とよばれる．

表 5・2 と 5・3 に，いくつかの溶媒の K_{b} と K_{f} の値を示す．沸点上昇と凝固

§5・9 沸点上昇と凝固点降下

点降下は，溶質の分子量の測定に用いられる（次の例題参照）．ショウノウの K_f は特に大きいので，有機化合物の分子量決定にしばしば用いられる（**Rast法**）．

表 5・2 モル沸点上昇定数

溶 媒	T_b/°C	K_b/K mol^{-1} kg
水	100.0	0.51
エタノール	78.4	1.22
アセトン	56.2	1.71
ジエチルエーテル	34.6	2.02
ベンゼン	80.1	2.53

表 5・3 モル凝固点降下定数

溶 媒	T_f/°C	K_f/K mol^{-1} kg
水	0.00	1.86
酢 酸	16.0	3.90
ベンゼン	5.5	5.12
シクロヘキサン	6.5	20
ショウノウ	173	40

〔**例題 5・6**〕 ブドウ糖 3.60 g を，水 100 g に溶かした溶液の凝固点は，−0.372°C であった．ブドウ糖の分子量を求めよ．ただし水のモル凝固点降下定数は 1.86 K mol^{-1} kg である．

〔**解**〕 溶媒と溶質の質量を w_A, w_B，溶質のモル質量を M_B とすると，重量モル濃度 m_B は

$$m_B = \frac{w_B/M_B}{w_A}$$

この式と (5・83) より

$$M_B = \frac{w_B}{w_A} \frac{K_f}{\Delta T_f} = \frac{3.60 \text{ g} \times 1.86 \text{ K mol}^{-1} \text{ kg}}{100 \text{ g} \times 0.372 \text{ K}}$$
$$= 0.18 \text{ kg mol}^{-1} = 180 \text{ g mol}^{-1}$$

よって分子量は 180.

〔**例題 5・7**〕 0°C，1 atm で N_2 と O_2 は 1 kg の水にそれぞれ 0.023 5 dm^3，0.048 9 dm^3 溶ける．0°C，1 atm において空気で飽和された水の凝固点

降下を計算せよ．ただし空気中の N_2 と O_2 の体積百分率を，それぞれ 79%, 21% とする．

〔解〕 1 atm の空気における N_2 と O_2 の分圧は，それぞれ 0.79 atm, 0.21 atm である．0°C, 1 atm で 1 kg の水に溶ける N_2 と O_2 のモル数は

$$0.79 \text{ atm} \times \frac{0.0235 \text{ dm}^3 \text{ atm}^{-1} \text{ kg}^{-1}}{22.414 \text{ dm}^3 \text{ mol}^{-1}} = 8.28 \times 10^{-4} \text{ mol kg}^{-1}$$

$$0.21 \text{ atm} \times \frac{0.0489 \text{ dm}^3 \text{ atm}^{-1} \text{ kg}^{-1}}{22.414 \text{ dm}^3 \text{ mol}^{-1}} = 4.58 \times 10^{-4} \text{ mol kg}^{-1}$$

表 5·3 の水の K_f の値を用いて

$$\Delta T_f = K_f m_B$$
$$= 1.86 \text{ K mol}^{-1} \text{ kg} \times (8.28 + 4.58) \times 10^{-4} \text{ mol kg}^{-1}$$
$$= 2.39 \times 10^{-3} \text{ K}$$

〔注〕 水の三重点 (273.16 K, 4.59 Torr) と氷点 (1 atm の下で，空気で飽和された水と氷が平衡にある温度) を比較すると，氷点の温度は，空気の飽和による凝固点降下と圧力の増加 (4.59 Torr→1 atm) によって低下する．上の計算によると凝固点降下は 0.0024 K, また圧力増加による温度低下は，0.0075 K (〔例題 5·2〕参照), 両者の和は 0.0099 K となる．

§ 5·10 浸 透 圧

図 5·18 のように，コロジオン* 膜を底面とする容器にショ糖の水溶液を入れ，容器を水中に浸すとショ糖溶液の水位が上昇する．これはコロジオン膜が水分子は通すがショ糖分子は通さないため，水分子だけが溶液内に入り，**溶液と水の間で図の水位の差 h に相当する圧力差がついたとき平衡に達するからである．コロジオンのように2種の分子のうち，一方だけを通す膜を**半透膜**(semipermeable membrane) という．また半透膜を通って溶媒分子が溶液中に拡散していく現象を**浸透**(osmosis) という．浸透を止め平衡を保つためには，溶液側に余分の圧力を加えなければならない．この圧力を**浸透圧**(osmotic pressure) という．模式図を図 5·19 に示した．溶液の圧力が P, 溶媒の圧力が P_0

---

* 硝化度の低いニトロセルロースをエーテルとアルコールの混合液に溶かしたもの．溶媒を蒸発させて，透明な膜を作ることができる．

§5.10 浸透圧

のとき平衡が成立しているとすれば浸透圧は

$$\Pi = P - P_0 \tag{5.85}$$

なお半透膜としては，コロジオン膜の他にセロファン膜，原形質膜，ヘキサシアノ鉄(II)酸銅 $Cu_2Fe(CN)_6$ を浸み込ませた素焼の筒などが使われる．

溶液が理想希薄溶液であるとして，浸透圧の式を求めよう．図 5·19 において，溶液相と溶媒相が平衡にあるためには，溶媒の化学ポテンシャルが両相で等しくなければならない*．すなわち

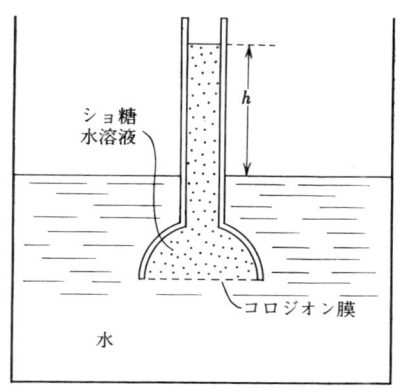

図 5·18 ショ糖水溶液における浸透圧

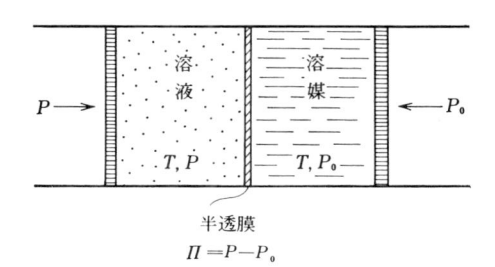

図 5·19 半透膜の左右にある溶液と溶媒の平衡

---

* 成分 1, 2 を含む相 α と β が平衡であるための条件 (式 (4·61), (4·62))

$$\mu_1^{(\alpha)} = \mu_1^{(\beta)}, \qquad \mu_2^{(\alpha)} = \mu_2^{(\beta)} \tag{1}$$

は，系が定温定圧または定温定積のときは，§4·5 で導いた．図5·19のように，相 α と β で圧力が異なる場合にも (1) が成立することは，次のようにして示される．定温では，式 (4·8) より

$$\Delta A - w \leqq 0 \tag{2}$$

ただし等号は可逆変化，不等号は不可逆（自発）変化の場合である．したがって，平衡状態における仮想的な微小変化では

$$\delta A - \delta' w = 0 \tag{3}$$

が成立する．ここで $\delta' w = -P^{(\alpha)} \delta V^{(\alpha)} - P^{(\beta)} \delta V^{(\beta)}$，また式 (4·50) より定温では，

$$\delta A = \delta A^{(\alpha)} + \delta A^{(\beta)} = -P^{(\alpha)} \delta V^{(\alpha)} + \mu_1^{(\alpha)} \delta n_1^{(\alpha)} + \mu_2^{(\alpha)} \delta n_2^{(\alpha)}$$
$$-P^{(\beta)} \delta V^{(\beta)} + \mu_1^{(\beta)} \delta n_1^{(\beta)} + \mu_2^{(\beta)} \delta n_2^{(\beta)}$$

さらに

$$\delta n_1^{(\beta)} = -\delta n_1^{(\alpha)}, \qquad \delta n_2^{(\beta)} = -\delta n_2^{(\alpha)}$$

これらの関係を式 (3) に入れて

$$(\mu_1^{(\alpha)} - \mu_1^{(\beta)}) \delta n_1^{(\alpha)} + (\mu_2^{(\alpha)} - \mu_2^{(\beta)}) \delta n_2^{(\alpha)} = 0 \tag{4}$$

上式で $\delta n_1^{(\alpha)}$ と $\delta n_2^{(\alpha)}$ は，互いに独立であるから，(1) が得られる．

$$\mu_A{}^*(T, P) + RT \ln x_A = \mu_A{}^*(T, P_0) \tag{5.86}$$

ただし，溶液中の溶媒の化学ポテンシャルに式 (5.63) を用いた．$\mu_A{}^*$ は純溶媒の 1 mol あたりの Gibbs エネルギー $(G_{mA}{}^*)$ であるから，上式から

$$G_{mA}{}^*(T, P) - G_{mA}{}^*(T, P_0) = -RT \ln x_A \tag{5.87}$$

ここで式 (4.30) の第 2 式の両辺を T 一定で P_0 から P まで積分すると，

$$G(T, P) - G(T, P_0) = \int_{P_0}^{P} V dP$$

が得られる．この式を (5.87) の左辺に適用して

$$G_{mA}{}^*(T, P) - G_{mA}{}^*(T, P_0) = \int_{P_0}^{P} V_{mA}{}^* dP$$
$$\cong V_{mA}{}^*(P - P_0) = V_{mA}{}^* \Pi$$

ただし $V_{mA}{}^*$ は純溶媒のモル体積で，その圧力変化は小さいので，上のように近似した．上式と (5.87) より

$$\Pi = -\frac{RT}{V_{mA}{}^*} \ln x_A$$

ここで $\ln x_A = \ln(1-x_B) \simeq -x_B \simeq -n_B/n_A$ である (p.177 注参照)．また溶液の体積を V とすると，$n_A \simeq V/V_{mA}{}^*$ であるから $\ln x_A \simeq -n_B V_{mA}{}^*/V$ となる．これを上式に代入して

$$\boxed{\Pi V = n_B RT} \tag{5.88}$$

この式は理想気体の状態式 $PV = nRT$ と似た式である．すなわち希薄溶液の浸透圧は，溶質が気体状態で溶液の体積と同じ体積を占めるときの圧力に等しい．これを **van't Hoff の法則**という．

§3.9 で述べたように，気体の体積が増加すると分子はより無秩序な運動をするようになり，エントロピーが増加する．同様にエントロピー増大の立場から考えると，溶液中の溶質分子は溶媒分子を引き込んで溶液の体積を増加させ，より無秩序な運動をしようとする傾向がある．これが分子論的に考えたときの，浸透圧の原因である*．溶質のモル濃度（単位体積の溶液中の溶質のモル

---

* 同様に沸点上昇は，溶液中の溶質分子が気相の溶媒分子を引き込もうとする傾向に，また凝固点降下は，溶液中の溶質分子が固相の溶媒分子を溶かし出そうとする傾向に関連づけられる．

数) を c_B とすると,式 (5・88) は

$$\Pi = c_B RT \tag{5・89}$$

となる.また溶質の質量濃度(単位体積の溶液に含まれる溶質の質量)を ρ_B,モル質量を M_B とすると,$\rho_B = M_B n_B/V = M_B c_B$ であるから,式 (5・89) は

$$\Pi = \frac{RT}{M_B} \rho_B \tag{5・90}$$

となる.この式は,既知の濃度の溶液の浸透圧を測定して溶質の分子量を求めるために用いられる.特に高分子化合物では半透膜が得やすいので,分子量の決定によく使われる.

前節と本節で示した蒸気圧降下,沸点上昇,凝固点降下および浸透圧の式 ((5・76),(5・80),(5・83),(5・89)) は,いずれも与えられた溶媒については,溶質の濃度のみに依存する.これらの式を導く際には溶媒の化学ポテンシャルが二相の間で等しいということから出発し(溶質は溶液側にしかないので,その化学ポテンシャルは平衡条件に寄与しない),溶液中の溶媒の化学ポテンシャルに理想希薄溶液の式

$$\mu_A = \mu_A{}^* + RT \ln x_A = \mu_A{}^* + RT \ln (1-x_B)$$

を用いた.したがって得られた式は溶質 B については,モル分率(濃度)x_B だけに依存するのである.このように,溶媒の種類と溶質の濃度(粒子数)のみに依存する溶液の性質を**束一的性質**(colligative property)という.束一的性質は,溶質の分子量や,電解質溶液の解離度(§ 6・1)を求めるために利用される.

§ 5・11 活 量

前節までに述べたように,理想溶液では成分 i の化学ポテンシャルは,式 (5・35)

$$\mu_i = \mu_i{}^*(T, P) + RT \ln x_i \tag{5・91}$$

であらわされる.一般の非理想溶液では,このような関係は成立しない.ただし溶液が十分希薄(理想希薄溶液)のときは,溶媒 A と溶質 B の化学ポテ

ンシャルは，式 (5・63)，(5・64) より

$$\mu_A = \mu_A{}^*(T, P) + RT \ln x_A \qquad (x_A \to 1) \qquad (5・92)$$

$$\mu_B = \mu_B{}^\ominus(T, P) + RT \ln x_B \qquad (x_B \to 0) \qquad (5・93)$$

となる．

ところで一般の（希薄でない）非理想溶液では，化学ポテンシャルをどのように表現したらよいであろうか．それには二つの考え方がある．一つは理想気体の式から van der Waals の式を導いたように，非理想性の原因を理論的に考慮して，式 (5・91) の形を修正することである．しかし理想溶液からのずれの原因は，系によって多種多様に異なる上，同じ系でも濃度によって異なるので，一般的な取扱いは困難である．もう一つの考え方は分圧 p_i の代りに逸散能（実効的な分圧）f_i を導入したように (p. 145)，式 (5・91)（または式 (5・92) と (5・93)）の形は変えないで，右辺のモル分率 x_i を実効的なモル分率 a_i で置きかえることである．このときは理想溶液（または理想希薄溶液）と非理想溶液の相違は，すべて x_i と a_i の数値的な相違にしわ寄せされることになる．

この立場に立つと，式 (5・92) と (5・93) は非理想溶液においては，次のように修正される．

$$\boxed{\begin{aligned}\mu_A &= \mu_A{}^*(T, P) + RT \ln a_A{}^* \\ \mu_B &= \mu_B{}^\ominus(T, P) + RT \ln a_B\end{aligned}} \qquad \begin{aligned}(5・94)\\(5・95)\end{aligned}$$

上式で，濃度 (x) の代りに導入された実効的な濃度 (a) を**活量** (activity) とよぶ．また，

$$f_A{}^* = \frac{a_A{}^*}{x_A} \qquad f_B = \frac{a_B}{x_B} \qquad (5・96)$$

で定義される a と x の比を，**活量係数** (activity coefficient) という．活量係数は，非理想溶液がどの程度，理想（希薄）溶液からずれているかについての尺度をあらわす．ただし溶媒 A の活量と活量係数は，純粋状態の化学ポテンシャル $\mu_A{}^*(T, P)$ を基準とする式 (5・92) を用いて導入されたので，それらの値に * を付けて $a_A{}^*$, $f_A{}^*$ とした．式 (5・94) ～ (5・96) より

§ 5·11 活量

$$\mu_A = \mu_A^*(T, P) + RT \ln f_A^* x_A \tag{5·97}$$

$$\mu_B = \mu_B^{\ominus}(T, P) + RT \ln f_B x_B \tag{5·98}$$

これらの式は，無限希釈状態では式 (5·92)，(5·93) と一致しなければならないから

  溶媒 $x_A \to 1$ のとき $f_A^* \to 1$ $(a_A^* \to x_A)$

  溶質 $x_B \to 0$ のとき $f_B \to 1$ $(a_B \to x_B)$

となる*.

ここで一般の溶液が T, P 一定で，その蒸気と平衡にある場合を考える．このとき成分 A, B の化学ポテンシャルが気相と液相で等しくなければならない．気相を理想混合気体とすると，式 (5·25)．(5·94)．(5·95) より

$$\mu_A^{*(g)}(T, P) + RT \ln x_A^{(g)} = \mu_A^{*(l)}(T, P) + RT \ln a_A^* \tag{5·99}$$

$$\mu_B^{*(g)}(T, P) + RT \ln x_B^{(g)} = \mu_B^{\ominus(l)}(T, P) + RT \ln a_B \tag{5·100}$$

式 (5·70)，(5·71) と式 (5·99)，(5·100) を比較すると，後者では前者の $x_A^{(l)}$, $x_B^{(l)}$ が a_A^*, a_B に変わっただけであるから，式 (5·99)，(5·100) から Raoult の法則 (5·72) に相当する式として

$$p_A = p_A^* a_A^* = p_A^* f_A^* x_A^{(l)} \tag{5·101}$$

また，Henry の法則 (5·73) に相当する式として

$$p_B = K_B a_B = K_B f_B x_B^{(l)} \tag{5·102}$$

を得る**．すなわちモル濃度 $x_A^{(l)}$, $x_B^{(l)}$ の代りに活量 a_A^*, a_B を用いれば，式 (5·72)，(5·73) は一般の溶液においても成立する．

このように活量を導入すると，理想系についての式の形はそのまま保存される．ただし活量 a_A^*, a_B や活量係数 f_A^*, f_B の値は系が変わるごとに，また同じ系でも濃度が変わると異なるので，個々の場合について実験的に求めなけ

---

* 式 (5·97)，(5·98) から
$$RT \ln f_A^* = \mu_A - [\mu_A^*(T, P) + RT \ln x_A]$$
$$RT \ln f_B = \mu_B - [\mu_B^{\ominus}(T, P) + RT \ln x_B]$$
したがって $RT \ln f_A^*$ は，真の化学ポテンシャル μ_A と理想希薄溶液の式 (5·92) を用いて求めた化学ポテンシャルとの差（後者に対する補正項）をあらわす．$RT \ln f_B$ についても同様である．

** 以下の記述では x_A や x_B が液相のモル濃度であることを明示する必要があるときだけ $x_A^{(l)}$, $x_B^{(l)}$ と記した．したがって x_A, x_B と $x_A^{(l)}$, $x_B^{(l)}$ は，同じとみなしてよい．

ればならない．式 (5・101)，(5・102) は $x_A^{(1)} \to 1$ ($x_B^{(1)} \to 0$) では，それぞれ Raoult の法則と Henry の法則に帰着する．ところで，式 (5・101)，(5・102) から

$$f_A^* = \frac{p_A}{p_A^* x_A^{(1)}} = \frac{p_A}{p_A^R} \tag{5・103}$$

$$f_B = \frac{p_B}{K_B x_B^{(1)}} = \frac{p_B}{p_B^H} \tag{5・104}$$

ただし p_A^R は Raoult の法則が，p_B^H は Henry の法則が成立するとしたときの溶媒 A と溶質 B の蒸気圧である．以上の関係を図 5・20 に示した．p_B^H は $x_B^{(1)} = 0$ において曲線 p_B に引いた接線である．図のデータから，式 (5・103)，(5・104) を用いて種々の濃度 $x_B^{(1)}$ における液相中の溶媒と溶質の活量係数を求めることができる．このように液相の活量が，気相における蒸気圧の測定結果から得られるのは興味深い．

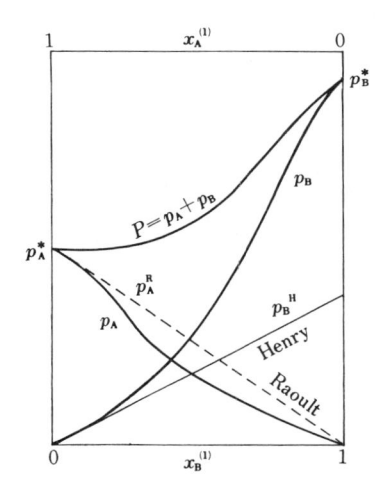

図 5・20 非理想溶液の分圧と全圧および p_A^R と p_B^H

上では，一般の溶液の化学ポテンシャルを理想希薄溶液の化学ポテンシャルに関連づけて，活量 a_A^* と a_B を導入した．すなわち成分Aに対しては，純粋状態の化学ポテンシャル $\mu_A^*(T, P)$ を基準とする式 (5・92)（理想溶液の式 (5・91) に相当）を，成分 B に対しては，理想希薄溶液における仮想的な化学ポテンシャル $\mu_B^\ominus(T, P)$（式 (5・93) が $x_B = 1$ でも成立するとしたときの化学ポテンシャル）を基準とする式 (5・93) を用いた．ところが，成分 B についても，$x_B \to 1$ では次式（理想溶液に相当する式）が成立する．

$$\mu_B = \mu_B^*(T, P) + RT \ln x_B \qquad x_B \to 1 \tag{5・105}$$

そこで成分 B についても

§ 5·11 活　　量

$$\mu_B = \mu_B{}^*(T, P) + RT \ln a_B{}^* \tag{5·106}$$

$$f_B{}^* = \frac{a_B{}^*}{x_B} \tag{5·107}$$

によって活量と活量係数を導入することができる．このときは

$$x_B \to 1 \quad \text{のとき} \quad f_B{}^* \to 1 \quad (a_B{}^* \to x_B)$$

となる．$a_B{}^*$ についても成分 A の場合と同様に

$$p_B = p_B{}^* a_B{}^* = p_B{}^* f_B{}^* x_B{}^{(1)} \tag{5·108}$$

が成立する．よって $f_B{}^*$ は

$$f_B{}^* = \frac{p_B}{p_B{}^* x_B{}^{(1)}} = \frac{p_B}{p_B{}^R} \tag{5·109}$$

から実験的に求められる（図 5·21）．a_B と $a_B{}^*$ は，当然異なっている．式 (5·96)，(5·107) と式 (5·104)，(5·109) から，a_B と $a_B{}^*$ の比は

$$\frac{a_B}{a_B{}^*} = \frac{f_B}{f_B{}^*} = \frac{p_B{}^*}{K_B} \tag{5·110}$$

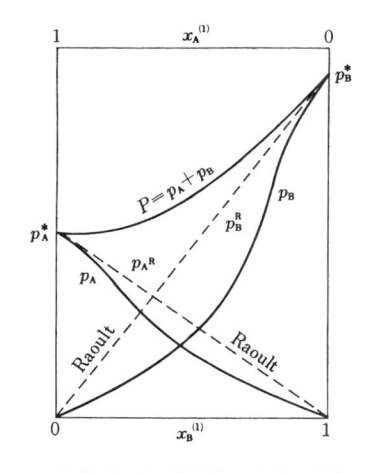

図 5·21　非理想溶液の分圧と全圧および $p_A{}^R$ と $p_B{}^R$

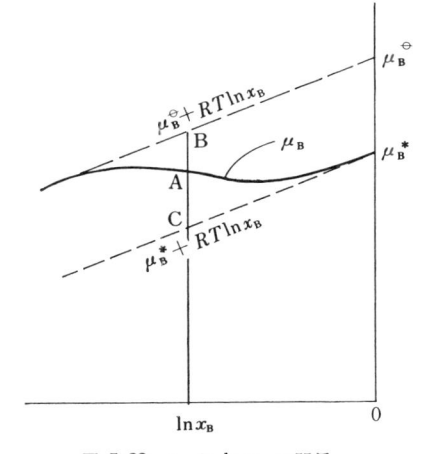

図 5·22　μ_B と $\ln x_B$ の関係

図 5·16 (c) の場合と同様に $\ln x_B$ を横軸にとって μ_B を図示すると，図 5·22 のようになる．μ_B は $x_B \to 0$ ($\ln x_B \to -\infty$) では直線 $\mu_B{}^\ominus + RT \ln x_B$（式 (5·93)）

で, $x_B \to 1$ ($\ln x_B \to 0$) では直線 $\mu_B^* + RT \ln x_B$ (式 (5・105)) であらわされる. これらの直線が $\ln x_B = 0$ ($x_B = 1$) の縦軸を切る点が, それぞれの標準化学ポテンシャル $\mu_B^\ominus$ と μ_B^* である. 中間の濃度では, μ_B は $\mu_B^\ominus + RT \ln f_B x_B$ または $\mu_B^* + RT \ln f_B^* x_B$ で表現される. 図で, $\overrightarrow{BA} = \mu_B - (\mu_B^\ominus + RT \ln x_B) = RT \ln f_B$ および $\overrightarrow{CA} = \mu_B - (\mu_B^* + RT \ln x_B) = RT \ln f_B^*$ は中間の濃度における式 (5・93) と (5・105) の補正項に相当する.

実用的には重量モル濃度 m_B (溶媒 1 kg の中の溶質のモル数, mol kg^{-1}) に対応する活量がよく用いられる. モル分率 x_B と m_B の関係は, 溶媒のモル質量を M_A (kg mol^{-1}) として

$$x_B = \frac{m_B}{1/M_A + m_B} = \frac{M_A m_B}{1 + M_A m_B} \tag{5・111}$$

上式を (5・98) に代入して

$$\mu_B = \mu_B^\ominus(T, P) + RT \ln f_B \frac{M_A m_B}{1 + M_A m_B} \frac{m^\ominus}{m^\ominus}$$

ただし $m^\ominus$ は**標準モル濃度** (通常 $m^\ominus = 1$ mol kg^{-1}) で, 次式で $\ln$ の中を無次元の数にするために導入した. 上式は次のように書ける.

$$\mu_B = \mu_{mB}^\ominus(T, P) + RT \ln \gamma_B (m_B/m^\ominus) \tag{5・112}$$

ただし

$$\mu_{mB}^\ominus(T, P) = \mu_B^\ominus(T, P) + RT \ln M_A m^\ominus \tag{5・113}$$

$$\gamma_B = \frac{f_B}{1 + M_A m_B} \tag{5・114}$$

また $m_B/m^\ominus$ は, 重量モル濃度の数値 (無次元) である. ここで

$$\boxed{a_{mB} = \gamma_B (m_B/m^\ominus)} \tag{5・115}$$

とおけば式 (5・112) は

$$\boxed{\mu_B = \mu_{mB}^\ominus(T, P) + RT \ln a_{mB}} \tag{5・116}$$

と書ける. これらの式で a_{mB} は重量モル濃度を用いたときの活量, γ_B は活量係数に相当する. また $\mu_{mB}^\ominus$ は $a_{mB} = 1$ のときの化学ポテンシャル (**標準化**

§ 5·11 活 量

学ポテンシャル) である. $m_B \to 0$ ($x_B \to 0$) では $f_B \to 1$ となるので, 式 (5·114) から $\gamma_B \to 1$ ($a_{mB} \to m_B/m^{\ominus}$) となる. なおモル分率を用いたときの活量 a_B と a_{mB} の関係は次のようになる. 式 (5·111), (5·114) より, $a_B = f_B x_B = \gamma_B M_A m_B$ となるから, この式と (5·115) より

$$a_B = m^{\ominus} M_A a_{mB} \tag{5·117}$$

モル濃度 c_B (単位体積の溶液中に含まれる溶質のモル数) に基づく活量 a_{cB} と活量係数 y_B も, 上と同様にして得られる. すなわち

$$\boxed{\mu_B = \mu_{cB}^{\ominus}(T, P) + RT \ln a_{cB}} \tag{5·118}$$

$$\boxed{a_{cB} = y_B(c_B/c^{\ominus})} \tag{5·119}$$

ただし, $y_B = f_B/(1 + V_{mA} c_B)$, ($V_{mA}$ は溶媒のモル体積), $c^{\ominus}$ は標準モル濃度で, 普通 $c^{\ominus} = 1$ mol dm^{-3} である. また $\mu_{cB}^{\ominus}$ は $a_{cB} = 1$ のときの化学ポテンシャル (標準化学ポテンシャル) である. $c_B \to 0$ では $y_B \to 1$ となる.

上で得た化学ポテンシャルの式を用いて, 溶液中の反応を論じよう. 溶質 B_1, B_2, … の間の反応

$$0 = \sum_i \nu_i B_i$$

の平衡条件は, それらの化学ポテンシャルの間に式 (4·86)

$$\sum_i \nu_i \mu_i = 0 \tag{5·120}$$

が成立することである.

いま, 溶質の化学ポテンシャルに式 (5·95) に相当する式

$$\mu_i = \mu_i^{\ominus}(T, P) + RT \ln a_i \tag{5·121}$$
$$= \mu_i^{\ominus}(T, P) + RT \ln f_i x_i$$

を用い, 式 (5·120) に代入すると, §4·7 の場合と同様にして

$$\boxed{\Delta G^{\ominus} = -RT \ln K_a} \tag{5·122}$$

が得られる. ただし

$$\Delta G^{\ominus} = \sum_i \nu_i \mu_i^{\ominus} \tag{5·123}$$

$$\boxed{K_\mathrm{a} = \prod_i a_i{}^{\nu_i}} = \prod_i f_i{}^{\nu_i} x_i{}^{\nu_i} \tag{5・124}$$

$\Delta G^\ominus$ は標準 Gibbs エネルギー変化（標準状態は式 (5・121) で $a_i=1$ の状態）で，一定の温度と圧力では一定である．また K_a は，活量であらわした平衡定数である．溶液が十分希薄な場合には $f_i=1$ とおけるので，平衡定数は

$$K_\mathrm{x} = \prod_i x_i{}^{\nu_i} \tag{5・125}$$

となる．同様に式 (5・120) に (5・116) に相当する式

$$\begin{aligned} \mu_i &= \mu_{mi}{}^\ominus(T, P) + RT \ln a_{mi} \\ &= \mu_{mi}{}^\ominus(T, P) + RT \ln \gamma_i(m_i/m^\ominus) \end{aligned} \tag{5・126}$$

を代入すれば

$$\boxed{\Delta G_m{}^\ominus = -RT \ln K_{m\mathrm{a}}} \tag{5・127}$$

を得る．ただし

$$\Delta G_m{}^\ominus = \sum_i \nu_i \mu_{mi}{}^\ominus$$

$$\boxed{K_{m\mathrm{a}} = \prod_i a_{mi}{}^{\nu_i}} = \prod_i \gamma_i{}^{\nu_i}(m_i/m^\ominus)^{\nu_i} \tag{5・128}$$

$K_{m\mathrm{a}}$ は，重量モル濃度に基づく活量であらわした平衡定数である．溶液が十分希薄のときは $\gamma_i=1$ となるので，平衡定数として

$$K_m{}^\ominus = \prod_i (m_i/m^\ominus)^{\nu_i} \tag{5・129}$$

を使うことができる．$K_m{}^\ominus$ の代りに

$$K_m = \prod_i m_i{}^{\nu_i} = K_m{}^\ominus m^{\ominus \sum_i \nu_i} \tag{5・130}$$

を使うことが多い．重量モル濃度 m_i の代りにモル濃度 c_i で溶液の濃度をあらわすと，式 (5・118) に対応して化学ポテンシャルは

$$\begin{aligned} \mu_i &= \mu_{ci}{}^\ominus(T, P) + RT \ln a_{ci} \\ &= \mu_{ci}{}^\ominus(T, P) + RT \ln y_i(c_i/c^\ominus) \end{aligned} \tag{5・131}$$

と書けるので，平衡定数は式 (5・128) と同様に

$$K_{c\mathrm{a}} = \prod_i a_{ci}{}^{\nu_i} = \prod_i y_i{}^{\nu_i}(c_i/c^\ominus)^{\nu_i} \tag{5・132}$$

$c_i \to 0$ では $y_i = 1$ であるから，平衡定数は

$$K_c^\ominus = \prod_i (c_i/c_i^\ominus)^{\nu_i} \tag{5.133}$$

または

$$K_c = \prod_i c_i^{\nu_i} = K_c^\ominus c^{\ominus \sum_i \nu_i} \tag{5.134}$$

となる．

〔例題 5・8〕 水のモル分率が 0.891 1 のショ糖水溶液の蒸気圧は 50℃ で 0.099 1 atm である．また 50℃ における水の蒸気圧は 0.121 7 atm である．気相中にショ糖の蒸気が存在しないとして，液相における水の活量および活量係数を求めよ．

〔解〕 水の活量と活量係数を $a_A{}^*$, $f_A{}^*$ とすると，式 (5.101) と (5.96) から

$$a_A{}^* = \frac{p_A}{p_A{}^*} = \frac{0.099\ 1\ \text{atm}}{0.121\ 7\ \text{atm}} = 0.814 \qquad f_A{}^* = \frac{a_A{}^*}{x_A} = \frac{0.814}{0.891\ 1} = 0.913$$

問　題

5・1 次の場合，系の独立成分の数と自由度を求めよ．
 (1) 食塩水が水蒸気と平衡になっている．
 (2) 食塩の飽和水溶液中に食塩が沈殿しており，水蒸気と平衡になっている．
 (3) エタノールと水の溶液がその蒸気と平衡になっている．

5・2 二酸化炭素の三重点は温度 −56.6℃，圧力 5.1 atm である．また臨界点は温度 31.1℃，圧力 72.8 atm である．
 (1) 二酸化炭素の状態図の概略を画け．
 (2) 圧力 1 atm, 10 atm および 80 atm で，二酸化炭素を低温から加熱するときの状態変化を述べよ．
 (3) −10℃ で圧力を 50 atm から準静的に減少させていくときの化学ポテンシャル μ の変化の概略を横軸に P をとって P-μ 図で示せ．

5・3 アセトンの標準沸点は 56.5℃，39.5℃ における蒸気圧は 400 Torr である．39.5～56.5℃ の温度範囲のアセトンのモル蒸発熱を求めよ．

5・4 水の三重点の温度と圧力はそれぞれ 273.16 K, 4.59 Torr である．−10℃ の氷の蒸気圧と 10℃ の液体の水の蒸気圧を求めよ．ただし 273.16 K において，水のモル蒸気熱は，$\Delta H_{\text{vap}} = 45.05\ \text{kJ mol}^{-1}$，氷のモル融解熱は $\Delta H_{\text{fus}} = 6.01\ \text{kJ mol}^{-1}$

で，それらはいずれも上の温度範囲で一定とする．

5・5 25℃, 1 atm でベンゼン 2 mol とトルエン 3 mol を混合するときの ΔV, ΔU, ΔH, ΔS, ΔA および ΔG を求めよ．

5・6 137℃でクロロベンゼンの蒸気圧は 1.136 atm，ブロモベンゼンの蒸気圧は 0.596 atm である．両者を混合すると理想溶液となる．次の (1)～(3) の値を求めよ．
 (1) 沸点が 137℃ の混合溶液の組成．
 (2) 137℃ で (1) の溶液と平衡にある蒸気の組成．
 (3) 2 成分の等モル溶液の 137℃ における蒸気圧と蒸気の組成．

5・7 溶媒 A，溶質 B よりなる理想希薄溶液がその蒸気と平衡にある．Henry の法則の定数を K_B として，気相の全圧 P を与える次の二つの式を導け．

 (1) $P = p_A^* + (K_B - p_A^*) x_B^{(l)}$ (2) $P = \dfrac{p_A^* K_B}{p_A^* + (K_B - p_A^*) x_A^{(g)}}$

5・8 ある物質 5.81 g を水に溶かして 100 cm³ の溶液をつくり，25℃ でその浸透圧を測定したところ，4.16 atm であった．この物質の分子量を求めよ．またこの溶液の沸点上昇と凝固点降下を計算せよ．ただし水のモル沸点上昇定数とモル凝固点降下定数は 0.51 および 1.86 K mol⁻¹ kg，また溶液の密度を 1.00 g cm⁻³ とする．

5・9 非理想溶液の凝固点降下について，溶液中の溶媒の活量を a_A^* とすると

$$\Delta T_f = -\frac{RT_f^2}{\Delta H_{fus}} \ln a_A^*$$

が成立することを示せ．

5・10 ある物質 5 mol を 1 kg の水に溶かしたところ，水の凝固点は 7.11 K 降下した．前間の式を用いて，この溶液中の水の活量と活量係数を求めよ．ただし水のモル凝固点降下定数を 1.86 K mol⁻¹ kg とする．

5・11 Gibbs-Duhem の式を用いて，式 (5・94)，(5・95) から

$$\ln f_B = \int_{x_A}^{1} \frac{x_A}{x_B} \, d \ln f_A^*$$

を，式 (5・94)，(5・106) から次式を導け．

$$\ln f_B^* = -\int_0^{x_A} \frac{x_A}{x_B} \, d \ln f_A^*$$

（注） これらの式は，溶液のモル分率と溶媒の活量係数との関係から，溶質の活量係数を求めるために利用される．

6 電解質溶液と電池

電解質は，水溶液中でほぼ完全に解離する強電解質と，解離したイオンと非解離分子が平衡状態で存在する弱電解質に大別される．これらの電解質の性質は，水溶液の電気伝導の実験によって研究される．弱電解質では，解離平衡を，強電解質ではイオンの活量を，熱力学を用いて論じる．次に電池の起電力と熱力学的データを結びつける関係を説明する．電池における反応は酸化還元反応に相当するので，可逆電池の起電力の測定から酸化還元反応の平衡定数を求めることができる．

§6·1 電解質溶液の電離

ある種の物質は特定の溶媒に溶かすと，**陽イオン**(cation) と**陰イオン**(anion) に解離する．この現象を**電離** (electrolytic dissociation, ionization) とよび，電離する物質を**電解質** (electrolyte) という．例えば塩化ナトリウムを水に溶かすと

$$\mathrm{NaCl(s)} \longrightarrow \mathrm{Na^+(aq)} + \mathrm{Cl^-(aq)} \tag{6·1}$$

により陽イオン $\mathrm{Na^+}$ と陰イオン $\mathrm{Cl^-}$ に電離する．ところで NaCl の結晶は，$\mathrm{Na^+}$ と $\mathrm{Cl^-}$ がクーロン力で引き合って規則正しく配列したものである．これを水に溶かすと $\mathrm{Na^+}$ と $\mathrm{Cl^-}$ に分かれて安定に存在する理由は，水の比誘電率 ε_r の値が 78.5 と異常に高いため，$\mathrm{Na^+}$ と $\mathrm{Cl^-}$ の間のクーロン力が溶液中で弱められること*，およびイオンのまわりに水分子が結合（**水和**, hydration）して安定化に寄与することに基づく（図 6·1）．実際，NaCl 結晶を $\mathrm{Na^+}$ と $\mathrm{Cl^-}$ に分ける過程，すなわち $\mathrm{NaCl(s)} \longrightarrow \mathrm{Na^+(g)} + \mathrm{Cl^-(g)}$ に伴う標準エンタル

---

* 距離 r にある電荷 q, q' の間のクーロン力は，媒質の誘電率を ε とすると
$$F = \frac{qq'}{4\pi\varepsilon r^2}$$
比誘電率は ε と真空の誘電率 ε_0 の比 $\varepsilon_r = \varepsilon/\varepsilon_0$ である．

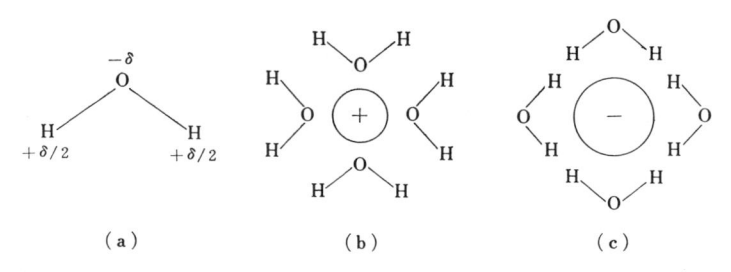

図 6·1 イオンの水和の模式図．(a): 水分子における分極，(b): 陽イオンの水和，(c): 陰イオンの水和．

ピー変化は $\Delta H^\ominus = 757\,\text{kJ mol}^{-1}$ である．これに対して NaCl 結晶を水に溶解（無限希釈）する際の標準エンタルピー変化は，$\Delta H^\ominus = 3.88\,\text{kJ mol}^{-1}$ にすぎない．水の他に比誘電率が大きい極性溶媒である液体アンモニア（$\varepsilon_r = 16.9$, 25℃）や，液体二酸化硫黄（$\varepsilon_r = 14.1$, 20℃）も電解質を解離させる媒質となる．

電解質は，次の 2 種類に分類される．

強電解質：水溶液中でほとんど完全に解離する物質．強酸（HCl，HNO$_3$，H$_2$SO$_4$ など），強塩基（NaOH，KOH など），塩類（NaCl，K$_2$SO$_4$ など）．

弱電解質：水溶液中で解離したイオンと非解離分子とが平衡状態で存在する物質．弱酸（CH$_3$COOH，H$_2$S など），弱塩基（NH$_3$，アニリン（C$_6$H$_5$NH$_2$）など）．

§5·9, §5·10 で述べた希薄溶液の束一的性質は，溶液中の溶質の粒子数に依存する．電解質溶液では電離によって粒子数が増えるため，非電解質溶液の束一的性質について成立する式（(5·76), (5·80), (5·83), (5·89)）を修正しなければならない．例えば浸透圧の式 (5·89)

$$\varPi = c_\text{B} RT$$

は電解質溶液では

$$\varPi = i c_\text{B} RT \tag{6·2}$$

となる．ここで i は 1 より大きい数で **van't Hoff 係数**（van't Hoff factor）という．蒸気圧降下，沸点上昇，凝固点降下の各式についても同様な修正が必要である．

電解質の化学式を $M_{\nu_+}X_{\nu_-}$ として，モル濃度 c_B の溶液の電離度 α と i の関係を考えてみよう．解離の式を

$$M_{\nu_+}X_{\nu_-} = \nu_+ M^{z+} + \nu_- X^{z-} \tag{6.3}$$

とすると*，分子とイオンのモル濃度は

$$[M_{\nu_+}X_{\nu_-}] = (1-\alpha)c_B, \quad [M^{z+}] = \nu_+ \alpha c_B, \quad [X^{z-}] = \nu_- \alpha c_B$$

である．よって溶液中の全粒子のモル濃度は

$$(1-\alpha)c_B + \nu_+ \alpha c_B + \nu_- \alpha c_B = \{1-\alpha+(\nu_++\nu_-)\alpha\}c_B$$

これが修正されたモル濃度 ic_B に相当するので

$$\nu = \nu_+ + \nu_- \tag{6.4}$$

として

$$i = 1 + (\nu-1)\alpha \tag{6.5}$$

が得られる．弱電解質溶液では浸透圧（または蒸気圧降下など）を測定して i を求め，上式から解離度 α を得ることができる．一方，強電解質は水溶液中で完全解離するから，式 (6.5) で $\alpha=1$, $i=\nu$ となるはずである．ところが，図 6·2 に示すように i の値は無限希釈では ν であるが，濃度とともに減少する．これは弱電解質の場合とは異なり，解離度 α の減少によるものではない．完全解離している陽イオ

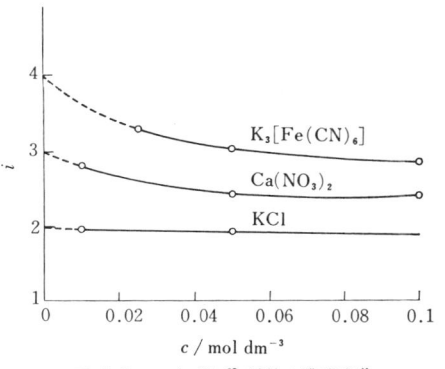

図 6·2　van't Hoff 係数の濃度変化

ンと陰イオンの間の平均距離が濃度が増すとともに小さくなるため，それらの間のクーロン相互作用が次第に大きくなることに基づくと考えられている．

§6·2　電解質溶液の電気伝導

電解質を水に溶かすとイオンに分かれるため，溶液は電気伝導性を示す．図

---

* 例えば $Na_2CO_3 = 2Na^+ + CO_3^{2-}$ では $\nu_+=2$, $\nu_-=1$, $z_+=1$, $z_-=-2$ である．

6·3 のような容器に電解質溶液をみたし，電極間に $\Delta\phi$ の電位差（電圧）を与えると，流れる電流の強さ I と電気抵抗 R の間には Ohm の法則

$$I=\frac{\Delta\phi}{R} \qquad (6\cdot 6)$$

が成立する*．通常の導体と同じように，R は溶液の断面積 A に反比例し，長さ l に比例する（図 6·3 参照）．

$$R=\rho\frac{l}{A} \qquad (6\cdot 7)$$

ρ は比例定数で**抵抗率**（resistivity）とよばれる．R の逆数，$1/R$ を**コンダクタンス**（conductance），また ρ の逆数

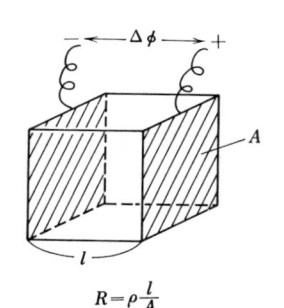

図 6·3 電解質溶液の電気抵抗

$$\kappa\equiv\frac{1}{\rho}=\frac{l}{AR} \qquad (6\cdot 8)$$

を**伝導率**（conductivity）という．上式から，κ は単位断面積と単位長さをもつ溶液のコンダクタンスである．その SI 単位は $\Omega^{-1}\,\mathrm{m}^{-1}$ となる．伝導率を溶液のモル濃度 c でわったものを，**モル伝導率**（molar conductivity）とよび，Λ であらわす．

$$\Lambda=\frac{\kappa}{c} \qquad (6\cdot 9)$$

モル濃度としては通常，当量モル濃度を用いる．例えば，$CuSO_4$ 溶液の場合は $1/2$ mol が 1 当量である．$1/2$ mol の $CuSO_4$ が完全解離すると，$L/2$ 個ずつの Cu^{2+} と SO_4^{2-} を生じる（L は Avogadro 数）．したがって電気素量を e として，溶液中には Le の正電荷と $-Le$ の負電荷ができる．上式から，Λ は単位濃度（完全解離すると単位体積（SI 単位では m^3）の溶液中に $\pm Le$ の電荷を含む）あたりの伝導率である．Λ の SI 単位は $\Omega^{-1}\,\mathrm{m}^2\,\mathrm{mol}^{-1}$ となる．

---

* 電解質溶液に直流を通すと，電気分解が起こって正しい抵抗を求めることができない．そこで 1000～2000 Hz の交流を用いて抵抗を測定する．この場合，一つの半サイクルで生じた変化が次の半サイクルで打消される．

§6·2 電解質溶液の電気伝導

濃度を変えて電解質溶液のモル伝導率を測定すると，図6·4のような関係が得られる．図において酢酸は弱電解質，それ以外の物質は強電解質である．前述したように，弱電解質では濃度とともに解離度が減少するため Λ が低下する．これに対し強電解質では，濃度が増すとイオン間の静電相互作用が大きくなるため，Λ が小さくなる．実験結果から，強電解質の場合は，濃度の低い範囲で $\sqrt{c}$ と Λ の間に直線関係（図6·4の破線）が成立し

$$\Lambda = \Lambda^\infty - k\sqrt{c}$$

となる．ここで k は定数，Λ^∞ は無限希釈におけるモル伝導率で**極限モル伝導率** (limiting molar conductivity) とよばれる．弱電解質の場合は，図からわかるように無限希釈に近づくと急に Λ が増加するため，図のデータから Λ^∞ を求めることができない．

無限希釈ではイオンは互いに独立に移動するので，電解質の極限モル伝導率 Λ^∞ は，陽イオンによる項と陰イオンによる項の和になるはずである．すなわち

$$\Lambda^\infty = \Lambda_+ + \Lambda_- \tag{6·10}$$

これを Kohlrausch（コールラウシュ）の**イオン独立移動の法則** (law of independent migration of ions) という．ここで Λ_+ と Λ_- は，陽イオンと陰イオンのモルイオン伝導率である．Kohlrausch の法則を用いると，弱電解質の極限モル伝導率は強電解質のデータから間接的に求められる．例えば，酢酸の Λ_∞ は

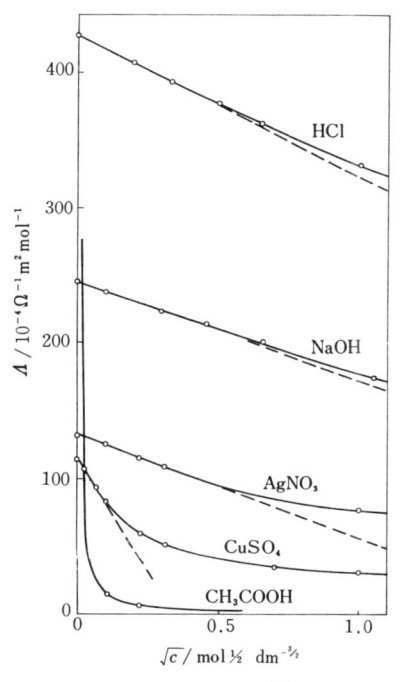

図 6·4 モル伝導率 Λ と $\sqrt{c}$ の関係．CH_3COOH 以外は強電解質

であるから，強電解質の値

$$\Lambda^\infty(\text{HCl}) = \Lambda(\text{H}^+) + \Lambda(\text{Cl}^-) = 426.1 \times 10^{-4}\ \Omega^{-1}\ \text{m}^2\ \text{mol}^{-1}$$

$$\Lambda^\infty(\text{CH}_3\text{COONa}) = \Lambda(\text{Na}^+) + \Lambda(\text{CH}_3\text{COO}^-) = 91.0 \times 10^{-4}\ \Omega^{-1}\ \text{m}^2\ \text{mol}^{-1}$$

$$\Lambda^\infty(\text{NaCl}) = \Lambda(\text{Na}^+) + \Lambda(\text{Cl}^-) = 126.5 \times 10^{-4}\ \Omega^{-1}\ \text{m}^2\ \text{mol}^{-1}$$

を用いて

$$\Lambda^\infty(\text{CH}_3\text{COOH}) = \Lambda^\infty(\text{HCl}) + \Lambda^\infty(\text{CH}_3\text{COONa}) - \Lambda^\infty(\text{NaCl})$$
$$= 390.6 \times 10^{-4}\ \Omega^{-1}\ \text{m}^2\ \text{mol}^{-1}$$

と求められる．表 6・1 に，25 °C における種々のイオンのモル伝導率の値を示す*．

表 6・1 モルイオン伝導率とイオン移動度 (25 °C)

陽イオン	$\Lambda_+/10^{-4}\ \Omega^{-1}\ \text{m}^2\ \text{mol}^{-1}$	$u_+/10^{-8}\ \text{m}^2\ \text{s}^{-1}\ \text{V}^{-1}$	陰イオン	$\Lambda_-/10^{-4}\ \Omega^{-1}\ \text{m}^2\ \text{mol}^{-1}$	$u_-/10^{-8}\ \text{m}^2\ \text{s}^{-1}\ \text{V}^{-1}$
H^+	349.8	36.25	OH^-	198.0	20.52
K^+	73.5	7.62	Cl^-	76.3	7.91
NH_4^+	73.4	7.61	Br^-	78.4	8.13
Ag^+	61.9	6.42	I^-	76.8	7.96
Na^+	50.1	5.19	NO_3^-	71.4	7.40
Li^+	38.7	4.01	HCO_3^-	44.5	4.61
$\frac{1}{2}\text{Ca}^{2+}$	59.5	6.17*	CH_3COO^-	40.9	4.24
$\frac{1}{2}\text{Mg}^{2+}$	53.1	5.50	$\frac{1}{2}\text{SO}_4^{2-}$	79.8	8.27

* この値は，$1/2\ \text{Ca}^{2+}$ ではなくて Ca^{2+} イオンについての値である．他の 2 価イオンについても同様．

弱電解質ではイオンの濃度が低いので，各イオンは独立に移動すると考えてよい．したがって弱電解質の伝導率を支配するのは，その解離度 α（電気伝導

---

* Λ^∞ を Λ_+ と Λ_- に分けるには，陽イオンと陰イオンが運ぶ電気量の割合（これを**輸率**（transport number）という）t_+ と t_- を測定する．ただし $t_+ + t_- = 1$ である．無限希釈では

$$t_+ = \frac{\Lambda_+}{\Lambda_+ + \Lambda_-} = \frac{\Lambda_+}{\Lambda^\infty} \qquad t_- = \frac{\Lambda_-}{\Lambda_+ + \Lambda_-} = \frac{\Lambda_-}{\Lambda^\infty}$$

であるから，Λ^∞ と t_+, t_- の測定値から Λ_+ と Λ_- が得られる．輸率を測定するにはいくつかの方法があるが，例えば Hittorf の方法では，電気分解の際，陽イオンと陰イオンの移動速度が異なるため，陽極付近と陰極付近とで電解質の濃度が異なることを利用する．

§6・2 電解質溶液の電気伝導

に寄与するイオンの濃度の全濃度に対する割合）である．解離度 α における モル伝導率を Λ とすれば

$$\Lambda = \alpha \Lambda_+ + \alpha \Lambda_- = \alpha \Lambda^\infty$$

$$\boxed{\alpha = \frac{\Lambda}{\Lambda^\infty}} \tag{6・11}$$

が成立する．したがって，解離度は，Λ の実測値と Λ^∞ の計算値から求められる．

〔例題 6・1〕 水はわずかに電離して平衡

$$H_2O \rightleftarrows H^+ + OH^-$$

が成立する（§6・3）．25℃ における水の伝導率は，$5.5\times 10^{-6}\,\Omega^{-1}\,\mathrm{m}^{-1}$ である．25℃ における水の解離度を求めよ．

〔解〕 水のモル濃度は

$$c = \frac{1\,000}{18.02}\,\mathrm{mol\,dm^{-3}} = 55.5\,\mathrm{mol\,dm^{-3}}$$

であるから，式（6・9）より，

$$\Lambda = \frac{\kappa}{c} = \frac{5.5\times 10^{-6}\,\Omega^{-1}\,\mathrm{m}^{-1}}{55.5\times 10^3\,\mathrm{mol\,m^{-3}}} = 9.9\times 10^{-11}\,\Omega^{-1}\,\mathrm{m^2\,mol^{-1}}$$

式（6・10）と表 6・1 の値より，完全解離した場合の水のモル伝導率は

$$\Lambda^\infty = \Lambda(\mathrm{H^+}) + \Lambda(\mathrm{OH^-}) = (350 + 198)\times 10^{-4}\,\Omega^{-1}\,\mathrm{m^2\,mol^{-1}}$$
$$= 548\times 10^{-4}\,\Omega^{-1}\,\mathrm{m^2\,mol^{-1}}$$

式（6・11）より，25℃ における水の解離度は

$$\alpha = \frac{\Lambda}{\Lambda^\infty} = \frac{9.9\times 10^{-11}}{548\times 10^{-4}} = 1.8\times 10^{-9}$$

電場の下でイオンが移動する速度は，電場の強さ（電位勾配）に比例する．単位の電場の強さの下におけるイオンの移動速度を**イオン移動度**（ionic mobility）という．無限希釈におけるモルイオン伝導率 Λ_+, Λ_- とイオン移動度 u_+, u_- の間の関係は

$$\Lambda_+ = F u_+ \qquad \Lambda_- = F u_- \tag{6・12}$$

となる．ただし F は **Faraday** 定数で，電子 1 mol のもつ電気量の絶対値で

ある．その値は

$$F = Le = 9.6485 \times 10^4 \text{ C mol}^{-1} \tag{6・13}$$

式 (6・12) は次のようにして得られる．図 6・5 に示すように，断面積 A，長さ l の容器にモル濃度 c の電解質溶液がみたされているものとする．両極の電位差を $\Delta\phi$ とすると，電場の強さは $\Delta\phi/l$ であるから，陽イオンの移動速度は $u_+(\Delta\phi/l)$ となる．したがって，単位時間に図の幅 $u_+(\Delta\phi/l)$ の溶液層に含まれる陽イオンが，断面 S を通って陰極側に移動する．この中に含まれる陽イオンの量は，$cu_+(\Delta\phi/l)A$ mol である．同様にして，単位時間に断面 S を通

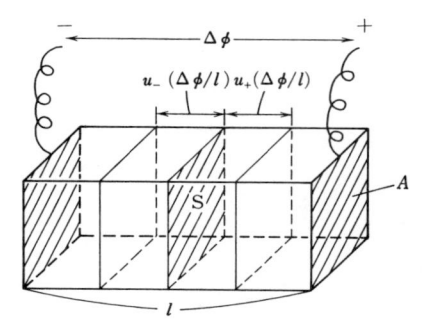

図 6・5 電場の下におけるイオンの移動

過して陽極側に移動する陰イオンの量は $cu_-(\Delta\phi/l)A$ mol である．両者の和にイオンのモルあたりの電気量 F をかけると，陰陽両イオンが単位時間に運ぶ電気量(電流の強さ) I が得られる．すなわち

$$I = F(u_+ + u_-)c(A/l)\Delta\phi$$

一方，式 (6・6)，(6・8) から

$$I = \kappa(A/l)\Delta\phi$$

上の二つの式から

$$\kappa = F(u_+ + u_-)c$$

無限希釈では式 (6・9)，(6・10) から $\kappa = \Lambda^\infty c = (\Lambda_+ + \Lambda_-)c$ である．よって $\Lambda_+ = Fu_+$，$\Lambda_- = Fu_-$ が得られる．

表 6・1 にはモルイオン伝導率の値の他に，式 (6・12) から求めたイオン移動度の値が示してある．表で，水素イオン H^+ と水酸化物イオン OH^- の移動度の値が異常に大きい理由は，次のようにして説明される．水溶液中では H^+ は単独で存在しているのではなくて，水分子と結合して**オキソニウムイオン** (oxonium ion) H_3O^+ となっている．これが電場の中にあると，イオン自身が陰極に向って移動するのではなくて，図 6・6 (a) のようにオキソニウムイオンの電荷が次々と隣接分子間で移動するので，結果として大きい移動速度を与えるの

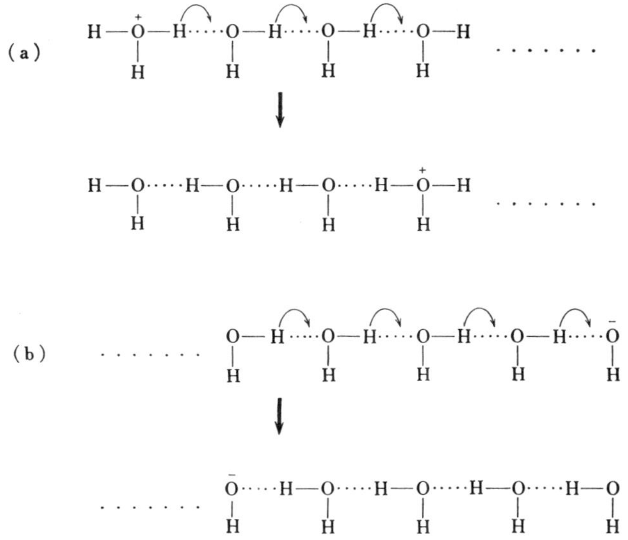

図 6·6 電場の下にある水溶液中における H_3O^+ と OH^- の移動.
(a): H_3O^+, (b): OH^-

である. 水酸化物イオンの移動についても同様である (図 6·6 (b)).

§6·3 弱電解質溶液

弱酸 HA の場合を例にして, 水溶液中の**電離平衡** (ionization equilibrium) を考えよう. HA は水溶液中で

$$HA + H_2O \rightleftarrows H_3O^+ + A^- \qquad (6·14)$$

のような解離平衡にある. H_3O^+ はオキソニウムイオンである. モル濃度に基づく活量であらわした平衡定数 (5·132) は, この場合

$$K_{ca} = \frac{a(H_3O^+)a(A^-)}{a(HA)a(H_2O)} = \frac{y(H_3O^+)y(A^-)}{y(HA)y(H_2O)} \cdot \frac{[H_3O^+][A^-]}{[HA][H_2O]} \qquad (6·15)$$

となる. ただし $[H_3O^+]$, $[A^-]$ などは H_3O^+, A^- などのモル濃度 (c_i) である. また a は活量, y は活量係数である. 式 (6·15) において, K_{ca} は T, P

のみにより濃度に依存しない定数である．希薄溶液では各活量係数 $y_i=1$，また $[\text{H}_2\text{O}]=\text{const}$ とみなせるので，上式は K を定数として

$$K=\frac{[\text{H}_3\text{O}^+][\text{A}^-]}{[\text{HA}]} \tag{6.16}$$

と書ける．K を**解離定数**（dissociation constant）または**電離定数**（ionization constant）とよぶ．簡単のため，式 (6.14), (6.16) を

$$\text{HA} \rightleftarrows \text{H}^+ + \text{A}^-$$

$$K=\frac{[\text{H}^+][\text{A}^-]}{[\text{HA}]} \tag{6.17}$$

のように書くことが多い．弱酸 HA の全濃度を c，この濃度での解離度を α とすると

$$[\text{HA}]=c(1-\alpha) \qquad [\text{H}^+]=[\text{A}^-]=c\alpha$$

である．これらの式を (6.17) に代入して

$$\boxed{K=\frac{c\alpha^2}{1-\alpha}} \tag{6.18}$$

この関係を Ostwald（オストワルト）の**希釈律**（dilution law）という．式 (6.11) によると，弱電解質のモル伝導率の測定値から解離度 α を求めることができる．種々の濃度の酢酸について α から式 (6.18) により計算した K の値を表 6.2 に示す．K の値がほぼ一定であることがわかる．

表 6.3 に種々の弱酸の解離定数を示す．表において，リン酸のような多塩基

表 6.2 酢酸の解離定数（25 ℃）
$\Lambda^\infty=390.6\times 10^{-4}\ \Omega^{-1}\,\text{m}^2\,\text{mol}^{-1}$

$c/10^{-3}\,\text{mol}\,\text{dm}^{-3}$	$\Lambda/10^{-4}\,\Omega^{-1}\,\text{m}^2\,\text{mol}^{-1}$	$\alpha=\Lambda/\Lambda^\infty$	$K/10^{-5}\,\text{mol}\,\text{dm}^{-3}$
0.028 01	210.4	0.583 5	1.760
0.153 2	112.0	0.286 7	1.767
1.028	48.15	0.123 2	1.781
2.414	32.22	0.082 47	1.789
5.912	20.96	0.053 65	1.798
12.83	14.37	0.036 78	1.803
50.00	7.36	0.018 84	1.808

§6・3 弱電解質溶液

表 6・3 弱酸の解離定数 (25 ℃)

酸			$K/\text{mol dm}^{-3}$
フッ化水素	HF		6.31×10^{-4}
シアン化水素	HCN		6.17×10^{-10}
ギ酸	HCOOH		1.78×10^{-4}
酢酸	CH_3COOH		1.754×10^{-5}
フェノール	C_6H_5OH		1.02×10^{-10}
安息香酸	C_6H_5COOH		6.252×10^{-5}
硫化水素	H_2S	K_1	8.91×10^{-8}
		K_2	1×10^{-19}
炭酸	H_2CO_3	K_1	4.47×10^{-7}
		K_2	4.68×10^{-11}
リン酸	H_3PO_4	K_1	6.92×10^{-3}
		K_2	6.17×10^{-8}
		K_3	4.79×10^{-13}

酸では，各段階の電離に次のような解離定数が存在する．

$$H_3PO_4 \rightleftarrows H^+ + H_2PO_4^- \qquad K_1 = \frac{[H^+][H_2PO_4^-]}{[H_3PO_4]}$$

$$H_2PO_4^- \rightleftarrows H^+ + HPO_4^{2-} \qquad K_2 = \frac{[H^+][HPO_4^{2-}]}{[H_2PO_4^-]}$$

$$HPO_4^{2-} \rightleftarrows H^+ + PO_4^{3-} \qquad K_3 = \frac{[H^+][PO_4^{3-}]}{[HPO_4^{2-}]}$$

弱酸の場合と同様に，弱塩基 B の水溶液についても次の関係が成立する．

$$H_2O + B \rightleftarrows BH^+ + OH^- \qquad K = \frac{[BH^+][OH^-]}{[B]}$$

弱塩基の解離定数の値を，表 6・4 に示す．

表 6・4 弱塩基の解離定数 (25 ℃)

塩基		$K/\text{mol dm}^{-3}$
アンモニア	NH_3	1.80×10^{-5}
メチルアミン	CH_3NH_2	4.62×10^{-4}
ジメチルアミン	$(CH_3)_2NH$	5.42×10^{-4}
トリメチルアミン	$(CH_3)_3N$	6.37×10^{-5}
アニリン	$C_6H_5NH_2$	7.49×10^{-10}
ピリジン	C_5H_5N	1.72×10^{-9}
キノリン	C_9H_7N	5.46×10^{-10} [a]

a) 20 ℃

純水は，オキソニウムイオンと水酸化物イオンにわずかに解離して平衡に達する．

$$H_2O + H_2O \rightleftarrows H_3O^+ + OH^- \tag{6・19}$$

この式に質量作用の法則を適用すると

$$K = \frac{[H_3O^+][OH^-]}{[H_2O]^2} \tag{6・20}$$

水はほとんど解離しないので，$[H_2O] = $const とみなせるため

$$K' = [H_3O^+][OH^-] \tag{6・21}$$

簡単のため式 (6・19)，(6・21) を

$$H_2O \rightleftarrows H^+ + OH^- \tag{6・22}$$

$$K_W = [H^+][OH^-] \tag{6・23}$$

と書く．上式の平衡定数 K_W は一定温度では一定値をとり，水の**イオン積** (ionic product) とよばれる．〔例題 6・1〕において水の伝導率から求めた解離度は 25°C で $\alpha = 1.8 \times 10^{-9}$ であった．水のモル濃度は $c = 55.6$ mol dm^{-3} であるから（〔例題 6・1〕），

$$[H^+] = [OH^-] = c\alpha = (55.6 \text{ mol dm}^{-3})(1.8 \times 10^{-9})$$
$$= 1.0 \times 10^{-7} \text{ mol dm}^{-3}$$

これから 25°C における水のイオン積は

$$K_W = [H^+][OH^-] = 1.0 \times 10^{-14} \text{ mol}^2 \text{ dm}^{-6}$$

表 6・5 に，水のイオン積の温度変化を示す．

表 **6・5** 水のイオン積

t/°C	0	10	20	25	30	40	50
$K_W/10^{-14}$ mol^2 dm^{-6}	0.115	0.296	0.687	1.012	1.459	2.871	5.309

平衡式 (6・19) は溶液が希薄ならば共存イオンが存在しても成立する．したがって (6・23) 式は，酸や塩基の希薄水溶液においても成り立つ．式 (6・23) から，25°C で中性では $[H^+] = [OH^-] = 10^{-7}$ mol dm^{-3}，酸性では $[H^+] > 10^{-7}$ mol dm^{-3} > $[OH^-]$，またアルカリ性では $[H^+] < 10^{-7}$ mol dm^{-3} <

[OH$^-$] となる.**水素イオン指数** (hydrogen ion exponent) pH は

$$\mathrm{pH} = -\log\,([\mathrm{H}^+]/\mathrm{mol\,dm}^{-3}) \tag{6.24}$$

で定義される. これを用いると

酸　　　性　　pH＜7
中　　　性　　pH＝7
アルカリ性　　pH＞7

となる.

§ 6・4 強電解質溶液

すでに述べたように，強電解質は水溶液中でほぼ完全に電離する．したがって，溶液がかなり希薄でも多数のイオンが存在するため，イオン間のクーロン相互作用が大きく，理想希薄溶液とみなすことができない*．したがって弱電解質水溶液の場合と異なり，強電解質水溶液では，一般に濃度の代りに活量を用いなければならない．

強電解質 $\mathrm{M}_{\nu_+}\mathrm{X}_{\nu_-}$ の電離

$$\mathrm{M}_{\nu_+}\mathrm{X}_{\nu_-} = \nu_+\mathrm{M}^{z+} + \nu_-\mathrm{X}^{z-}$$

を考えてみよう．電気的中性の条件により $\nu_+z_+ = \nu_-z_-$ である．重量モル濃度に基づく陽イオンと陰イオンの活量と活量係数をそれぞれ a_+, a_-; γ_+, γ_- とすると式 (5・116) より，陽イオンと陰イオンの化学ポテンシャルは

$$\left.\begin{array}{l}\mu_+ = \mu_+^\ominus(T,\,P) + RT \ln a_+ \\ \mu_- = \mu_-^\ominus(T,\,P) + RT \ln a_-\end{array}\right\} \tag{6.25}$$

ただし

$$a_+ = \gamma_+(m_+/m^\ominus) \qquad a_- = \gamma_-(m_-/m^\ominus) \tag{6.26}$$

ここで m_+, m_- は，それぞれ陽イオンと陰イオンの重量モル濃度，$m^\ominus$ は基準となる重量モル濃度（通常 $1\,\mathrm{mol\,kg}^{-1}$）である．また $\mu_+^\ominus$ と $\mu_-^\ominus$ はそれぞれ $a_+ = 1$, $a_- = 1$ のときの陽イオンと陰イオンの化学ポテンシャル（標準化学

---

* 粒子間にはたらく力は，通常粒子間距離 r が増すと急に減少するのに対し，静電気的なクーロン力は比較的ゆっくり減少する．例えば van der Waals 力は r^{-7} に比例するが，クーロン力は r^{-2} に比例する．

ポテンシャル)である．溶液中では陽イオンと陰イオンは当量ずつ存在するので，一方のイオンだけの性質を実験的に求めることは困難である．したがって，活量 a_+, a_- や活量係数 γ_+, γ_- の個々の値を実験で決めることはできない．そこで，次のような**平均化学ポテンシャル** (mean chemical potential) $\mu_\pm$ を定義する．

$$\mu_\pm \equiv \frac{\nu_+ \mu_+ + \nu_- \mu_-}{\nu} \tag{6・27}$$

ここで

$$\nu = \nu_+ + \nu_- \tag{6・28}$$

である．式 (6・25), (6・27) より，平均化学ポテンシャルは

$$\mu_\pm = \mu_\pm^\ominus(T,\ P) + RT \ln a_\pm \tag{6・29}$$

ただし

$$\mu_\pm^\ominus(T,\ P) = \frac{\nu_+ \mu_+^\ominus + \nu_- \mu_-^\ominus}{\nu} \tag{6・30}$$

$$a_\pm = (a_+^{\nu_+} a_-^{\nu_-})^{1/\nu} \tag{6・31}$$

$a_\pm$ は**平均活量** (mean activity) とよばれる．式 (6・26) を上式に代入すると

$$a_\pm = \gamma_\pm (m_+^{\nu_+} m_-^{\nu_-})^{1/\nu}/m^\ominus \tag{6・32}$$

ここで

$$\gamma_\pm = (\gamma_+^{\nu_+} \gamma_-^{\nu_-})^{1/\nu} \tag{6・33}$$

は**平均活量係数** (mean activity coefficient) とよばれる．電解質の重量モル濃度を m とすると，完全解離では

$$m_+ = \nu_+ m \qquad m_- = \nu_- m$$

である．これらの式を (6・32) に入れて

$$a_\pm = \gamma_\pm (\nu_+^{\nu_+} \nu_-^{\nu_-})^{1/\nu} m/m^\ominus \tag{6・34}$$

を得る．$m \to 0$ の極限では理想希薄溶液となるから，$\gamma_\pm \to 1$ である．

電解質の平均活量係数は溶液の凝固点降下，蒸気圧，電池の起電力(§ 6・9)などの測定によって求められる．図 6・7 に，種々の強電解質の平均活量係数 $\gamma_\pm$ の濃度依存性を示す．図からわかるように，$\gamma_\pm$ は濃度の増加とともに複雑

§6.4 強電解質溶液

な変化を示すが，濃度が低い領域では

$$\log \gamma_\pm \propto -\sqrt{m} \quad (6\cdot35)$$

の関係があることが実験的に認められる（図 6·8 の HCl と $CaCl_2$ の例参照）．

電解質溶液中の一つのイオンに着目すると，その周囲には熱運動により他のイオンが近づいたり離れたりしている．しかし反対符号のイオン間には，クーロン引力がはたらくため，あるイオンのまわ

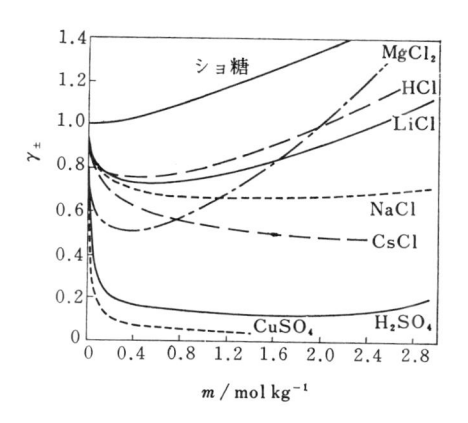

図 6·7 強電解質溶液の平均活量係数 $\gamma_\pm$ の濃度依存性．参考のためショ糖（非電解質）の活量係数の濃度変化も示した．

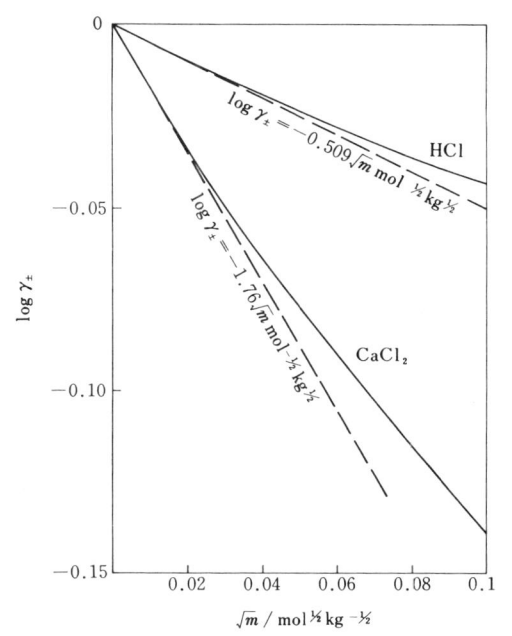

図 6·8 HCl と $CaCl_2$ の $\log \gamma_\pm$ と $\sqrt{m}$ の関係．破線は Debye と Hückel の理論式 (6·36) による．

りにその反対符号のイオンが接近する確率が大きい．すなわち統計的平均では，一つのイオンは反対符号のイオンで取り囲まれたように見える．このような一つのイオンのまわりの反対符号のイオンの分布を，**イオン雰囲気** (ion atmosphere) という．Debye と Hückel は強電解質の希薄溶液における非理想性の原因が，イオンとそのイオン雰囲気との相互作用にあるとして，電磁気学と統計力学を用いて次式を導いた．

$$\log \gamma_\pm = -(0.509\ \mathrm{mol}^{-1/2}\ \mathrm{kg}^{1/2})|z_+ z_-|\sqrt{I} \tag{6·36}$$

ただし上式の定数は，25°C のときの値である．また I は次式で定義される**イオン強度** (ionic strength) である．

$$I = \frac{1}{2}\sum_i m_i z_i^2 \tag{6·37}$$

m_i は i 番目のイオンの重量モル濃度，z_i はその電荷数である．例えば HCl のような 1-1 電解質では電解質の濃度を m とすると $I=m$，$\log \gamma_\pm = -0.509\sqrt{m}\ \mathrm{mol}^{-1/2}\ \mathrm{kg}^{1/2}$，CaCl₂ のような 2-1 電解質では $I=3m$，$\log \gamma_\pm = -0.509 \times 2\sqrt{3m}\ \mathrm{mol}^{-1/2}\ \mathrm{kg}^{1/2} = -1.76\sqrt{m}\ \mathrm{mol}^{-1/2}\ \mathrm{kg}^{1/2}$ となる (25°C，図 6·8 参照)．式 (6·36) は I がおよそ 10^{-2}〜$10^{-3}\ \mathrm{mol\ kg}^{-1}$ より小さい希薄溶液において成立する．I が大きくなると，非理想性の原因は電解質の種類によってさまざまに変わるため*，$\gamma_\pm$ と I の関係を統一的に論じることはできない．

§6·5 電池とその起電力

化学変化に伴うエネルギーを，電気的エネルギーに変える装置を**電池** (galvanic cell) という．例えば金属亜鉛を硫酸銅水溶液に浸すと，亜鉛が溶けて銅が析出する：

$$\mathrm{Zn} + \mathrm{Cu}^{2+} = \mathrm{Zn}^{2+} + \mathrm{Cu} \tag{6·38}$$

この化学変化に伴うエネルギーは，このままでは電気的エネルギーとして取り出すことはできない．しかし図 6·9 に示すように，亜鉛電極を硫酸亜鉛溶液

---

* 非理想性の原因として，イオンの溶媒和，イオン対の形成，錯イオンの形成などが考えられている．

§6·5 電池とその起電力

に,銅電極を硫酸銅溶液に浸し,両溶液が混合しないように多孔性の隔壁(素焼板など)で仕切って溶液を接触させると,両電極の間に電位差を生じる.電極を導線でつなぐと,Zn 極から Zn^{2+} が溶液中に溶け,Cu 極には溶液中の Cu^{2+} が析出して,外部回路を Cu 極から Zn 極に電流が流れるので,電気的エネルギーを取り出すことができる.この場合,電池内では隔壁を通って Zn^{2+} が左から右へ,SO_4^{2-} が右から左へ移動して電気を運ぶ.図 6·9 の電池を **Daniell 電池** (Daniell cell) という.

Daniell 電池の両極では,次の酸化および還元反応が起こる.

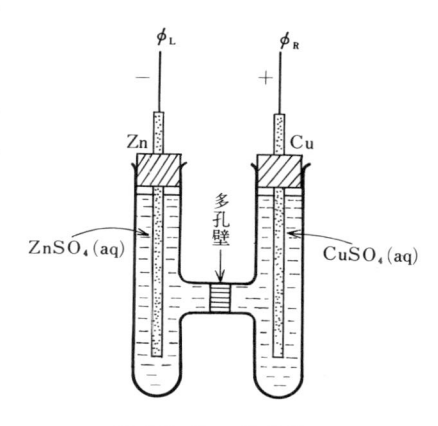

図 6·9 Daniell 電池

$$\left.\begin{array}{lll}\text{左 の 極} & Zn = Zn^{2+} + 2e^- & \text{(酸化反応)} \\ \text{右 の 極} & Cu^{2+} + 2e^- = Cu & \text{(還元反応)}\end{array}\right\} \quad (6·39)$$

$$\overline{\text{電池反応} \quad Zn + Cu^{2+} = Zn^{2+} + Cu}$$

両反応を加えると,式 (6·38) と同じ電池反応が起こっていることになる.この電池は次のような電池図で略記される.

$$Zn|Zn^{2+}|Cu^{2+}|Cu$$

中央の縦線は溶液の境界を示す.電池の電位差 $\Delta\phi$ は,右側の電極につないだ導線の電位 ϕ_R と,左側の電極につないだ導線の電位 ϕ_L の差として定義される[*].すなわち

$$\Delta\phi = \phi_R - \phi_L \quad (6·40)$$

Daniell 電池では $\Delta\phi > 0$ で,右側の極が正極,左側の極が負極である.電池

---

[*] 導線は同じ材質のものを用いるものとする (§7·4 参照).

内の反応は (6·39) のように左側の極で酸化反応，右側の極で還元反応が起こるように記す．図 6·9 の左右を取りかえたときは，電池図は

$$\mathrm{Cu|Cu^{2+}|Zn^{2+}|Zn}$$

電池反応は

$$\mathrm{Cu + Zn^{2+} = Cu^{2+} + Zn}$$

となり，$\Delta\phi<0$ である．

　電池の外部回路に有限量の電流を流すと，電池内の抵抗および導線の抵抗のため，電位差 $\Delta\phi$ が低下する．電池電流が 0 になるときの電位差の極限値を電池の**起電力** (electromotive force, emf) とよぶ．

　電池の起電力は，図 6·10 に示す電位差計で測定される．図において AB は一様な抵抗線，G は検流計である．まず既知の起電力 E_S をもつ**標準電池**

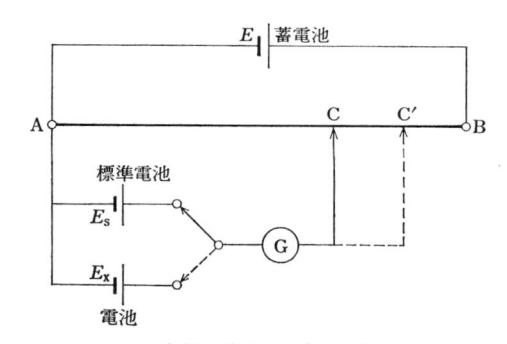

図 6·10 電池の起電力の測定

(standard cell) を図のようにつなぎ，接点を動かして，検流計の針がふれない点 C を求める．このとき蓄電池の起電力 E と E_S の間には

$$\frac{E}{E_\mathrm{S}} = \frac{\mathrm{AB}}{\mathrm{AC}}$$

の関係がある．次に標準電池の代りに起電力 (E_X とする) を知りたい電池をつなぎ，検流計に電流が流れない点 C′ を求める．このときは

$$\frac{E}{E_\mathrm{X}} = \frac{\mathrm{AB}}{\mathrm{AC'}}$$

である．上の二つの式から

§ 6·5 電池とその起電力

$$E_\mathrm{X} = \frac{\mathrm{AC}'}{\mathrm{AC}} E_\mathrm{S}$$

となるので E_X を求めることができる．この方法を Poggendorf の対償法という．標準電池としては，通常図 6·11 に示す **Weston 電池**が用いられる．

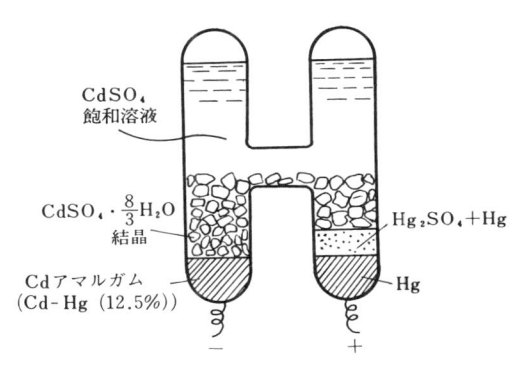

図 6·11 Weston 電池

その電池図と電池反応は

Cd-Hg (12.5%)|CdSO$_4$·(8/3)H$_2$O(sat), Hg$_2$SO$_4$(s)|Hg

$$\mathrm{Cd} + \mathrm{Hg_2SO_4(s)} + \frac{8}{3}\mathrm{H_2O} = \mathrm{CdSO_4} \cdot \frac{8}{3}\mathrm{H_2O(sat)} + 2\mathrm{Hg} \quad (6\cdot41)$$

である*．Weston 電池の起電力は安定で，その温度変化は小さい．起電力 E と温度 T の関係は

$$E/\mathrm{V} = 0.94868 + 5.17 \times 10^{-4}(T/\mathrm{K}) - 9.5 \times 10^{-7}(T/\mathrm{K})^2 \quad (6\cdot42)$$

$T = 298.15$ K (25 °C) では E は次のようになる．

$$E = 1.01837 \text{ V}$$

外部から電池に電位差を加えて電流の方向を逆にした場合，電池内の反応が逆行するような電池を**可逆電池** (reversible cell) という．図 6·9 の Daniell 電池では，電池内を左から右に電流が流れると，多孔壁を通って Zn^{2+} は左から右に，SO$_4^{2-}$ は右から左に移動する．電流の向きが逆になると Cu^{2+} が右か

---

* CdSO$_4$·(8/3)H$_2$O(sat) において，sat は飽和溶液 (saturated solution) を意味する．

ら左に，SO_4^{2-} が左から右に移動する．したがって両者は対等ではなく，可逆電池とはいえない．しかし電池の左右を分離して，KCl（または NH_4NO_3）の濃厚溶液をみたした管でつなぐと（図 6·14 参照），次に説明するように可逆電池となる．通常 KCl 溶液は寒天やゼラチンなどのゲルとして固めて液の流出を防ぐ．これを**塩橋**（salt bridge）という．塩橋内では電荷は K^+ と Cl^-（または NH_4^+ と NO_3^-）によって運ばれるため，Zn^{2+} や Cu^{2+} イオンなどの移動はなく，可逆電池の条件がほぼみたされる．電池の左右を塩橋で接続した場合，電池図の中央に二重の縦線を記す．Daniell 電池の場合，次のようになる．

$$Zn\,|\,Zn^{2+}\,\|\,Cu^{2+}\,|\,Cu$$

図 6·9 のように 2 種類の電解質溶液が接触しているときは，その界面に電位差が生じる．これを**液間電位差**（liquid junction potential）という．このような電位差が生じる原因は，2 種類の電解質溶液の間で陽イオンと陰イオンが拡散するとき，それらの移動速度が異なるためである．二つの電解質溶液の間に塩橋を入れると，K^+ と Cl^-（または NH_4^+ と NO_3^-）のイオン移動度の値が近いため（表 6·1 参照），液間電位差がほぼ 0 となる．なお Weston 電池や，後に述べる Harned 電池（p. 224）のように二つの電極が共通の溶液に浸されている場合には，液間電位差の問題は生じない．

§6·6 半 電 池

一つの電極を溶液に浸したものを**半電池**（half cell）という．異種の半電池を二つ組合せると電池となる．半電池は広義の電極と考えられる．その代表的な例を次に示す．

金属電極（metal electrode）　金属 M をそのイオン M^{z+} を含む溶液に浸したもので，電池図と電池反応は

$$M^{z+}\,|\,M \qquad M^{z+} + z_+ e^- = M$$

で表わされる．上の反応が右に進むと金属が析出し，左に進むと金属が溶解する．金属電極の特殊なものとして，金属を水銀に溶かした**アマルガム電極**

(amalgam electrode) がある．この場合，水銀は反応に関与しない．
$$M^{z+}|M\text{-}Hg \qquad M^{z+} + z_+e^- = M$$
アルカリ金属のような活性な金属は，この形で用いられる．

気体電極（gas electrode） 白金のような不活性な金属を，気体およびそのイオンを含む溶液と接触させた電極である．水素電極の例を図 6·12 に示す．白金の表面には白金黒をつける．白金黒* は水素を吸着し，吸着された水素は白金黒の触媒作用の下で溶液中の H^+ と平衡にある．

$$H^+|H_2, Pt \qquad H^+ + e^- = \frac{1}{2}H_2$$

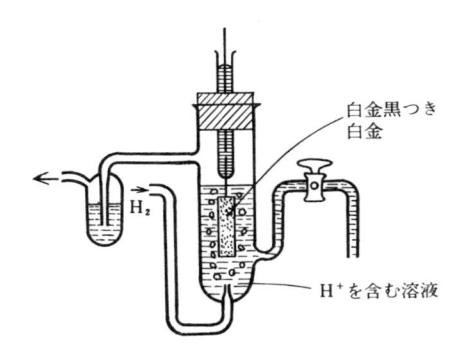

図 6·12 水素電極

塩素電極では，白金を塩化物イオンを含む液（塩酸など）に浸し Cl_2 気体を流す．

$$Cl^-|Cl_2, Pt \qquad \frac{1}{2}Cl_2 + e^- = Cl^-$$

酸化還元電極（oxidation-reduction electrode） 白金のような不活性な金属を，酸化状態の異なるイオンを含む溶液に接触させた電極である．

$$Fe^{3+}, Fe^{2+}|Pt \qquad Fe^{3+} + e^- = Fe^{2+}$$
$$Cu^{2+}, Cu^+|Pt \qquad Cu^{2+} + e^- = Cu^+$$

などがある．

金属-難溶性塩電極 金属がその難溶性塩に接し，塩がその陰イオンを含む溶液に接している電極である．図 6·13 に**カロメル電極**（calomel electrode）

---

* 白金を電極として H_2PtCl_6 溶液を電解すると，白金の表面に微粉状の白金（黒色）がつく．これを白金黒という．

の例を示す．図で Hg_2Cl_2+Hg は Hg_2Cl_2（甘こう，calomel）と Hg をねり合せたものである．その電池図と反応は

$$Cl^-|Hg_2Cl_2(s)|Hg$$

$$\frac{1}{2}Hg_2Cl_2(s) + e^- = Hg + Cl^-$$

である．この電極は安定した電位を与えるので，**基準電極**(reference electrode)として用いられることが多い．

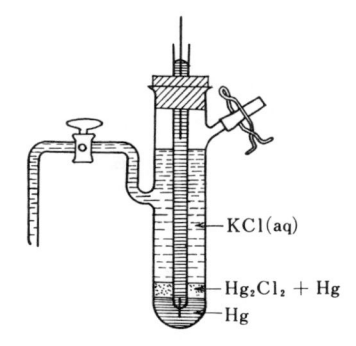

§6·7 電池の起電力と Gibbs エネルギー

図 6·13 カロメル電極

この節では，可逆電池を熱力学で取り扱うことにする．図 6·9 の Daniell 電池の電池反応は

$$0 = -Zn - Cu^{2+} + Zn^{2+} + Cu$$

この反応に伴って，2 mol の電子が電極間を移動する．これと同様に，一般の電池反応を

$$0 = \sum_i \nu_i A_i \tag{6·43}$$

と記すことにする．また電子の移動量を z mol とする．

可逆電池では電池内を流れる電流の向きを逆にすると，逆の化学反応が起こる．いま，電池の左右の極にその起電力 E に対抗して，外部から電位差 E を加えておくと，電池は平衡状態にある．外部からの電位差を $E-dE$ にして微小な電流を流すと，反応 (6·43) がわずかに進む．外部からの電位差を $E+dE$ にすると，電流の向きは逆になり，逆方向に反応が進む．このようにして，外部から加える電位差を電池の起電力とほとんど釣合せて，微小な電流を流す過程は可逆過程である．

定温定圧における可逆過程では式 (4·15) より

$$\Delta G = w + P\Delta V$$

これを微小変化について書くと

§6·7 電池の起電力と Gibbs エネルギー

$$dG = d'w - (-PdV)$$

上式で $d'w$ は系が外界からされる全仕事，$-PdV$ は体積変化に伴って系が外界からされる仕事，両者の差は系が外界からされる正味の仕事である (p.112). これを $d'w_{net}$ と記すと

$$dG = d'w_{net} \tag{6·44}$$

さて定温定圧で外部からの電位差 $E-\delta E$ の下で，電池反応 (6·43) が $\delta\xi$ だけ進行する場合を考えてみよう (ξ は反応進行度，p.129 参照). このとき外部回路を $z\delta\xi$ mol の電子が流れるので，その電気量は

$$\delta Q = -zF\delta\xi$$

である (図 6·14). この負の電気量は $E-\delta E$ の外部電位差に逆って運ばれるので，電子が外部回路にする仕事は

$$-\delta Q(E-\delta E) = zFE\delta\xi$$

となる*. ただし2次の微小量 $\delta Q \cdot \delta E$ を省略した. この仕事は，電池が外界にする正味の仕事と考えられる. よって (6·44) から電池の Gibbs エネルギーの変化は

$$\delta G = -zFE\delta\xi \tag{6·45}$$

となる. この Gibbs エネルギー変化は，定温定圧で反応 (6·43) が $\delta\xi$ だけ進行したために生じたものである. よって

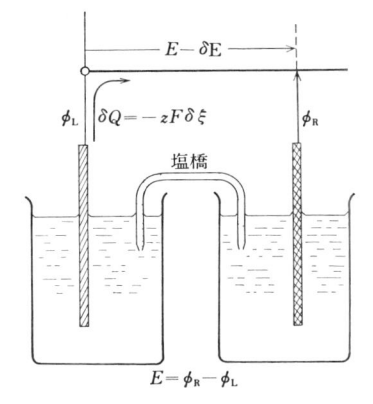

図 6·14 電池の起電力

$$\delta G = \sum_i \nu_i \mu_i \delta\xi \tag{6·46}$$

となる (p.129, (4·86) の前の式参照). 式 (6·45), (6·46) より

$$\sum_i \nu_i \mu_i = -zFE \tag{6·47}$$

ここで

$$\Delta G \equiv \sum_i \nu_i \mu_i \tag{6·48}$$

---

* A 点と B 点の電位差 E_{AB} は，単位電荷を A 点から B 点まで運ぶのに要する仕事である (§7·3 参照).

とすると，式 (6·47) は

$$\Delta G = -zFE \tag{6·49}$$

となる．ΔG は電池反応 (6·43) の 1 単位あたりの Gibbs エネルギー変化に相当する*．なお，，以上の取り扱いでは，各電極および溶液の電位の相違を考慮しなかった．一般に，電子やイオンなどの荷電粒子を電位の異なった場所の間で移動するときは，化学ポテンシャルの代りに電気化学ポテンシャル（化学ポテンシャルに静電ポテンシャルを加えたもの，§ 7·3 参照）を用いて，化学平衡を論じなければならない．式 (6·49) の正しい導出については，§ 7·4 を参照されたい．

式 (6·49) の左辺に (4·30) を用いると

$$\Delta S = -\left(\frac{\partial \Delta G}{\partial T}\right)_P = zF\left(\frac{\partial E}{\partial T}\right)_P \tag{6·50}$$

また定温では $\Delta H = \Delta G + T\Delta S$ であるから，

$$\Delta H = -zFE + zFT\left(\frac{\partial E}{\partial T}\right)_P \tag{6·51}$$

式 (6·49)〜(6·51) は，電池の起電力と電池反応に伴う熱力学的量の変化を関係づける式である．

〔例題 6·2〕 25 ℃ における Weston 電池の起電力は 1.018 37 V である．起電力の温度変化の式 (6·42) を用い，25 ℃ で反応 (6·41) が 1 単位進行するときの ΔG, ΔS, ΔH を求めよ．

〔解〕 $z = 2$ であるから，式 (6·49) より

$$\Delta G = -zFE = -2 \times 9.6485 \times 10^4 \text{ C mol}^{-1} \times 1.01837 \text{ V}$$

$$= -196\,515 \text{ C V mol}^{-1} = -196.515 \text{ kJ mol}^{-1}$$

---

* ΔG を反応が実際に 1 単位進行するときの Gibbs エネルギー変化と考えてはならない．ΔG は式 (6·46) の微小変化の比例係数に相当しているからである．もし ΔG をこのように解釈するときは，反応が 1 単位進行する間，系は平衡状態にあり μ_i は一定でなければならない．実際，式 (6·46) の両辺を反応の 1 単位について積分すると，μ_i が一定のときは

$$G_{\xi=1} - G_{\xi=0} = \int_0^1 \sum_i \nu_i \mu_i \delta\xi = \sum_i \nu_i \mu_i = \Delta G$$

となる．$\mu_i = \text{const}$ の条件は，Weston 電池のように塩とその飽和溶液が平衡になっている場合には成立する．なお式 (6·50), (6·51) の ΔS や ΔH についても同様である．

§ 6·7 電池の起電力と Gibbs エネルギー

また式 (6·42), (6·50) より

$$\Delta S = zF\left(\frac{\partial E}{\partial T}\right)_P = 2 \times 9.6485 \times 10^4 \text{ C mol}^{-1}$$
$$\times \left[5.17 \times 10^{-4} - 2 \times 9.5 \times 10^{-7}\left(\frac{T}{K}\right)\right] \text{V K}^{-1}$$

$T = 298.15$ K では

$$\Delta S = -9.55 \text{ J K}^{-1} \text{ mol}^{-1}$$
$$\Delta H = \Delta G + T\Delta S = (-196.515 - 298.15 \times 9.55 \times 10^{-3}) \text{ kJ mol}^{-1}$$
$$= -199.36 \text{ kJ mol}^{-1}$$

式 (6·47) の左辺の μ_i を活量を用いて表わすと, (式 (5·116), (6·25) 参照),

$$\mu_i = \mu_i^{\ominus}(T, P) + RT \ln a_i \tag{6·52}$$

これを式 (6·47) に代入して

$$\Delta G^{\ominus} + RT \ln \prod_i a_i^{\nu_i} = -zFE \tag{6·53}$$

ただし

$$\Delta G^{\ominus} = \sum_i \nu_i \mu_i^{\ominus} \tag{6·54}$$

は電池反応の標準自由エネルギー変化である. 式 (6·53) で

$$\Delta G^{\ominus} = -zFE^{\ominus} \tag{6·55}$$

とおくと

$$\boxed{E = E^{\ominus} - \frac{RT}{zF} \ln \prod_i a_i^{\nu_i}} \tag{6·56}$$

が得られる. これを **Nernst の式**という. ここで $E^{\ominus} = -\Delta G^{\ominus}/(zF)$ は, 電池反応 (6·43) に関与する物質がすべて $a_i = 1$ という標準状態にあるときの電池の起電力で**標準起電力** (standard electromotive force) とよばれる. 上式の係数 RT/F の値は, 25 °C のとき

$$\frac{RT}{F} = \frac{8.3145 \text{ J K}^{-1} \text{ mol}^{-1} \times 298.15 \text{ K}}{9.6485 \times 10^4 \text{ C mol}^{-1}} = 0.02569 \text{ V}$$

である. Daniell 電池では, 電池反応は $0 = -\text{Zn} - \text{Cu}^{2+} + \text{Zn}^{2+} + \text{Cu}$, $z = 2$ であるから, Nernst の式は

$$E = E^\ominus - \frac{RT}{2F} \ln \frac{a(\text{Zn}^{2+})}{a(\text{Cu}^{2+})}$$

となる．ただし純固体の活量は1としてよいから，$a(\text{Zn})=a(\text{Cu})=1$ とした*．

反応 (6・43) の，活量を用いて表わした平衡式は

$$\Delta G^\ominus = -RT \ln K_a \qquad (6\cdot57)$$

$$K_a = \prod_i a_i^{\nu_i} \qquad (6\cdot58)$$

である（式 (5・127)，(5・128) 参照）．式 (6・55)，(6・57) より

$$E^\ominus = \frac{RT}{zF} \ln K_a \qquad (6\cdot59)$$

すなわち標準起電力を測定すれば，電池反応の平衡定数が得られる．

§ 6・8 標 準 電 極 電 位

一般に，電池は二つの半電池から成るから，電池の起電力は二つの半電池の電極電位の差として与えられるはずである．したがって種々の半電池の電極電位の値がわかっていれば，それらを組合せて作った電池の起電力を直ちに求めることができることになる．しかし，単独の半電池の電極電位を求めることはできない．半電池の電極電位を測定するため，電極と溶液に電位差計の導線を接触させると，溶液と導線の接触部で新たな半電池が形成されるため，真の電極電位を知ることができないのである．そこで，次に述べるように適当な半電池を基準に選び，その電極電位を0として，他の半電池の電極電位を相対的に決める．

基準として採用されている半電池は**標準水素電極**（standard hydrogen electrode）である．これは水素気体の圧力が 1 atm，溶液中の水素イオンの活量が 1 の水素電極

$$\text{Pt, H}_2(1\text{ atm})\,|\,\text{H}^+(a=1)$$

である．この電極電位をすべての温度で0と規約する．そして他の半電池の**電**

---

* 純粋状態を * で表わすと，式 (6・52) は純固体では
$$\mu_i = \mu_i^*(T, P) = \mu_i^\ominus(T, P)$$
とおける．したがって $a_i=1$ とみなしてよい．

§6·8 標準電極電位

極電位 (electrode potential) は，左側に標準水素電極を，右側にその半電池をもつ電池の起電力と定義する．例えば銅電極 $Cu^{2+}|Cu$ の電極電位は，電池

$$Pt, H_2(1\ atm)|H^+(a=1)\|Cu^{2+}|Cu$$

の起電力である．その電池反応は

$$Cu^{2+} + H_2(1\ atm) = Cu + 2H^+(a=1)$$

一般に，金属電極 $M^{z+}|M$ の電極電位は

$$Pt, H_2(1\ atm)|H^+(a=1)\|M^{z+}|M$$

の起電力であって，その電池反応は

$$M^{z+} + \frac{z_+}{2}H_2(1\ atm) = M + z_+H^+(a=1) \tag{6·60}$$

となる．右側の電極における反応は

$$M^{z+} + z_+e^- = M$$

であるから，金属イオンは還元されて金属 M となる．したがって還元されやすい金属ほど，その電極電位は大きくなる．ゆえに上で定義した電極電位は電極で還元される傾向を示す**還元電位** (reduction potential) である*．反応 (6·60) に Nernst の式 (6·56) を適用すると，電池の起電力（半電池 $M^{z+}|M$ の電極電位）は

$$E(M^{z+}|M) = E^\ominus(M^{z+}|M) - \frac{RT}{z_+F}\ln\frac{1}{a(M^{z+})} \tag{6·61}$$

ただし $a(M)=a(H^+)=a(H_2)=1$ とした**．

上式で $E^\ominus(M^{z+}|M)$ は $a(M^{z+})=1$ のときの $M^{z+}|M$ の電極電位である．

---

* もし右側に標準水素電極を置き
$$M|M^{z+}\|H^+(a=1)|H_2(1\ atm), Pt$$
とすると，起電力の符号は逆になる．このとき左側の電極における反応は，酸化反応 $M = M^{z+} + z_+e^-$ であるから，電極電位の符号を変えたものが**酸化電位** (oxidation potenial) に対応する．

** 溶液中の H_2 の化学ポテンシャルを $\mu(H_2, soln)$ とすると，溶液中の H_2 と溶液上部の気相の H_2 が平衡状態にあれば
$$\mu(H_2, soln) = \mu(H_2(g)) = \mu^\ominus(H_2(g)) + RT\ln[p(H_2(g))/P^\ominus]$$
となる（式 (4·76) 参照）．上式で $p(H_2(g)) = P^\ominus (=1\ atm)$ とすると，$\mu(H_2, soln) = \mu^\ominus(H_2(g))$．すなわち溶液中の H_2 の化学ポテンシャルを H_2 の標準化学ポテンシャルで置きかえることができる．よって溶液中の H_2 の活量 $a(H_2)=1$ としてよい．

220   6. 電解質溶液と電池

　一般に，電池反応に関与する物質がすべて活量1という標準状態にあるときの電極電位を **標準電極電位** (standard electrode potential) という． 上例では $E^{\ominus}(M^{z+}|M)$ が $M^{z+}|M$ の標準電極電位である．表6·6に25℃における種々の半電池の標準電極電位を示す．標準電極電位は還元反応の起こりやすさを示すので，この値の大きいものほど還元されやすく，また小さいものほど

表6·6 標準電極電位 (25℃)

電　極	電　極　反　応	$E^{\ominus}/V$
$Li^+|Li$	$Li^+ + e^- = Li$	-3.045
$K^+|K$	$K^+ + e^- = K$	-2.925
$Ba^{2+}|Ba$	$Ba^{2+} + 2\,e^- = Ba$	-2.92
$Ca^{2+}|Ca$	$Ca^{2+} + 2\,e^- = Ca$	-2.84
$Na^+|Na$	$Na^+ + e^- = Na$	-2.7141
$Mg^{2+}|Mg$	$Mg^{2+} + 2\,e^- = Mg$	-2.37
$Al^{3+}|Al$	$Al^{3+} + 3\,e^- = Al$	-1.662
$Cr^{2+}|Cr$	$Cr^{2+} + 2\,e^- = Cr$	-0.79
$Zn^{2+}|Zn$	$Zn^{2+} + 2\,e^- = Zn$	-0.7631
$Fe^{2+}|Fe$	$Fe^{2+} + 2\,e^- = Fe$	-0.440
$Cd^{2+}|Cd$	$Cd^{2+} + 2\,e^- = Cd$	-0.4019
$Co^{2+}|Co$	$Co^{2+} + 2\,e^- = Co$	-0.287
$Ni^{2+}|Ni$	$Ni^{2+} + 2\,e^- = Ni$	-0.228
$Sn^{2+}|Sn$	$Sn^{2+} + 2\,e^- = Sn$	-0.1375
$Pb^{2+}|Pb$	$Pb^{2+} + 2\,e^- = Pb$	-0.1288
$D^+|D_2,Pt$	$2\,D^+ + 2\,e^- = D_2$	-0.0034
$H^+|H_2,Pt$	$2\,H^+ + 2\,e^- = H_2$	0
$Br^-|AgBr(s)|Ag$	$AgBr + e^- = Ag + Br^-$	0.0711
$Sn^{4+},Sn^{2+}|Pt$	$Sn^{4+} + 2\,e^- = Sn^{2+}$	0.154
$Cl^-|AgCl(s)|Ag$	$AgCl + e^- = Ag + Cl^-$	0.2224
$Cl^-|Hg_2Cl_2(s)|Hg$	$Hg_2Cl_2 + 2\,e^- = 2\,Hg + 2\,Cl^-$	0.2681
$Cu^{2+}|Cu$	$Cu^{2+} + 2\,e^- = Cu$	0.337
$Fe(CN)_6^{3-},Fe(CN)_6^{4-}|Pt$	$Fe(CN)_6^{3-} + e^- = Fe(CN)_6^{4-}$	0.36
$I^-|I_2(s),Pt$	$I_2 + 2\,e^- = 2\,I^-$	0.5346
$Fe^{3+},Fe^{2+}|Pt$	$Fe^{3+} + e^- = Fe^{2+}$	0.771
$Hg_2^{2+}|Hg$	$Hg_2^{2+} + 2\,e^- = 2\,Hg$	0.789
$Ag^+|Ag$	$Ag^+ + e^- = Ag$	0.7991
$Hg^{2+},Hg_2^{2+}|Pt$	$2\,Hg^{2+} + 2\,e^- = Hg_2^{2+}$	0.920
$Br^-|Br_2(g),Pt$	$Br_2 + 2\,e^- = 2\,Br^-$	1.0652
$Cl^-|Cl_2(g),Pt$	$Cl_2 + 2\,e^- = 2\,Cl^-$	1.3583
$MnO_4^-,Mn^{2+}|Pt$	$MnO_4^- + 8\,H^+ + 5\,e^- = Mn^{2+} + 4\,H_2O$	1.51
$F^-|F_2(g),Pt$	$F_2 + 2\,e^- = 2\,F^-$	2.87

§6·8 標準電極電位

酸化されやすい．金属では，この値が小さいものほどイオン化傾向が大きい．標準電極電位は半電池についての相対的な値であるが，共通の標準水素電極を基準にしているので，電池の標準起電力は右の半電池の標準電極電位の値から左の半電池の値を差引くことによって求められる．例えば Daniell 電池 Zn|Zn²⁺‖Cu²⁺|Cu の 25 °C における標準起電力は，表 6·6 から

$$E^{\ominus} = E^{\ominus}(\text{Cu}^{2+}|\text{Cu}) - E^{\ominus}(\text{Zn}^{2+}|\text{Zn})$$
$$= 0.337 \text{ V} - (-0.763 \text{ V}) = 1.100 \text{ V}$$

なお，標準電極電位 $E^{\ominus}$ がどのようにして実測されるかについては，§6·9 (3) を参照されたい．

〔**例題 6·3**〕 表 6·6 のデータを用いて，次の電池の標準起電力を計算せよ．また電池反応の $\Delta G = \sum_i \nu_i \mu_i$ を求め，Nernst の式を導け．

$$\text{Na}|\text{Na}^+\|\text{Cl}^-|\text{Cl}_2(\text{g}), \text{Pt}$$

〔**解**〕 表 6·6 より標準起電力は

$$E^{\ominus} = E^{\ominus}(\text{Cl}^-|\text{Cl}_2(\text{g})) - E^{\ominus}(\text{Na}^+|\text{Na})$$
$$= 1.3583 \text{ V} - (-2.7141 \text{ V}) = 4.0724 \text{ V}$$

この電池の反応は

$$\text{左 の 極} \quad\quad\quad \text{Na} = \text{Na}^+ + \text{e}^-$$
$$\text{右 の 極} \quad \frac{1}{2}\text{Cl}_2(\text{g}) + \text{e}^- = \text{Cl}^-$$

$$\text{電池反応} \quad \text{Na} + \frac{1}{2}\text{Cl}_2(\text{g}) = \text{Na}^+ + \text{Cl}^-$$

式 (6·48) の ΔG は

$$\Delta G = \sum_i \nu_i \mu_i = \mu(\text{Na}^+) + \mu(\text{Cl}^-) - \mu(\text{Na}) - \frac{1}{2}\mu(\text{Cl}_2(\text{g}), \text{soln})$$

ここで

$$\mu(\text{Na}^+) = \mu^{\ominus}(\text{Na}^+) + RT \ln a(\text{Na}^+)$$
$$\mu(\text{Cl}^-) = \mu^{\ominus}(\text{Cl}^-) + RT \ln a(\text{Cl}^-)$$
$$\mu(\text{Na}) = \mu^{\ominus}(\text{Na})$$
$$\mu(\text{Cl}_2(\text{g}), \text{soln}) = \mu(\text{Cl}_2(\text{g})) = \mu^{\ominus}(\text{Cl}_2(\text{g})) + RT \ln [p(\text{Cl}_2)/P^{\ominus}]$$

となる (p.219 注参照). これらの式を $E=-\Delta G/(zF)$ (式 (6・49)) に代入して, $z=1$ とおくと

$$E=E^\ominus-\frac{RT}{F}\ln\frac{a(\mathrm{Na}^+)a(\mathrm{Cl}^-)}{[p(\mathrm{Cl}_2)/P^\ominus]^{1/2}}$$

ただし

$$E^\ominus=-\frac{1}{F}\left[\mu^\ominus(\mathrm{Na}^+)+\mu^\ominus(\mathrm{Cl}^-)-\mu^\ominus(\mathrm{Na})-\frac{1}{2}\mu^\ominus(\mathrm{Cl}_2(\mathrm{g}))\right]$$

§ 6・9 起電力測定の応用

この節では実例をあげて,電池の起電力の測定がどのように応用されているか述べる.以下に述べる方法は例にあげた反応の他に,多数の他の反応にも適用できる.

(1) 熱力学的量の決定

§ 6・7 で述べたように,電池の起電力とその温度変化を測定すると, ΔG, ΔS, ΔH などの状態量の変化を求めることができる.Weston 電池については〔例題 6・2〕で取り上げたが,ここでは次の電池

$$\mathrm{Ag}|\mathrm{AgCl(s)}|\mathrm{HCl(aq)}|\mathrm{Cl}_2(\mathrm{g},1\ \mathrm{atm}),\mathrm{Pt}$$

について考察しよう.表6・6より,この電池の反応と標準起電力は

左 の 極 　　　$\mathrm{Ag}+\mathrm{Cl}^-=\mathrm{AgCl(s)}+\mathrm{e}^-$

右 の 極 　　$\frac{1}{2}\mathrm{Cl}_2(\mathrm{g})+\mathrm{e}^-=\mathrm{Cl}^-$

電池反応　　$\mathrm{Ag}+\frac{1}{2}\mathrm{Cl}_2(\mathrm{g})=\mathrm{AgCl(s)}$

$E^\ominus=1.358\ 3\ \mathrm{V}-0.222\ 4\ \mathrm{V}=1.135\ 9\ \mathrm{V}$

式 (6・49) より,電池反応の標準エネルギー変化 (25 ℃) は

$$\Delta G^\ominus=-zFE^\ominus=-1\times 9.648\ 5\times 10^4\ \mathrm{C\ mol}^{-1}\times 1.135\ 9\mathrm{V}$$
$$=-109.60\ \mathrm{kJ\ mol}^{-1}$$

実測によると,この電池の標準起電力の温度係数は $-5.95\times 10^{-4}\ \mathrm{V\ K}^{-1}$ である.この値を用いて,式 (6・50) より 25 ℃ における $\Delta S^\ominus$ は

$$\Delta S^{\ominus} = zF\left(\frac{\partial E^{\ominus}}{\partial T}\right)_P = 9.6485 \times 10^4 \text{ C mol}^{-1} \times (-5.95 \times 10^{-4} \text{ V K}^{-1})$$

$$= -57.4 \text{ J K}^{-1} \text{ mol}^{-1}$$

$$\Delta H^{\ominus} = \Delta G^{\ominus} + T\Delta S^{\ominus} = (-109.60 - 298.15 \times 57.4 \times 10^{-3}) \text{ kJ mol}^{-1}$$

$$= -126.71 \text{ kJ mol}^{-1}$$

上の $\Delta G^{\ominus}$, $\Delta S^{\ominus}$, $\Delta H^{\ominus}$ は 25 °C における AgCl(s) の標準生成 Gibbs エネルギー，標準生成エントロピーおよび標準生成熱である．表 4·2，表 3·1，表 2·3 によると，これらの値は次のようになり，上の結果とよく一致している．

$\Delta G^{\ominus} = -109.80 \text{ kJ mol}^{-1}$

$\Delta S^{\ominus} = (96.11 - 42.72 - 223.0/2) \text{ J K}^{-1} \text{ mol}^{-1} = -58.1 \text{ J K}^{-1} \text{ mol}^{-1}$

$\Delta H^{\ominus} = -127.07 \text{ kJ mol}^{-1}$

（2） 平衡定数の決定

式 (6·59) を用いると，標準起電力の値から直ちに酸化還元反応の平衡定数の値を求めることができる．例として，亜鉛による第 2 鉄イオン Fe^{3+} の第 1 鉄イオン Fe^{2+} への還元反応を考えてみよう．それには電池

$$Zn|Zn^{2+}\|Fe^{3+}, Fe^{2+}|Pt$$

について調べればよい．表 6·6 より，この電池の反応と標準起電力 (25 °C) は

$$\text{左 の 極} \qquad \frac{1}{2}Zn = \frac{1}{2}Zn^{2+} + e^{-}$$

$$\text{右 の 極} \qquad Fe^{3+} + e^{-} = Fe^{2+}$$

$$\text{電池反応} \qquad \frac{1}{2}Zn + Fe^{3+} = \frac{1}{2}Zn^{2+} + Fe^{2+}$$

$$E^{\ominus} = 0.771 \text{ V} - (-0.7631 \text{ V}) = 1.534 \text{ V}$$

式 (6·59) より

$$\ln K_a = \frac{zF}{RT}E^{\ominus} = \frac{1}{0.02569 \text{ V}} \times 1.534 \text{ V} = 59.71$$

よって 25 °C で

$$K_a = \frac{a(\text{Zn}^{2+})^{1/2} a(\text{Fe}^{2+})}{a(\text{Fe}^{3+})} = 8.5 \times 10^{25}$$

となる．この結果から，上の反応はほぼ完全に右に進むことがわかる．

金属-難溶性塩電極を用いると，電池の起電力からその塩の溶解度積*を求めることができる．電池

$$\text{Ag} | \text{Ag}^+ \| \text{Cl}^- | \text{AgCl(s)} | \text{Ag}$$

の反応と標準起電力は，表 6·6 より

左の極	$\text{Ag} = \text{Ag}^+ + \text{e}^-$
右の極	$\text{AgCl(s)} + \text{e}^- = \text{Ag} + \text{Cl}^-$
電池反応	$\text{AgCl(s)} = \text{Ag}^+ + \text{Cl}^-$

$$E^\ominus = 0.2224 \text{ V} - 0.7991 \text{ V} = -0.5767 \text{ V}$$

$$\ln K_a = \ln a(\text{Ag}^+) a(\text{Cl}^-) = \frac{zF}{RT} E^\ominus$$

$$= \frac{-0.5767 \text{ V}}{0.02569 \text{ V}} = -22.45$$

$$\therefore \quad a(\text{Ag}^+) a(\text{Cl}^-) = 1.78 \times 10^{-10}$$

溶液中では Ag^+ と Cl^- の濃度はきわめて小さく，それらの活量係数を1としてよい．よって溶解度積は

$$[\text{Ag}^+][\text{Cl}^-] = 1.78 \times 10^{-10} \text{ mol}^2 \text{ dm}^{-6}$$

（3） 活量係数の決定

重量モル濃度 m の HCl 水溶液を用いた電池

$$\text{Pt, H}_2 \text{ (1 atm)} | \text{HCl(m)} | \text{AgCl(s)} | \text{Ag}$$

を考えよう．この電池は研究者の名をとって **Harned 電池** とよばれる．電池の反応と起電力は

---

* 難溶性の塩 MX の固体がその飽和水溶液と平衡にあるとき，
$$\text{MX} \rightleftarrows \text{M}^+ + \text{X}^- \quad K_{sp} = [\text{M}^+][\text{X}^-]$$
が成立する（MX は固体であるから [MX]=1 としてよい(p. 218 注))．K_{sp} を **溶解度積** (solubility product) という．

§ 6·9 起電力測定の応用

左 の 極 　　　　　$\frac{1}{2}\mathrm{H}_2\,(1\,\mathrm{atm}) = \mathrm{H}^+ + \mathrm{e}^-$

右 の 極 　　　　　$\mathrm{AgCl(s)} + \mathrm{e}^- = \mathrm{Ag} + \mathrm{Cl}^-$

電池反応　　$\frac{1}{2}\mathrm{H}_2\,(1\,\mathrm{atm}) + \mathrm{AgCl(s)} = \mathrm{Ag} + \mathrm{H}^+ + \mathrm{Cl}^-$

$$E = E^\ominus - \frac{RT}{F}\ln a(\mathrm{H}^+)a(\mathrm{Cl}^-) \tag{6·62}$$

ただし $a(\mathrm{H}_2)=1$ とした (p.219 注). 式 (6·26) より

$$a(\mathrm{H}^+)a(\mathrm{Cl}^-) = \gamma(\mathrm{H}^+)\gamma(\mathrm{Cl}^-)(m(\mathrm{H}^+)/m^\ominus)(m(\mathrm{Cl}^-)/m^\ominus)$$

ただし $m^\ominus = 1\,\mathrm{mol\,kg^{-1}}$ である. 上式で $\gamma(\mathrm{H}^+)\gamma(\mathrm{Cl}^-)$ は式 (6·33) より平均活量係数

$$\gamma_\pm = [\gamma(\mathrm{H}^+)\gamma(\mathrm{Cl}^-)]^{1/2}$$

に関係づけられる. また HCl は強電解質であるから, 溶液中で完全解離している. すなわち

$$m = m(\mathrm{H}^+) = m(\mathrm{Cl}^-)$$

よって

$$a(\mathrm{H}^+)a(\mathrm{Cl}^-) = \gamma_\pm^2 (m/m^\ominus)^2$$

この式を (6·62) に代入して

$$E + \frac{2RT}{F}\ln(m/m^\ominus) = E^\ominus - \frac{2RT}{F}\ln \gamma_\pm$$

をうる. または

$$E + \frac{2\times 2.303\,RT}{F}\log(m/m^\ominus) = E^\ominus - \frac{2\times 2.303\,RT}{F}\log \gamma_\pm \tag{6·63}$$

上式の左辺は, 既知の濃度の溶液について起電力を測定すれば求められる. 右辺の $\log \gamma_\pm$ は低濃度では Debye-Hückel の理論により $\sqrt{m}$ に比例する. 特に HCl のような 1-1 電解質では $\log \gamma_\pm = -0.509\sqrt{m}\,\mathrm{mol^{-1/2}\,kg^{1/2}}$ (25 °C) となる (p.208). よって $\sqrt{m}$ を横軸にとって, 左辺の値をプロットすると低濃度では直線関係が得られる (図 6·15). $m\to 0$ (理想希薄溶液) では, $\gamma_\pm \to 1$ となるから, 図の直線が縦軸を切る点から $E^\ominus$ が求められる. この $E^\ominus$ の値

は 0.2224 V (25 °C) であって，$Cl^-|AgCl(s)|Ag$ の 標準電極電位 に相当する．$E^⊖$ の値がわかると，式 (6·63) を用いて任意の濃度における平均活量係数 $\gamma_\pm$ が得られることになる．

（4） pH の測定

$$M|M^{z+}(a_1)\|M^{z+}(a_2)|M$$

のように電極の種類が同じで，電解質の溶液の濃度が異なる電池を**電解質濃淡電池**（concentration cell）という．この電池の反応は

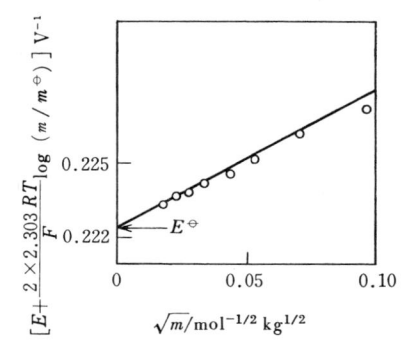

図 6·15 Harned 電池における $E^⊖$ の決定

左の極 $\qquad\qquad M = M^{z+}(a_1) + z_+e^-$
右の極 $\qquad M^{z+}(a_2) + z_+e^- = M$
───────────────────────────────
電池反応 $\qquad M^{z+}(a_2) = M^{z+}(a_1)$

この電池の起電力は $E^⊖$ ($a_1=a_2=1$ のときの起電力) が 0 であるから

$$E = -\frac{RT}{z_+F}\ln\frac{a_1}{a_2} \qquad (6\cdot64)$$

となる*．

さて，活量 $a(H^+)$ の水素イオンを含む溶液を用いた水素電極と標準水素電極を組合せて，次の電池を作る．

$$Pt, H_2\,(1\,atm)|H^+(a(H^+))\|H^+(a=1)|H_2\,(1\,atm), Pt$$

この電池の起電力は式 (6·64) より

$$E = -\frac{RT}{F}\ln a(H^+) \qquad (6\cdot65)$$

---

* 濃淡電池には，この他に同種の気体電極から成り，気体の圧力が異なるもの（気体濃淡電池），例えば

$$Pt, H_2(P_1)|H^+|H_2(P_2), Pt \qquad E = -\frac{RT}{F}\ln\frac{P_2}{P_1}$$

および同種の金属のアマルガム電極から成り金属の濃度が異なるもの（アマルガム濃淡電池），例えば

$$Pb-Hg(a_1)|Pb^{2+}|Pb-Hg(a_2) \qquad E = -\frac{RT}{2F}\ln\frac{a_2}{a_1}$$

がある．

ここで式 (6·24) の [H^+] の代りに $a(H^+)$ を用いて pH を定義すれば

$$\mathrm{pH} = -\log a(H^+) \tag{6·66}$$

式 (6·65), (6·66) より

$$E = \frac{2.303\,RT}{F}\,\mathrm{pH} \tag{6·67}$$

上式から，起電力を測定して溶液の pH が求められるはずであるが，実際には二つの電極溶液の間にわずかとはいえ液間電位差があるので，正確な pH の値を得ることはできない．もともと電解質溶液では熱力学的に単独イオンの活量を決定することはできないから (p.206)，式 (6·66) で定義した pH の値を実験的に求める手段がないのである．そこで現在では，次のように pH を実験操作に基づいて定義する． H^+ の活量が $a(H^+, X)$ の溶液 X と $a(H^+, S)$ の溶液 S（標準溶液）を用いた水素電極をそれぞれ KCl カロメル電極と組合せて，次の二つの電池を作る．

Pt, H_2 (1 atm) | $H^+(a(H^+, X))$ ‖ KCl(sat) | Hg_2Cl_2(s) | Hg

Pt, H_2 (1 atm) | $H^+(a(H^+, S))$ ‖ KCl(sat) | Hg_2Cl_2(s) | Hg

これらの電池の反応は

左 の 極　　　　$\frac{1}{2} H_2 = H^+ + e^-$

右 の 極　　　　$\frac{1}{2} Hg_2Cl_2(s) + e^- = Hg + Cl^-$

電池反応　　$\frac{1}{2} H_2 + \frac{1}{2} Hg_2Cl_2(s) = H^+ + Hg + Cl^-$

である．溶液 X を用いた電池の起電力は，KCl 溶液と溶液 X の液間電位差 $\phi(KCl) - \phi(X)$ を E_{jX} として

$$E_X = E^\ominus + E_{jX} - \frac{RT}{F} \ln a(H^+, X) a(Cl^-)$$

$$= E^\ominus + E_{jX} + \frac{2.303\,RT}{F}\,\mathrm{pH}(X) - \frac{RT}{F} \ln a(Cl^-)$$

同様に，溶液 S を用いた電池の起電力は

$$E_S = E^{\ominus} + E_{js} + \frac{2.303\,RT}{F}\,\text{pH(S)} - \frac{RT}{F}\ln a(\text{Cl}^-)$$

よって

$$\text{pH(X)} - \text{pH(S)} = \frac{F(E_X - E_S + E_{js} - E_{jX})}{2.303\,RT}$$

KCl の濃厚溶液を用いた場合，液間電位差は溶液を変えてもほとんど変わらないことが知られている．したがって，上式は

$$\text{pH(X)} = \text{pH(S)} + \frac{F(E_X - E_S)}{2.303\,RT} \tag{6・68}$$

となる．上式を用いると標準溶液の pH，pH(S) を与えておけば，E_X，E_S を測定することにより pH(X) が定まることになる．これが pH の測定操作による定義である．標準溶液は5種類定められているが，よく用いられるものは $0.05\,\text{mol dm}^{-3}$ のフタル酸水素カリウム [(KOOC)C$_6$H$_4$COOH] 水溶液である（pH (25°C) =4.01)*.

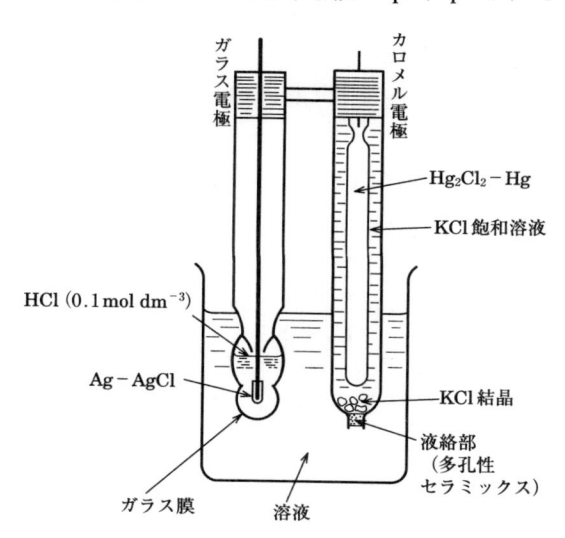

図 6・16 ガラス電極 pH 計．ガラス膜の間の抵抗が大きいため，起電力は高入力抵抗の増幅器を用いた電位差計で測定される．

水素電極は気体の水素を流す必要があること，白金黒の表面が変化しやすいことなどの欠点があるため，実際の pH の測定には水素電極の代りにガラス電極が用いられることが多い（図 6・16）．**ガラス電極**（glass electrode）では，薄いガラス膜の両側に水素イオン濃度の異な

---

* 標準溶液の pH の決め方については例えば，「新実験化学講座 1，基本操作 [I] p.182（丸善）参照．

る溶液があると，ガラス膜を通って水素イオンが一方の溶液から他方の溶液に透過するため，pH の差に依存する電位差が生じることを利用する．図 6·16 の pH 計の電池図は

Ag|AgCl(s)|HCl (0.1 mol dm^{-3})|ガラス膜|溶液‖KCl(sat)|Hg$_2$Cl$_2$|Hg

であって，カロメル電極を基準電極として pH 未知の溶液と HCl (0.1 mol dm^{-3}) 水溶液との間に生じる相対的な電位差を検出する．

問　題

6·1 濃度 0.10 および 0.001 0 mol dm^{-3} の NaCl 溶液の伝導率はそれぞれ 1.07 および 1.24×10^{-2} Ω^{-1} m^{-1} である．表 6·1 のデータを用いて各濃度における溶液中の NaCl のみかけの解離度を求めよ．

6·2 2.414×10^{-3} mol dm^{-3} の酢酸水溶液のモル伝導率は 32.22×10^{-4} Ω^{-1} m^2 mol^{-1} である．この溶液中における酢酸の解離度，解離定数，溶液の pH および van't Hoff 係数を求めよ．ただし H$^+$ と CH$_3$COO$^-$ のモルイオン伝導率は，それぞれ 349.8×10^{-4} および 40.9×10^{-4} Ω^{-1} m^2 mol^{-1} である．

6·3 KCN のように弱酸と強塩基から生じた塩の水溶液では，塩の電離により生じる陰イオンの一部が次のように水と反応する（加水分解）．

$$H_2O + CN^- \rightleftarrows HCN + OH^- \qquad K_h = \frac{[HCN][OH^-]}{[CN^-]}$$

(1) 酸 HCN の解離定数を K_a，水のイオン積を K_W とすると，加水分解定数 K_h が次式で与えられることを示せ．

$$K_h = K_W/K_a$$

(2) 塩の全濃度を c，上の平衡式で加水分解を受けた塩の割合を h とすると [HCN] $= ch$ となる．

$$K_h = \frac{ch^2}{1-h}$$

を導け．

(3) $h \ll 1$ のとき，次式が成立することを示せ．

$$[OH^-] = ch \simeq \left(\frac{K_W c}{K_a}\right)^{1/2} \qquad [H^+] = \frac{K_W}{[OH^-]} = \left(\frac{K_a K_W}{c}\right)^{1/2}$$

（注）弱塩基と強酸の塩（NH$_4$Cl など）についても，同様な式が成立する．例えば弱

塩基 B の解離定数を K_b とすると

$$[\text{H}^+] \simeq \left(\frac{K_W c}{K_b}\right)^{1/2}$$

6・4 前問の結果を用いて, 25 °C における 0.1 mol dm^{-3} KCN 水溶液の加水分解度 h, $[\text{OH}^-]$, $[\text{H}^+]$ および pH を計算せよ. ただし HCN の解離定数は 7.2×10^{-10} mol dm^{-3} である.

6・5 弱酸と弱塩基の塩 (CH_3COONH_4 など) の pH が次式で表わされることを示せ.

$$\text{pH} = -\frac{1}{2}(\log K_a - \log K_b + \log K_W)$$

ただし, K_a, K_b は弱酸および弱塩基の解離定数, K_W は水のイオン積である. また上式と表 6・3, 6・4 のデータを用いて 25 °C における CH_3COONH_4 水溶液の pH を求めよ.

6・6 濃度 c の二酸化炭素水溶液中に含まれるすべてのイオン種の濃度を計算せよ. ただし解離定数 K_1, K_2 の間に $K_1 \gg K_2$ の関係があることを用いて近似計算せよ.

6・7 弱酸 CH_3COOH の水溶液に, その塩 CH_3COONa を加えた溶液がある.

（1） 酸の濃度を c_a, 塩の濃度を c_s とすると, 次式が成立することを示せ.

$$[\text{H}^+] \simeq K_a \frac{c_a}{c_s}$$

ただし K_a は酸の解離定数である.

（2） 1 dm^3 中に 0.1 mol の CH_3COOH と 0.1 mol の CH_3COONa を含む溶液がある. この溶液の pH, この溶液に 0.01 mol の HCl を加えたときの pH および 0.01 mol の NaOH を加えたときの pH を求めよ. ただし CH_3COOH の解離定数は 1.77×10^{-5} mol dm^{-3} である.

（注） 弱酸とその塩を含む水溶液では, 少量の酸やアルカリを加えても, 液の pH はほとんど変化しない. このような溶液を**緩衝液** (buffer solution) という.

6・8 塩化銀の溶解度積は $K_{sp} = [\text{Ag}^+][\text{Cl}^-] = 1.8 \times 10^{-10}$ mol^2 dm^{-6} である. 塩化銀の純水中の溶解度および 0.02 mol dm^{-3} HCl 水溶液中の溶解度を求めよ.

6・9 次の反応が起こる電池を書き, 25 °C における標準起電力, 標準 Gibbs エネルギー変化および平衡定数を計算せよ.

（1） $2\text{Al} + 3\text{Cu}^{2+} = 2\text{Al}^{3+} + 3\text{Cu}$

（2） $2\text{Li} + \text{F}_2 = 2\text{Li}^+ + 2\text{F}^-$

(3) $H_2 + Hg_2Cl_2 = 2H^+ + 2Hg + 2Cl^-$

(4) $2Fe^{2+} + Hg_2^{2+} = 2Fe^{3+} + 2Hg$

6·10 次の電池について以下の問に答えよ.

$$Ag|AgCl(s)|NaCl(aq)|Hg_2Cl_2(s)|Hg$$

(1) 左の極および右の極における反応および電池反応を記せ.

(2) 表 6·6 のデータを用いて 25 °C における電池反応の標準 Gibbs エネルギー変化 $\Delta G^\ominus$ を求めよ.

(3) この電池の標準起電力の温度係数は 25 °C 付近で $3.41 \times 10^{-4}\,\mathrm{V\,K^{-1}}$ である. 25 °C における電池反応の標準エントロピー変化 $\Delta S^\ominus$ と標準エンタルピー変化 $\Delta H^\ominus$ を求めよ.

(4) 表 2·3 および表 3·1 のデータを用いて, 25 °C における電池反応の $\Delta H^\ominus$, $\Delta S^\ominus$ および $\Delta G^\ominus$ を計算し, (2), (3) で求めた値と比較せよ. ただし 25 °C において, $Hg_2Cl_2(s)$ の $\Delta H_f^\ominus = -264.9\,\mathrm{kJ\,mol^{-1}}$, $S^\ominus = 195.8\,\mathrm{J\,K^{-1}\,mol^{-1}}$ である.

6·11 電池 $Cu|Cu^{2+}(a_1)\|Cl^-(a_2)|Cl_2(P), Pt$ の電池反応と起電力の式を記せ. 次に表 6·6 の値を用いて, $a_1=0.1$, $a_2=0.2$, $P=2\,\mathrm{atm}$ のときの起電力 (25 °C) を計算せよ.

6·12 $Cr^{2+}|Cr$ および $Cr^{3+}, Cr^{2+}|Pt$ の標準電極電位はそれぞれ $-0.79\,\mathrm{V}$ と $-0.42\,\mathrm{V}$ である. $Cr^{3+}|Cr$ の標準電極電位を求めよ.

6·13 AgBr の溶解度積 $K_{sp}=[Ag^+][Br^-]$ を求めたい. 適当な電池を組立て, 表 6·6 の値を用いて K_{sp} を計算せよ.

6·14 電池 $Pt, H_2(1\,\mathrm{atm})|HCl\,(0.05\,\mathrm{mol\,kg^{-1}})|AgCl(s)|Ag$ の起電力は 25 °C で 0.385 8 V である. 表 6·6 の値を用いて $0.05\,\mathrm{mol\,kg^{-1}}$ HCl 水溶液中の HCl の平均活量係数 (25 °C) を求めよ.

6·15 電池 $Pt, H_2(P_1)|KOH(a_1(H^+))\|HCl(a_2(H^+))|H_2(P_2), Pt$ の起電力をあらわす式を記せ. $P_1=P_2=1\,\mathrm{atm}$, KOH および HCl 水溶液の濃度がともに $0.01\,\mathrm{mol\,dm^{-3}}$ のとき, 25 °C でこの電池の起電力が 0.584 7 V であった. 各イオンの活量係数を 1 として 25 °C における水のイオン積を求めよ.

7 付録

§7·1 多変数関数の微分

二つ以上の変数をもつ関数の微分について述べる．まず1変数の関数

$$z=f(x) \tag{7·1}$$

の微分について復習しておこう．x が $x+\Delta x$ に変わるとき z が $z+\Delta z$ になるとすれば，z の x における微(分)係数は

$$\frac{\mathrm{d}z}{\mathrm{d}x} \equiv \lim_{\Delta x\to 0}\frac{\Delta z}{\Delta x}=\lim_{\Delta x\to 0}\frac{f(x+\Delta x)-f(x)}{\Delta x} \tag{7·2}$$

と定義される．x を変えて上式の微分係数を対応させて得られる関数が，導関数 $f'(x)$ である．$f'(x_0)$ は，点 x_0 における曲線 $z=f(x)$ の勾配を与える（図 7·1）．

次に z が2変数 $x,\ y$ の関数

$$z=f(x,\ y) \tag{7·3}$$

の場合，$y=$一定と考えたときの導関数

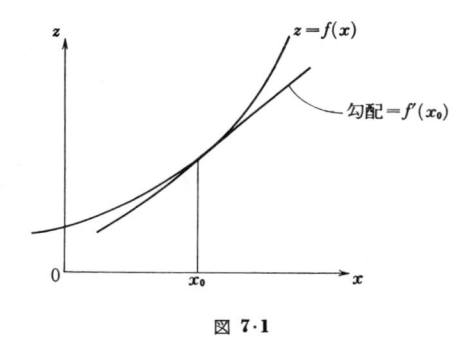

図 7·1

$$\lim_{\substack{\Delta x\to 0 \\ y=\text{const}}}\frac{\Delta z}{\Delta x}=\lim_{\Delta x\to 0}\frac{f(x+\Delta x,\ y)-f(x,\ y)}{\Delta x} \tag{7·4}$$

を x に関する $z=f(x,\ y)$ の偏導関数という．これを記号

$$\frac{\partial z}{\partial x},\qquad \frac{\partial}{\partial x}f(x,\ y),\qquad z_x,\qquad f_x(x,\ y)$$

などであらわす．y に関する $z=f(x,\ y)$ の偏導関数は，式(7·4)と同様に $x=$一定と考えて

$$\frac{\partial z}{\partial y} = \lim_{\substack{\Delta y \to 0 \\ x = \text{const}}} \frac{\Delta z}{\Delta y} = \lim_{\Delta y \to 0} \frac{f(x,\ y+\Delta y) - f(x,\ y)}{\Delta y} \tag{7.5}$$

で定義される．関数 $z=f(x,\ y)$ は一般に曲面となるが，$f_x(x_0,\ y_0)$ は，図 7.2 に示すように，この曲面と平面 $y=y_0$ との交線 $f(x,\ y_0)$ の $x=x_0$ における勾配である．

偏微分の計算は簡単である．例えば

$$z = x^2 + 2xy + 3y^2$$

のとき，これを x に関して偏微分するには，$y=\text{const}$ と考えればよいから

$$\frac{\partial z}{\partial x} = 2x + 2y$$

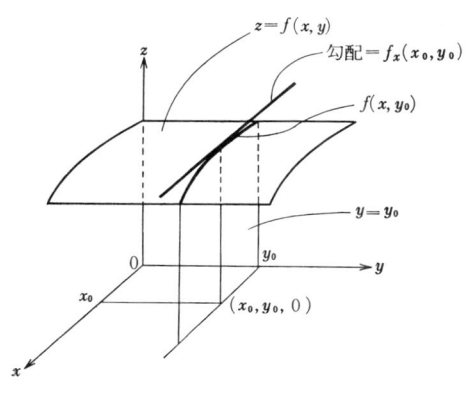

図 7.2

となる．同様に y で偏微分するときは，$x=\text{const}$ と考えて

$$\frac{\partial z}{\partial y} = 2x + 6y$$

となる．

上の2変数の関数の偏微分は，容易に多変数の場合に拡張される．z が n 個の変数 $x_1,\ x_2,\ \cdots x_n$ の関数

$$z = f(x_1,\ x_2,\ \cdots,\ x_n)$$

のとき，i 番目の変数 x_i に関する z の偏導関数は x_i 以外の変数を一定と考えて

$$\frac{\partial z}{\partial x_i} \equiv \lim_{\Delta x_i \to 0} \frac{f(x_1, x_2, \cdots, x_i + \Delta x_i, \cdots, x_n) - f(x_1, x_2, \cdots, x_i, \cdots, x_n)}{\Delta x_i}$$

で定義される．

一次導関数 $f'(x)$ から二次導関数 $f''(x)$ が得られたように，一次偏導関数をさらに偏微分することによって，二次偏導関数が得られる．例えば $\partial z/\partial x$ を

x または y で偏微分したものは，それぞれ

$$\frac{\partial}{\partial x}\left(\frac{\partial z}{\partial x}\right) \equiv \frac{\partial^2 z}{\partial x^2} \equiv f_{xx}$$

$$\frac{\partial}{\partial y}\left(\frac{\partial z}{\partial x}\right) \equiv \frac{\partial^2 z}{\partial y \partial x} \equiv f_{xy}$$

のように記される．

〔例題 7·1〕 $z = x^5 - 2x^2y^3 + 3xy^4$ の二次偏導関数を求め，$f_{xy} = f_{yx}$ であることを示せ．

〔解〕 $$z = f(x, y)$$
として
$$f_x = 5x^4 - 4xy^3 + 3y^4$$
$$f_{xx} = 20x^3 - 4y^3 \qquad f_{xy} = -12xy^2 + 12y^3$$
$$f_y = -6x^2y^2 + 12xy^3$$
$$f_{yx} = -12xy^2 + 12y^3 \qquad f_{yy} = -12x^2y + 36xy^2$$

よって
$$f_{xy} = f_{yx}$$

上の例題は一例であるが，一般に f_{xy} と f_{yx} がともに連続関数ならば

$$f_{xy} = f_{yx} \qquad \text{すなわち} \quad \frac{\partial^2 f}{\partial y \partial x} = \frac{\partial^2 f}{\partial x \partial y} \tag{7·6}$$

であることが証明される*．すなわち，偏微分の順序は変更してもよい．

数学の場合とちがって，熱力学では独立変数の組をとりかえることが多い．例えば内部エネルギー (§ 2·3) U が P, T の関数 $U(P, T)$ であらわされる場合，P を一定にして U を T で偏微分する際には

$$\left(\frac{\partial U}{\partial T}\right)_P$$

のように，一定とするべき変数 P を添字で明示する．これに対し $(\partial U/\partial T)_V$ は，V, T を変数とする関数 $U(V, T)$ を $V = $ 一定にして，T で偏微分することを意味する．

---

* 例えば，矢野健太郎，微分積分学（裳華房）参照．

多変数関数の微分   235

　上では変数の一つだけが変わり，他の変数は一定と考えたときの多変数の関数の微分（偏微分）を考えた．次に，変数がすべて変わる場合を考えよう．
$$z = f(x, y)$$
において，x, y がそれぞれ $x+\Delta x, y+\Delta y$ になったとき，z が $z+\Delta z$ になるとすれば

$$\begin{aligned}\Delta z &= f(x+\Delta x, y+\Delta y) - f(x, y)\\ &= \{f(x+\Delta x, y+\Delta y) - f(x, y+\Delta y)\}\\ &\quad + \{f(x, y+\Delta y) - f(x, y)\}\end{aligned}$$

上式の第1項の { } 内は x が $x+\Delta x$ に変わるときの，x の関数 $f(x, y+\Delta y)$ の増分と考えられるから，Δx が小さいときは，点 x における $f(x, y+\Delta y)$ の勾配 $f_x(x, y+\Delta y)$ と Δx の積 $f_x(x, y+\Delta y)\Delta x$ で近似される

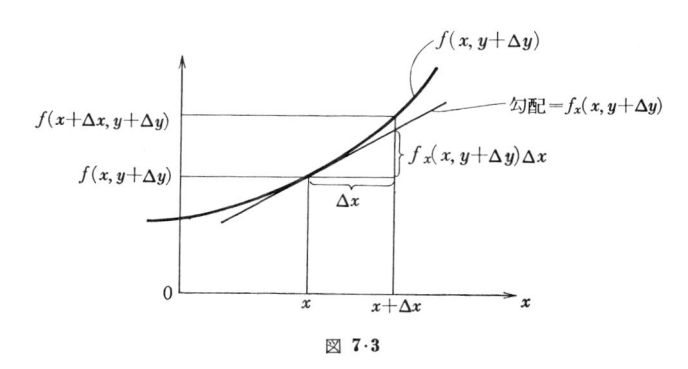

図 7·3

（図 7·3）．同様に第2項の { } 内は $f_y(x, y)\Delta y$ で近似される．よって
$$\Delta z \fallingdotseq f_x(x, y+\Delta y)\Delta x + f_y(x, y)\Delta y$$
となる．$f(x, y)$ が連続関数ならば $\Delta x \to 0$, $\Delta y \to 0$ のとき $\Delta z \to 0$ となる．このような極限では，上式に等号を用いることができる．また f_x が連続ならば $\Delta y \to 0$ において $f_x(x, y+\Delta y)$ は $f_x(x, y)$ となる．したがって $\Delta x \to 0$, $\Delta y \to 0$, $\Delta z \to 0$ のときの $\Delta x, \Delta y, \Delta z$ をそれぞれ dx, dy, dz であらわすと上式は

$$dz = f_x(x, y)dx + f_y(x, y)dy \qquad (7\cdot 7)$$

または
$$dz = \frac{\partial f}{\partial x} dx + \frac{\partial f}{\partial y} dy \quad \text{または} \quad dz = \frac{\partial z}{\partial x} dx + \frac{\partial z}{\partial y} dy \tag{7・8}$$

となる．式 (7・7) または (7・8) を z の**(完)全微分**という．z が一変数の関数 $z = f(x)$ のときは，式 (7・7)，式 (7・8) に対応する式は，それぞれ

$$dz = f'(x) dx \qquad dz = \frac{dz}{dx} dx$$

である．三つ以上の変数の関数においても，上の結果は容易に拡張される．$z = f(x_1, x_2, \cdots, x_n)$ のとき，式 (7・8) は

$$dz = \sum_{i=1}^{n} \frac{\partial f}{\partial x_i} dx_i \quad \text{または} \quad dz = \sum_{i=1}^{n} \frac{\partial z}{\partial x_i} dx_i \tag{7・9}$$

となる．

§7・2 状態量の微分

§2・1 で述べたように Z が状態量のときは，状態変数を X, Y として

$$Z = f(X, Y) \tag{7・10}$$

と書ける．上式の微分をとると（式 (7・8) 参照）

$$dZ = \frac{\partial f}{\partial X} dX + \frac{\partial f}{\partial Y} dY \quad \text{完全微分} \tag{7・11}$$

となる．逆にある微小量 dZ が上式を満足するような関数 f をもつとき，Z は状態量になる．これは，次のように証明される．系の状態変化 $A(X_A, Y_A) \to B(X_B, Y_B)$ をもたらす任意の経路 C について上式を積分すると

$$\int_C dZ = \int_C \left(\frac{\partial f}{\partial X} dX + \frac{\partial f}{\partial Y} dY \right) = \int_C df$$
$$= f(X_B, Y_B) - f(X_A, Y_A)$$

を得る．上式の f の差は経路 C によらないから，式 (2・10) によって Z が状態量となる．以上述べたことは，式 (2・11) にまとめられている．

一般の微小量は，必ずしも完全微分の形に書けるとは限らない．例えば dZ が

状態量の微分

$$dZ = g(X, Y)dX + h(X, Y)dY \tag{7.12}$$

の場合，dZ が完全微分 (7·11) の形に書けるための必要十分条件は

$$\frac{\partial g}{\partial Y} = \frac{\partial h}{\partial X} \tag{7.13}$$

である．ここでは十分条件の証明は他書* にゆずり，必要条件，すなわち dZ が式 (7·11) を満足するとき，式 (7·13) が導かれることを示そう．式 (7·11) から (7·12) を引くと

$$\left[\frac{\partial f}{\partial X} - g\right]dX + \left[\frac{\partial f}{\partial Y} - h\right]dY = 0$$

となる．ここで dX, dY は微小量の範囲内で自由にとれるから，上式が恒等的に成立するためには [ ] 内が 0 でなければならない．よって

$$\frac{\partial f}{\partial X} = g \qquad \frac{\partial f}{\partial Y} = h$$

上の二つの式の両辺を，それぞれ Y および X で偏微分すると

$$\frac{\partial^2 f}{\partial Y \partial X} = \frac{\partial g}{\partial Y} \qquad \frac{\partial^2 f}{\partial X \partial Y} = \frac{\partial h}{\partial X}$$

偏微分の順序は変更してもよいから，上式の左辺同士は等しい．よって，式 (7·13) が得られる．

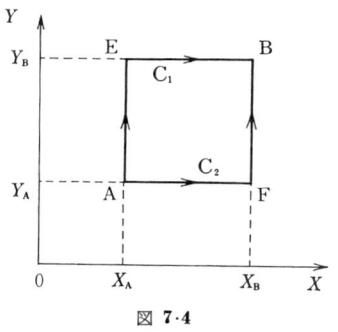

式 (7·12) の形の微小量の例として

$$dZ = \alpha dX + \frac{X}{Y}dY \qquad \alpha \text{ は定数} \tag{7.14}$$

を考えてみよう．この場合，式 (7·12) で $g = \alpha$, $h = X/Y$ となる場合に相当するから

$$\frac{\partial g}{\partial Y} = 0 \qquad \frac{\partial h}{\partial X} = \frac{1}{Y}$$

図 7·4

となって式 (7·13) は成立しない．よって Z は状態量ではない．また状態変化 $A(X_A, Y_A) \rightarrow B(X_B, Y_B)$ についての線積分 $\int_C dZ$ は C による．簡単のため，図 7·4 の二つの経路 C_1, C_2 について計算すると

---

* 例えば，寺沢寛一，自然科学者のための数学概論（岩波書店）．

$$\int_{C_1} dZ = \int_{AE}\left(\alpha dX + \frac{X}{Y}dY\right) + \int_{EB}\left(\alpha dX + \frac{X}{Y}dY\right)$$

図において経路 AE では $X=X_A$, $dX=0$, $Y=Y_A \to Y_B$; 経路 EB では $Y=Y_B$, $dY=0$, $X=X_A \to X_B$ であるから

$$\int_{C_1} dZ = \int_{Y_A}^{Y_B} \frac{X_A}{Y} dY + \int_{X_A}^{X_B} \alpha dX$$

$$= X_A \log \frac{Y_B}{Y_A} + \alpha(X_B - X_A)$$

となる. 同様に

$$\int_{C_2} dZ = \int_{AF}\left(\alpha dX + \frac{X}{Y}dY\right) + \int_{FB}\left(\alpha dX + \frac{X}{Y}dY\right)$$

$$= \int_{X_A}^{X_B} \alpha dX + \int_{Y_A}^{Y_B} \frac{X_B}{Y} dY$$

$$= \alpha(X_B - X_A) + X_B \log \frac{Y_B}{Y_A}$$

よって

$$\int_{C_1} dZ \neq \int_{C_2} dZ$$

となる.

次に式 (7・14) の代りに新しい微小量

$$dZ' = \frac{dZ}{X} = \frac{\alpha}{X} dX + \frac{1}{Y} dY \tag{7・15}$$

を考えてみよう. このときは $g=\alpha/X$, $h=1/Y$ となるから

$$\frac{\partial g}{\partial Y} = \frac{\partial h}{\partial X} = 0$$

となるので, dZ' が完全微分の形に書けるはずである. 実際

$$f(X, Y) = \alpha \log X + \log Y \tag{7・16}$$

とすれば, 式 (7・15) は

$$dZ' = \frac{\partial f}{\partial X} dX + \frac{\partial f}{\partial Y} dY$$

となる．このときは Z' は状態量になるし，$\int_C dZ'$ は C によらない．

〔**例題 7·2**〕 式 (7·15) の dZ' を図 7·4 の経路 C_1 および C_2 について積分し，$\int_{C_1} dZ' = \int_{C_2} dZ'$ が成立することを示せ．

〔**解**〕

$$\int_{C_1} dZ' = \int_{AE}\left(\frac{\alpha}{X}dX + \frac{1}{Y}dY\right) + \int_{EB}\left(\frac{\alpha}{X}dX + \frac{1}{Y}dY\right)$$
$$= \int_{Y_A}^{Y_B}\frac{1}{Y}dY + \int_{X_A}^{X_B}\frac{\alpha}{X}dX = \log\frac{Y_B}{Y_A} + \alpha\log\frac{X_B}{X_A}$$

同様に

$$\int_{C_2} dZ' = \int_{AF}dZ' + \int_{FB}dZ' = \int_{X_A}^{X_B}\frac{\alpha}{X}dX + \int_{Y_A}^{Y_B}\frac{1}{Y}dY$$
$$= \alpha\log\frac{X_B}{X_A} + \log\frac{Y_B}{Y_A}$$

よって

$$\int_{C_1} dZ' = \int_{C_2} dZ'$$

となる．なお上の積分の値は $(\alpha\log X_B + \log Y_B) - (\alpha\log X_A + \log Y_A)$ と変形できるから，式 (7·16) を用いて

$$\int_{C_1} dZ' = \int_{C_2} dZ' = f(X_B, Y_B) - f(X_A, Y_A)$$

と書ける．

上述の例からもわかるように，Z が状態量でないとき dZ に適当な関数（積分因数）をかけて別の微小量 dZ' を作り，Z' を状態量にすることができることがある[*]．エントロピー S の導入に用いた式 (3·45)，

$$dS \equiv \frac{d'q_{rev}}{T_e}$$

は $d'q_{rev}$ に $1/T_e$ をかけて状態量 S を得た例である．

§ 7·3 電気化学ポテンシャル

電荷 q を無限遠から点 P まで運ぶのに必要な仕事を w_P とすると

---

[*] Z の変数が，2個のときは積分因数が常に存在する，3個以上のときは積分因数が存在しない場合もあることが証明されている．原島　鮮著，熱学演習―熱力学（裳華房）参照．

$$\phi_P \equiv \frac{w_P}{q} \tag{7.17}$$

を点 P の**電位** (electric potential) という．その SI 単位は，J/C=V である．この定義から ϕ_P は単位電荷（$q=1$ C）を無限遠から点 P まで運ぶのに

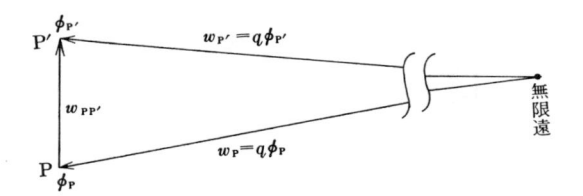

図 7·5 電位 ϕ_P, $\phi_{P'}$ と仕事

要する仕事に相当する．図 7·5 において，点 P から P′ まで電荷 q を運ぶために必要な仕事を $w_{PP'}$ とすると

$$w_{PP'} = w_{P'} - w_P$$

が成立するから，点 P と P′ の電位差を $\Delta\phi_{PP'}$ とすると，式 (7·17) より

$$\Delta\phi_{PP'} = \phi_{P'} - \phi_P = \frac{w_{PP'}}{q}$$

すなわち電位差 $\Delta\phi_{PP'}$ は，単位電荷を点 P から P′ に移すのに要する仕事である．

さて，電位 ϕ をもつ系に電位 0 の外界から電荷 z_i の荷電粒子を dn_i mol 運び込む場合を考えよう．系に入る全電荷は $z_i F dn_i$（F は Faraday 定数）であるから，この過程に伴って系がされる電気的仕事は

$$d'w_{el} = z_i F \phi dn_i$$

系のされる仕事 $d'w$ が，系の体積変化に伴う仕事 $-PdV$ とこの電気的仕事から成る場合

$$d'w = -PdV + \sum_i z_i F \phi dn_i \tag{7.18}$$

ただし電荷 $z_1, z_2, \cdots$ をもつ粒子を dn_1 mol, dn_2 mol, $\cdots$ ずつ系内にもち込む場合である．この $d'w$ を開いた系の第一法則の式 (4·45) に代入す

電気化学ポテンシャル

ると，$d'q = TdS$ として

$$dU = TdS - PdV + \sum_i (\mu_i + z_i F\phi) dn_i$$

いま

$$\boxed{\tilde{\mu}_i \equiv \mu_i + z_i F\phi} \tag{7.19}$$

とすると，上式は

$$\boxed{dU = TdS - PdV + \sum_i \tilde{\mu}_i dn_i} \tag{7.20}$$

となる．$\tilde{\mu}_i$ を物質 i の電気化学ポテンシャル (electrochemical potential) とよぶ．電荷 z_i が0ならば

$$\tilde{\mu}_i = \mu_i \quad (z_i = 0) \tag{7.21}$$

すなわち電荷をもたない物質の電気化学ポテンシャルは，その化学ポテンシャルに等しい．また系の電位 ϕ が0のときも $\tilde{\mu}_i = \mu_i$ となる．式 (7.21) が成立するときは，式 (7.20) は (4.46)

$$dU = TdS - PdV + \sum_i \mu_i dn_i \quad (z_i = 0)$$

と一致する．すなわち上式は，電荷をもたない物質を扱う場合，または系の電位を考慮する必要がないときにあてはまる式である．式 (7.20) から

$$\tilde{\mu}_i = \left(\frac{\partial U}{\partial n_i}\right)_{S,V,n_j(j \neq i)} \tag{7.22}$$

上式の右辺は，電気的仕事を考えないときの式 (4.48)

$$\mu_i = \left(\frac{\partial U}{\partial n_i}\right)_{S,V,n_j(j \neq i)} \quad (z_i = 0) \tag{7.23}$$

の右辺と一致する．同様に電気的仕事を考慮したとき，式 (4.51)，(4.55)，(4.56) に対応する式は，それらの式の中の μ_i を $\tilde{\mu}_i$ にすれば得られる．

$$dG = -SdT + VdP + \sum_i \tilde{\mu}_i dn_i \tag{7.24}$$

$$\tilde{\mu}_i = \left(\frac{\partial H}{\partial n_i}\right)_{S,P,n_j(j \neq i)} = \left(\frac{\partial A}{\partial n_i}\right)_{T,V,n_j(j \neq i)} = \left(\frac{\partial G}{\partial n_i}\right)_{T,P,n_j(j \neq i)} \tag{7.25}$$

上の考察から，電荷をもつ物質が $\phi \neq 0$ の系（または外界との間に電位差がある系）に出入する場合には，化学ポテンシャル μ_i の代りに電気化学ポテンシャル $\tilde{\mu}_i$ を用いて議論する必要があることがわかる．この場合，§4.4 の諸式は μ_i を $\tilde{\mu}_i$ に変えれば，そのまま成り立つ．したがって，それらの式から誘導された式においても，μ_i を $\tilde{\mu}_i$ に変更すればよい．例えば相 α と β の間の相平衡の条件 (4.61), (4.62) は，電気化学系では

$$\tilde{\mu}_i{}^{(\alpha)} = \tilde{\mu}_i{}^{(\beta)} \qquad i = 1, 2, \cdots, n \tag{7.26}$$

となる．また P, T const における反応

$$0 = \sum_i \nu_i A_i \tag{7.27}$$

の平衡条件 (4.86) は

$$\sum \nu_i \tilde{\mu}_i = 0 \tag{7.28}$$

となる．式 (7.19) から，z_+ 価のイオン M^{z+} と電子 e^- の電気化学ポテンシャルは，それぞれ

$$\tilde{\mu}(M^{z+}) = \mu(M^{z+}) + z_+ F\phi \tag{7.29}$$

$$\tilde{\mu}(e^-) = \mu(e^-) - F\phi \tag{7.30}$$

である．

電気化学ポテンシャル $\tilde{\mu}$ は，式 (7.22) または (7.25) を用いて明確に定義できる．しかしイオン（または電子）の $\tilde{\mu}$ を式 (7.29), (7.30) によってその化学的部分 μ と静電的部分 $z_+ F\phi$ （または $-F\phi$）に分けるという考え方には任意性がある．例えば一片の金属を考えると，$\tilde{\mu}$ の化学的部分 μ には，金属イオンおよび電子相互間の静電ポテンシャルが含まれているから，$\tilde{\mu}$ においてどれだけが化学的部分で，どれだけが静電的部分であるか分けるのは難しい．このように式 (7.19) は問題点を含むが，この式を用いて多くの電気化学的現象が説明されており，実用的には問題ないと考えられている．

電気化学ポテンシャルを用いて，硫酸亜鉛水溶液に浸された亜鉛の系について考えてみよう（図 7.6）．この系は半電池 $Zn^{2+}|Zn$ に相当する．亜鉛相を

I, 溶液相をIIと記すことにする．平衡状態では式 (7·26) より金属亜鉛内部の 亜鉛イオン $Zn^{2+}(I)$*と溶液中の亜鉛イオン $Zn^{2+}(II)$ の電気化学ポテンシャルが等しい．すなわち

$$\tilde{\mu}[Zn^{2+}(I)] = \tilde{\mu}[Zn^{2+}(II)] \quad (7\cdot31)$$

Zn および $ZnSO_4(aq)$ の電位を ϕ_I, ϕ_{II} とすれば，式 (7·29) より

$$\mu[Zn^{2+}(I)] + 2F\phi_I = \mu[Zn^{2+}(II)] + 2F\phi_{II}$$

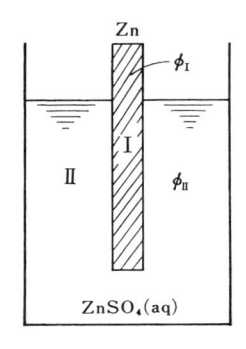

図 7·6 半電池 $Zn^{2+}|Zn$

よって電位差は

$$E = \phi_I - \phi_{II} = \frac{1}{2F}(\mu[Zn^{2+}(II)] - \mu[Zn^{2+}(I)]) \quad (7\cdot32)$$

ここで $\mu[Zn^{2+}(II)]$ を溶液中の Zn^{2+} の活量 $a(Zn^{2+}(II))$ を用いて表わすと

$$\mu[Zn^{2+}(II)] = \mu^{\ominus}[Zn^{2+}(II)] + RT \ln a[Zn^{2+}(II)] \quad (7\cdot33)$$

ただし $\mu^{\ominus}[Zn^{2+}(II)]$ は溶液中の Zn^{2+} イオンの 標準化学ポテンシャルである．金属亜鉛は純固体であるから，$Zn^{2+}(I)$ の化学ポテンシャルはその標準化学ポテンシャルに等しい．

$$\mu[Zn^{2+}(I)] = \mu^{\ominus}[Zn^{2+}(I)] \quad (7\cdot34)$$

式 (7·33)，(7·34) を (7·32) に代入して

$$E = E^{\ominus} + \frac{RT}{2F} \ln a[Zn^{2+}(II)] \quad (7\cdot35)$$

$$E^{\ominus} = \frac{1}{2F}(\mu^{\ominus}[Zn^{2+}(II)] - \mu^{\ominus}[Zn^{2+}(I)]) \quad (7\cdot36)$$

が得られる．上式は半電池 $Zn^{2+}|Zn$ の起電力に対する Nernst の式である．$E^{\ominus}$ は $a[Zn^{2+}(II)] = 1$ のときの起電力で，半電池の標準起電力である．

---

* 金属亜鉛は結晶格子を形成する Zn^{2+} と自由電子 $2e^-$ よりなる．したがって，Zn の電気化学ポテンシャルは次のようになる．
$$\tilde{\mu}(Zn) = \tilde{\mu}(Zn^{2+}) + 2\tilde{\mu}(e^-)$$

§7·4 電池の起電力

前節で導入した電気化学ポテンシャルを用いて，図7·7の Daniell 電池

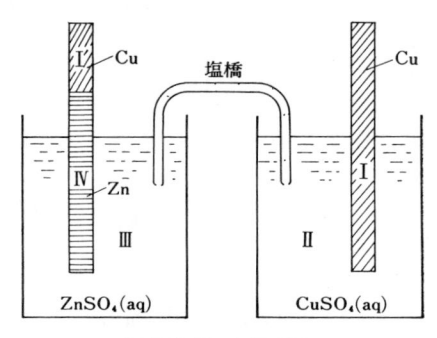

$$Zn|Zn^{2+}\|Cu^{2+}|Cu$$

の起電力を求めよう．図では各電極および溶液に I〜IV および I' の記号を付した．p.209, 210 で述べたように，電池の起電力は電池電流が0のときの，二つの電極につないだ同じ材質の導線間の電位差と定義される．同じ材質の導線でなければならない理由は，異なった物質の間では電荷の移動があるため正確な電位差を求めることができないからである．そこで図7·7で Zn 棒の上に Cu を接合し，右の Cu(I) と左の Cu(I') の電位差を求めることにする．外部回路が開いた状態では電流は0であるから，図7·7の平衡状態における電位差が電池の起電力 E に相当する．すなわち

$$E = \phi_I - \phi_{I'} \tag{7·37}$$

電池内を Cu(I) から Cu(I') に 2 mol の電子が移動するとき，図7·7における反応は次のようになる．

Cu 極（還元）	$Cu^{2+}(II) + 2e^-(I) = Cu(I)$
Zn 極（酸化）	$Zn(IV) = Zn^{2+}(III) + 2e^-(IV)$
Zn(IV), Cu(I') 間 （電子移動）	$2e^-(IV) = 2e^-(I')$

電池反応　$Zn(IV) + Cu^{2+}(II) + 2e^-(I) = Zn^{2+}(III) + Cu(I) + 2e^-(I')$
$$\tag{7·38}$$

平衡状態では，この電池反応について式 (7·28) が成立する．すなわち

$$\tilde{\mu}[Zn^{2+}(III)] + \tilde{\mu}[Cu(I)] + 2\tilde{\mu}[e^-(I')] - \tilde{\mu}[Zn(IV)] - \tilde{\mu}[Cu^{2+}(II)]$$
$$- 2\tilde{\mu}[e^-(I)] = 0 \tag{7·39}$$

式 (7·29), (7·30) より

$$\tilde{\mu}[Zn^{2+}(\mathrm{III})] = \mu[Zn^{2+}(\mathrm{III})] + 2F\phi_{\mathrm{III}}$$
$$\tilde{\mu}[Cu(\mathrm{I})] = \mu[Cu(\mathrm{I})]$$
$$\tilde{\mu}[e^{-}(\mathrm{I'})] = \mu[e^{-}(\mathrm{I'})] - F\phi_{\mathrm{I'}}$$
$$\tilde{\mu}[Zn(\mathrm{IV})] = \mu[Zn(\mathrm{IV})]$$
$$\tilde{\mu}[Cu^{2+}(\mathrm{II})] = \mu[Cu^{2+}(\mathrm{II})] + 2F\phi_{\mathrm{II}}$$
$$\tilde{\mu}[e^{-}(\mathrm{I})] = \mu[e^{-}(\mathrm{I})] - F\phi_{\mathrm{I}}$$

これらの式を (7·39) に代入して, $\mu[e^{-}(\mathrm{I})] = \mu[e^{-}(\mathrm{I'})]$ (I と I' は同じ Cu であるから, それらの化学ポテンシャルは等しい) を考慮すると次式を得る.

$$\Delta G + 2F(\phi_{\mathrm{III}} - \phi_{\mathrm{II}}) + 2F(\phi_{\mathrm{I}} - \phi_{\mathrm{I'}}) = 0 \tag{7·40}$$

ただし

$$\Delta G = \mu[Zn^{2+}(\mathrm{III})] + \mu[Cu(\mathrm{I})] - \mu[Zn(\mathrm{IV})] - \mu[Cu^{2+}(\mathrm{II})]$$

式 (7·37), (7·40) から

$$\Delta G = -2FE + 2F(\phi_{\mathrm{II}} - \phi_{\mathrm{III}}) \tag{7·41}$$

もし, 溶液 II と III の間に液間電位差がなければ

$$\Delta G = -2FE \tag{7·42}$$

上式の ΔG は電池反応を §6·7 のように

$$0 = -Zn - Cu^{2+} + Zn^{2+} + Cu$$

と書いたときの Gibbs エネルギー変化に相当する. 一般に z mol の電子の移動を伴う電池反応

$$0 = \sum_i \nu_i A_i$$

において, 式 (7·42) は

$$\Delta G = -zFE \tag{7·43}$$

ただし

$$\Delta G = \sum_i \nu_i \mu_i \tag{7·44}$$

となる. これらの式が §6·7 の式 (6·49) と (6·48) である.

問　題　解　答

第 1 章

1·1 $\theta = \dfrac{V-V_0}{V_{100}-V_0} \times 100.$ この式と $V=nRT/P$ を用いて

$\theta = \dfrac{T-T_0}{T_{100}-T_0} \times 100 = T-T_0 = T-273.15\,\mathrm{K}.$

1·2 Ar のモル分率を x とすると, $28.014(1-x)+39.948\,x=28.014\times 1.2572/1.2505$, 1.26%.

1·3 燃焼前, C 0.1 mol, O_2 0.406 mol, 燃焼後 CO_2 0.1 mol, O_2 0.306 mol. $x(O_2)=0.75$, $x(CO_2)=0.25$, $p(O_2)=15\,\mathrm{atm}$, $p(CO_2)=5\,\mathrm{atm}$, $P=20\,\mathrm{atm}$.

1·4 $\overline{u_1{}^2}=\overline{u_2{}^2}$ より $T_2=T_1(M_2/M_1)=42.9\,\mathrm{K}.$

1·5 $E=(3/2)nRT=(3/2)PV=1.5\,\mathrm{atm\,dm^3}=152\,\mathrm{J}.$

1·6 15.3 atm, 15.0 atm.

1·7 式 (1·44) の両辺を P 一定で V で偏微分して, $P-an^2/V^2+2abn^3/V^3 = nR(\partial T/\partial V)_P$, これより $\alpha=nRV^2/(PV^3-an^2V+2abn^3)$. 次に $P=nRT/(V-nb)-a(n/V)^2$ を T 一定で V で偏微分して $(\partial P/\partial V)_T$ を求めた後, κ を計算すると, $\kappa=V^2(V-nb)^2/(nRTV^3-2an^2(V-nb)^2)=V^2(V-nb)/(PV^3-an^2V+2abn^3).$

1·8 式 (1·48) より $a=3P_cV_c{}^2$, $b=V_c/3$, $R=8P_cV_c/(3T_c)$, (1·45) の a, b, R にこれらの式を代入する.

1·9 $P=\dfrac{RT}{V_\mathrm{m}-b}-\dfrac{a}{V_\mathrm{m}{}^2}=\dfrac{RT}{V_\mathrm{m}}\left(1-\dfrac{b}{V_\mathrm{m}}\right)^{-1}-\dfrac{a}{V_\mathrm{m}{}^2}=\dfrac{RT}{V_\mathrm{m}}\left(1+\dfrac{b}{V_\mathrm{m}}+\dfrac{b^2}{V_\mathrm{m}{}^2}+\cdots\right)$
$-\dfrac{a}{V_\mathrm{m}{}^2}=\dfrac{RT}{V_\mathrm{m}}\left[1+\left(b-\dfrac{a}{RT}\right)\dfrac{1}{V_\mathrm{m}}+\dfrac{b^2}{V_\mathrm{m}{}^2}+\cdots\right]$ を用いる. $B=b-\dfrac{a}{RT}$
$C=b^2.$

第 2 章

2·1 （Ⅰ）$q=w=0.$

（Ⅱ）$(P_1, V_1), (P_2, V_1)$ における温度をそれぞれ T_1, T_2 とすると
$q=C_V(T_2-T_1)=[C_V/nR]V_1(P_2-P_1)$, $w=0.$

（Ⅲ）(P_2, V_2) における温度を T_3 として, $q=C_P(T_3-T_2)=[C_P/(nR)]P_2(V_2-V_1)$, $w=-P_2(V_2-V_1)\,(=-nR(T_3-T_2))$. $\Delta U_\mathrm{I}=0$ であるから $T_3=T_1$, $\Delta U_\mathrm{I}=\Delta U_\mathrm{II}+\Delta U_\mathrm{III}$ より, $0=C_V(T_2-T_1)+(C_P-nR)(T_1-T_2)$, よって

問 題 解 答   247

$C_P - C_V = nR$.

2·2 経路（I）：$q=0$, $w=0$. 経路（II）+（III）：$q=(C_P-C_V)(T_1-T_2)$, $w=-nR(T_1-T_2)$. 経路により q も w も違うから，q や w は状態量ではない.

2·3 $-w = \int_{V_1}^{V_2} P dV_m = RT \ln \dfrac{V_2-b}{V_1-b} - a\left(\dfrac{1}{V_1} - \dfrac{1}{V_2}\right)$. 理想気体では，$a=b=0$, $-w = RT \ln(V_2/V_1)$. van der Waals 気体では外界にする仕事は $a(1/V_1 - 1/V_2)$ だけ小さい. これは分子間力に逆って分子を引き離すために使われ，気体の内部エネルギーの増加となる. また分子の大きさが考慮されているため，$b \neq 0$.

2·4 （i）式（2·36）から $\left(\dfrac{\partial U}{\partial V}\right)_T = \dfrac{C_P - C_V}{(\partial V/\partial T)_P} - P$, この式に（1·18）を代入.
（ii）$dU = (\partial U/\partial T)_V dT + (\partial U/\partial V)_T dV = C_V dT + [(C_P-C_V)/(\alpha V)] dV - P dV$, $d'q = dU + P dV$ を用いる.

2·5 $\Delta U = C_V(T_2-T_1)$. $\Delta H = C_V(T_2-T_1) + nR(T_2-T_1) = C_P(T_2-T_1)$. $-w = -\Delta U = C_V(T_1-T_2)$.

2·6 $-w = P\Delta V = P(V_g - V_1) \simeq PV_g = RT = 8.314 \times 373$ J mol^{-1} = 3.10 kJ mol^{-1}. $\Delta H = 2.257 \times 18.016$ kJ mol^{-1} = 40.66 kJ mol^{-1}, $\Delta U = \Delta H - P\Delta V = 37.56$ kJ mol^{-1}.

2·7 $A(T) \underset{w=0}{\overset{q=q_1}{\longrightarrow}} B(T)$ $A(T) \longrightarrow B(T)$ の変化をもたらす図の二つの経路で
$\underset{B(T')}{\searrow_{q=w=0}} \nearrow^{q=q_2}_{w=0}$ ΔU が等しいことから $q_1 = q_2$.

2·8 並進と回転のエネルギーだけ考えると，$C_{P,m}(O(g)) = (5/2)R = 20.79$ J K^{-1} mol^{-1}, $C_{P,m}(O_2(g)) = (7/2)R = 29.10$ J K^{-1} mol^{-1}, $C_{P,m}(O_3(g)) = 4R = 33.26$ J K^{-1} mol^{-1}. $O(g)$ では分子間のポテンシャルエネルギーが，$O_3(g)$ では振動のエネルギーが，熱容量に寄与するため，上の値は実験値より若干小さい.

2·9 $\Delta H_{298}^{\ominus} = -1367.55$ kJ mol^{-1}.

2·10 $\Delta H_{298}^{\ominus} = 1661.79$ kJ mol^{-1}.

2·11 $\Delta H^{\ominus} = [-106.38 \times 10^3 - 3.5(T/K) - 1.38 \times 10^{-3}(T/K)^2 - 8.92 \times 10^5 (T/K)^{-1}]$ J mol^{-1}, $\Delta H_{600}^{\ominus} = -110.46$ kJ mol^{-1}.

第 3 章

3·1 $q_1 = C_V(T_D - T_C)$, $q_2 = C_V(T_E - T_B)$, $T_E/T_D = T_B/T_C = (V_C/V_B)^{\gamma-1} = 1/r^{\gamma-1}$ を用いよ. $e = 1 - (1/r^{\gamma-1})$.

3·2 $e = (T_1 - T_2)/T_1 = 0.359$.

3·3 $e = w/(q_2 + w) = (T_1 - T_2)/T_1$, $w = q_2/[(1/e) - 1] = 4.28 \times 10^5$ J.

3·4 $T = \dfrac{T_A + T_B}{2}$, $\Delta S = \int_{T_A}^{T} \dfrac{C_P}{T} dT + \int_{T_B}^{T} \dfrac{C_P}{T} dT = 2 C_P \ln \dfrac{(T_A + T_B)/2}{(T_A T_B)^{1/2}}$, 相加平均＞相乗平均だから $\Delta S > 0$.

3·5 （1） $\Delta S = R\ln(P_1/P_2)$
（2） $\Delta S = 0$
（3） $\Delta S = C_V \ln(T_2/T_1)$
（4） $\Delta S = C_P \ln(T_2/T_1)$

3·6 $-w = \int_V^{2V} P_e dV = \int_V^{2V} \frac{P}{2} dV = \frac{PV}{2} = \frac{nRT}{2}$, $q = \Delta U - w = \frac{nRT}{2}$,
$\Delta S = nR\ln(2V/V) = nR\ln 2$.

3·7 $-w = nRT\ln\frac{V_2-nb}{V_1-nb} + an^2\left(\frac{1}{V_2} - \frac{1}{V_1}\right)$. $\Delta U_T = \int_{V_1}^{V_2}\left(\frac{\partial U}{\partial V}\right)_T dV$
$= -an^2\left(\frac{1}{V_2} - \frac{1}{V_1}\right)$, $q = \Delta U_T - w = nRT\ln\frac{V_2-nb}{V_1-nb}$. $\Delta S = nR\ln\frac{V_2-nb}{V_1-nb}$.

3·8

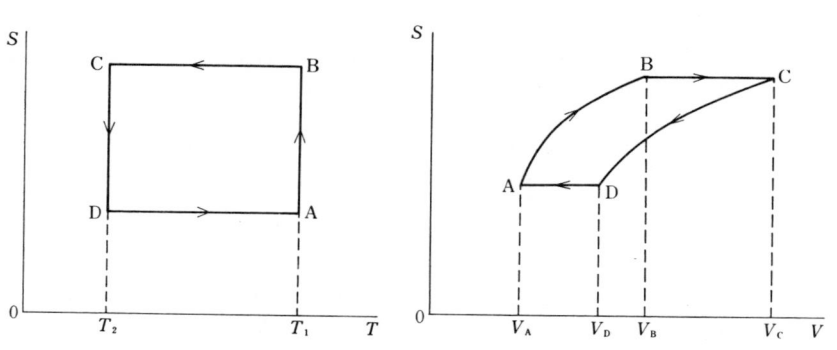

S-V 図で，曲線 AB : $S = S_A + nR\ln(V/V_A)$，曲線 CD : $S = S_C + nR\ln(V/V_C)$.

3·9 ABCDEFCGA の 1 サイクルにおいて，$q = -w = -(\text{面積 ABCGA})$ $+(\text{面積 CDEFC})$, $0 = \Delta S = \int(d'q/T) = q/T$ を用いよ．

3·10 $-10\,°\text{C}$ の水 $\longrightarrow 0\,°\text{C}$ の水 $\longrightarrow 0\,°\text{C}$ の氷 $\longrightarrow -10\,°\text{C}$ の氷 の過程の ΔH と ΔS を求める．$\Delta H = -5.61\,\text{kJ mol}^{-1}$，放出する熱量 $= 5.61\,\text{kJ}$．$\Delta S = -20.5\,\text{J K}^{-1}\,\text{mol}^{-1}$

3·11

図において，
$\Delta S = \Delta S_1 - \Delta S_2$
$= -R\ln\left(\frac{3}{4}\right)^3 \frac{1}{4} + R\ln\frac{1}{4}$
$= 3R\ln\frac{4}{3}$.

問 題 解 答　249

3.12　$\Delta S_{298}^{\ominus} = -232.52 \text{ J K}^{-1} \text{ mol}^{-1}$.　$\Delta C_P = [-96.2 + 137.5 \times 10^{-3}(T/\text{K})$
$+ 9.3 \times 10^5 (T/\text{K})^{-2} - 460.28 \times 10^{-7}(T/\text{K})^2] \text{ J K}^{-1} \text{ mol}^{-1}$.
$\Delta S_{600}^{\ominus} = \Delta S_{298}^{\ominus} + \int_{298}^{600} \frac{\Delta C_P}{T} dT = -260.62 \text{ J K}^{-1} \text{ mol}^{-1}$.

3.13　$C_{P,m} = aT^3$ として，$a = 55.47 \times 10^{-3} \text{ mJ K}^{-4} \text{ mol}^{-1}$.　$C_{P,m}(15 \text{ K}) = 187.2 \text{ mJ K}^{-1}$ mol^{-1}, $S = S_0 + \int_0^T \frac{C_P}{T} dT = \frac{a}{3} T^3$, $S(15 \text{ K}) = 62.4 \text{ mJ K}^{-1} \text{ mol}^{-1}$.

第 4 章

4.1　$\Delta U = \Delta H = 0$, $\Delta S = nR \ln 2$, $\Delta A = \Delta G = -nRT \ln 2$.

4.2　式 (4.10) より $\Delta A = w_{\text{rev}} = -\int_{V_1}^{V_2} P dV = -RT \ln \frac{V_2 - b}{V_1 - b} + a\left(\frac{1}{V_1} - \frac{1}{V_2}\right)$.
または式 (4.29) より $\Delta A = \int_{V_1}^{V_2} \left(\frac{\partial A}{\partial V}\right)_T dV = -\int_{V_1}^{V_2} P dV$ を用いてもよい．理想気体 ($a = b = 0$) では $\Delta A = -RT \ln(V_2/V_1)$. van der Waals 気体の ΔA における第2項は分子間力に逆って気体が膨張することに伴う A（または U）の増加．

4.3　$dH = TdS + VdP$ より $(\partial H/\partial P)_T = T(\partial S/\partial P)_T + V$, 式 (4.34) を用いて $(\partial H/\partial P)_T = -T(\partial V/\partial T)_P + V$. 次に式 (4.34) より $(\partial S/\partial P)_T = -(\partial V/\partial T)_P = -\alpha V$.
最後に式 (4.33) および p.118 注の式 (a) より，$\left(\frac{\partial S}{\partial V}\right)_T = \left(\frac{\partial P}{\partial T}\right)_V$
$= -\left(\frac{\partial P}{\partial V}\right)_T \left(\frac{\partial V}{\partial T}\right)_P = \frac{(1/V)(\partial V/\partial T)_P}{-(1/V)(\partial V/\partial P)_T} = \frac{\alpha}{\kappa}$.

4.4　$dU = (\partial U/\partial T)_V dT + (\partial U/\partial V)_T dV = C_V dT + (\partial U/\partial V)_T dV$.
$\left(\frac{\partial C_V}{\partial V}\right)_T = \left[\frac{\partial}{\partial V}\left(\frac{\partial U}{\partial T}\right)_V\right]_T = \left[\frac{\partial}{\partial T}\left(\frac{\partial U}{\partial V}\right)_T\right]_V$, $\left(\frac{\partial U}{\partial V}\right)_T$ が温度によらないときはこの式の右辺は 0. よって C_V は温度のみの関数．

4.5　式 (4.39) より $(\partial U/\partial V)_T = T(\partial P/\partial T)_V - P = 0$, この式に $P = f(T)/V$ を代入して $\int \frac{df(T)}{f(T)} = \int \frac{dT}{T}$, $\ln f(T) = \ln T + C$, $f(T) = C'T$, $PV = C'T$（理想気体）．

4.6　$\Delta S = 27.4 \text{ J K}^{-1}$, $\Delta A = \Delta G = -8.22 \text{ kJ}$.

4.7　$G = \sum_i n_i \mu_i = \sum_i n_i [\mu_i^{\ominus}(T) + RT \ln(x_i P/P^{\ominus})] = \sum_i n_i [\mu_i^{\ominus}(T) + RT \ln P$
$+ RT \ln(x_i/P^{\ominus})]$, $V = (\partial G/\partial P)_{T, n_i} = (\sum_i n_i)(RT/P)$, $PV = (\sum_i n_i) RT$.

4.8　（1）　$\Delta G^{\ominus} = -190.606 \text{ kJ mol}^{-1}$, $K_P = 2.47 \times 10^{33}$
　　　（2）　$\Delta G^{\ominus} = -257.25 \text{ kJ mol}^{-1}$, $K_P = 1.17 \times 10^{45} \text{ atm}^{-1/2}$
　　　（3）　$\Delta G^{\ominus} = -242.13 \text{ kJ mol}^{-1}$, $K_P = 2.63 \times 10^{42} \text{ atm}^{-2}$

4.9　解離度を α とすると，気体の全モル数は $1 + \alpha$, 見かけのモル質量は $M = (RT/P)\rho = 105 \text{ g mol}^{-1}$ ($\rho = w/V$). $208/(1+\alpha) = 105$ より $\alpha = 0.981$.
$K_P = p(\text{PCl}_3) p(\text{Cl}_2)/p(\text{PCl}_5) = [\alpha^2/(1-\alpha^2)] P = 25.6 \text{ atm}$.
$K_C = K_P/(RT) = 0.544 \text{ mol dm}^{-3}$. $P = 2 \text{ atm}$ のときは，$[\alpha^2/(1-\alpha^2)] \times 2 \text{ atm} = 25.6$

atm を解いて，$\alpha=0.963$.

4·10 （1） $K_P = p(\mathrm{Hg})p(\mathrm{O}_2)^{1/2} = [(2/3)P][(1/3)P]^{1/2} = 1.47\times 10^{-2}\,\mathrm{atm}^{3/2}$,
$\Delta G^{\ominus} = -RT\ln K_P^{\ominus} = 22.1\,\mathrm{kJ\,mol^{-1}}$.

（2） $p(\mathrm{O}_2) = [K_P/p(\mathrm{Hg})]^2 = (1.47\times 10^{-2}\,\mathrm{atm}^{3/2}/1\,\mathrm{atm})^2 = 2.16\times 10^{-4}\,\mathrm{atm} = 0.16\,\mathrm{Torr}$ （∵ 沸点における液体水銀の蒸気圧は 1 atm）.

4·11 $\Delta H^{\ominus}=100.01\,\mathrm{kJ\,mol^{-1}}$, $\Delta S^{\ominus}=138.7\,\mathrm{J\,K^{-1}\,mol^{-1}}$, $\Delta G^{\ominus}=\Delta H^{\ominus}-T\Delta S^{\ominus}=58.6\,\mathrm{kJ\,mol^{-1}}$. $K_P^{\ominus}=K_P=5.4\times 10^{-11}$. $\ln[K_P^{\ominus}(T)/K_P^{\ominus}(T_1)]=-(\Delta H^{\ominus}/R)(1/T-1/T_1)$ を用いて $T=720\,\mathrm{K}$.

4·12 $\Delta H^{\ominus}=-282.98\,\mathrm{kJ\,mol^{-1}}$, $\Delta S^{\ominus}=-86.82\,\mathrm{J\,K^{-1}\,mol^{-1}}$, $\Delta G^{\ominus}=-257.10\,\mathrm{kJ\,mol^{-1}}$, $K_P=1.10\times 10^{45}\,\mathrm{atm^{-1/2}}$. $\ln K_P=-10.4+3.40\times 10^4(T/\mathrm{K})^{-1}+9.6\times 10^{-2}\ln(T/\mathrm{K})+1.6\times 10^{-4}(T/\mathrm{K})-4.40\times 10^4(T/\mathrm{K})^{-2}$. 1000 K で $K_P=3.87\times 10^{10}\,\mathrm{atm^{-1/2}}$.

4·13 $(P+a/V_\mathrm{m}^2)(V_\mathrm{m}-b)=RT$ より $PV_\mathrm{m}/(RT)=1-a/(V_\mathrm{m}RT)+bP/(RP)+ab/(V_\mathrm{m}^2RT)$, 第2項で $V_\mathrm{m}\simeq RT/P$ とし第4項を省略すると, $PV_\mathrm{m}/(RT)=1+[b-a/(RT)][P/(RT)]$. この式と ［例題 4·13］の式より
$RT\ln\dfrac{f}{P}=\int_0^P\left(b-\dfrac{a}{RT}\right)\mathrm{d}P$, $\ln\dfrac{f}{P}=\left(b-\dfrac{a}{RT}\right)\dfrac{P}{RT}$, $f=0.995\,\mathrm{atm}$.

第 5 章

5·1 （1） $c=2$, $f=2$
（2） $c=2$, $f=1$
（3） $c=2$, $f=2$

5·2 （1）

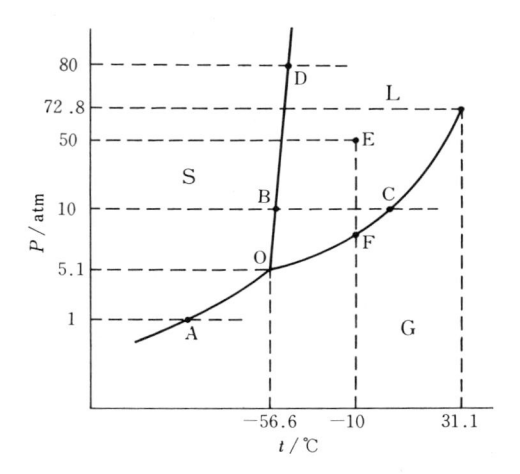

（2） 1 atm：A 点で昇華．10 atm：E 点で融解，C 点で蒸発．80 atm：D 点で昇華．

（3）

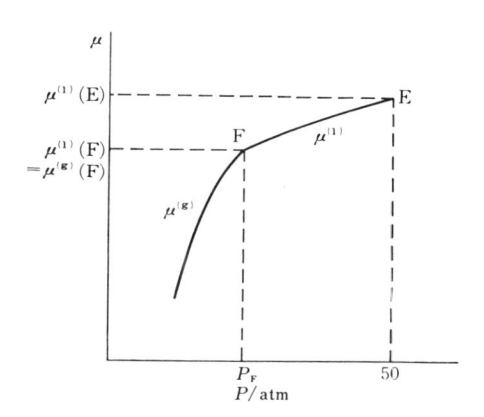

$(\partial\mu/\partial P)_T = (\partial G_m/\partial P)_T = V_m$ より，$\mu^{(1)} = \mu^{(1)}(E) + \int_{50}^{P} V_m^{(1)} dP \simeq \mu^{(1)}(E)$

$+ V_m^{(1)}(P-50)$, $\quad \mu^{(g)} = \mu^{(g)}(F) + \int_{P_F}^{P} \frac{RT}{P} dP = \mu^{(g)}(F) + RT \ln \frac{P}{P_F}$,

$\mu^{(g)}(F) = \mu^{(1)}(F)$ に注意．

5・3 (5・15) を用いる．$\Delta H_{vap} = 32.4$ kJ mol^{-1}．

5・4 三重点で $\Delta H_{sub} = \Delta H_{fus} + \Delta H_{vap} = 51.06$ kJ mol^{-1} を用いて，$-10\,°C$ の氷の蒸気圧 $= 1.95$ Torr．$10\,°C$ の水の蒸気圧 $= 9.24$ Torr．

5・5 $\Delta V = \Delta U = \Delta H = 0$, $\Delta S = 27.98$ J K^{-1}, $\Delta A = \Delta G = -8.341$ kJ．

5・6 クロロベンゼンを成分 1，ブロモベンゼンを成分 2 とする．

（1） $P = p_1^* + (p_2^* - p_1^*)x_2^{(1)}$ より $x_2^{(1)} = (P - p_1^*)/(p_2^* - p_1^*) = (1 - 1.136)/(0.596 - 1.136) = 0.252$, $x_1^{(1)} = 1 - 0.252 = 0.748$．

（2） $x_i^{(g)} = p_i/P = p_i^* x_i^{(1)}/P$ を用いる．$x_1^{(g)} = 0.850$, $x_2^{(g)} = 0.150$．

（3） $P = p_1^* x_1^{(1)} + p_2^* x_2^{(1)} = 0.5(1.136 + 0.596)$ atm $= 0.866$ atm, $\quad x_1^{(g)} = 0.656$, $x_2^{(g)} = 0.344$．

5・7 （1） $P = p_A^* x_A^{(1)} + K_B x_B^{(1)}$ を用いる．

（2） $x_A^{(g)} = \dfrac{p_A}{P} = \dfrac{p_A^* x_A^{(1)}}{p_A^* x_A^{(1)} + K_B(1 - x_A^{(1)})}$ より

$x_A^{(1)} = \dfrac{K_B x_A^{(g)}}{p_A^* + (K_B - p_A^*)x_A^{(g)}}$

$P = p_A^* x_A^{(1)} + K_B(1 - x_A^{(1)}) = K_B + (p_A^* - K_B)x_A^{(1)}$ に，$x_A^{(1)}$ の式を代入

5・8 $M_B = RT\rho_B/\Pi = 342$ g mol^{-1}, 分子量 342. $m_B = 0.180$ mol kg^{-1}. $\Delta T_b = K_b m_B = 0.092$ K, $\Delta T_f = K_f m_B = 0.33$ K.

5・9 式 (5・82) の代りに $\mu_A^{*(l)}(T,P) + RT \ln a_A^* = \mu_A^{*(s)}(T,P)$ を用いて p.178 の場合と同様な計算をする.

5・10 (5・84) より $RT_f^2/\Delta H_{fus} = K_f/M_A = 103.2$ K, $\ln a_A^* = [-\Delta H_{fus}/(RT_f^2)]\Delta T_f = -7.11$ K/103.2 K $= -0.0689$, $a_A^* = 0.933$, $f_A^* = a_A^*/x_A = 0.933/0.917 = 1.02$.

5・11 $d\mu_A = RT da_A^*/a_A^* = RT(x_A df_A^* + f_A^* dx_A)/(f_A^* x_A) = RT(df_A^*/f_A^* + dx_A/x_A)$, 同様に $d\mu_B = RT(df_B^*/f_B^* + dx_B/x_B)$. これらの式を $n_A d\mu_A + n_B d\mu_B = 0$ に代入して, $dx_A + dx_B = 0$ を用いると, $d \ln f_B = -(x_A/x_B) d \ln f_A^*$ が得られる. この式を $x_A = 1$ から x_A まで積分して第1式を得る. 第2式についても同様.

第 6 章

6・1 $\alpha = \Lambda/\Lambda^\infty = (\kappa/c)/[\Lambda_+(Na^+) + \Lambda_-(Cl^-)]$, 0.85, 0.98.

6・2 $\alpha = 0.08247$, $K = c\alpha^2/(1-\alpha) = 1.789 \times 10^{-5}$ mol dm^{-3}, $[H^+] = c\alpha = 1.991 \times 10^{-4}$ mol dm^{-3}, pH$=3.70$, $i = 1 + \alpha = 1.0825$.

6・3 (1) $K_a = [H^+][CN^-]/[HCN]$, $K_W = [H^+][OH^-]$ を用いる.
(2) $[HCN] = [OH^-] = ch$, $[CN^-] = c(1-h)$ を K_h の式に代入.
(3) $h \ll 1$ で (2) の式より $h \simeq \sqrt{K_h/c}$, $[OH^-] = ch \simeq \sqrt{K_h c} = (K_W c/K_a)^{1/2}$, $[H^+] = K_W/[OH^-] = (K_a K_W/c)^{1/2}$

6・4 $K_h = 1.4 \times 10^{-5}$ mol dm^{-3}, $h \simeq \sqrt{K_h/c} = 1.2 \times 10^{-2}$, $[OH^-] = ch = 1.2 \times 10^{-3}$ mol dm^{-3}, $[H^+] = K_W/[OH^-] = 8.3 \times 10^{-12}$ mol dm^{-3}, pH$=11.1$.

6・5 CH_3COONH_4 の場合, $K_a = [H^+][CH_3COO^-]/[CH_3COOH]$, $K_b = [NH_4^+][OH^-]/[NH_3]$, $K_W = [H^+][OH^-]$. また $NH_4^+ + CH_3COO^- \rightleftarrows CH_3COOH + NH_3$ において, $[NH_4^+] = [CH_3COO^-]$, $[CH_3COOH] = [NH_3]$. 以上の式を用いて $[H^+] = (K_a K_W/K_b)^{1/2}$. pH$=7.0$.

6・6 $K_1 = [H^+][HCO_3^-]/[H_2CO_3]$ ①
$K_2 = [H^+][CO_3^{2-}]/[HCO_3^-]$ ②
において $K_1 \gg K_2$ だから
$[HCO_3^-] \simeq [H^+]$, $[H_2CO_3] \simeq c - [HCO_3^-] \simeq c - [H^+]$ ③
①, ③ より $K_1 = [H^+]^2/(c - [H^+])$, $[H^+] = [HCO_3^-] = -K_1/2 + \sqrt{(K_1^2/4) + K_1 c}$.
また ②, ③ より $[CO_3^{2-}] = K_2$

6・7 (1) $[H^+] = K_a[CH_3COOH]/[CH_3COO^-] \simeq K_a c_a/c_s$.
(2) $[H^+] = 1.77 \times 10^{-5}$ mol dm^{-3}. pH$=4.75$. HCl を加えたとき, $[H^+] = 1.77 \times 10^{-5}(0.1 + 0.01)/(0.1 - 0.01)$ mol dm^{-3}, pH$=4.66$. NaOH を加え

問 題 解 答   253

たとき，
 $[H^+]=1.77\times 10^{-5}(0.1-0.01)/(0.1+0.01)$ mol dm^{-3}，pH$=4.84$．

6·8 純水中の 溶解度$=[Ag^+]=[Cl^-]=K_{sp}^{1/2}=1.3\times 10^{-5}$ mol dm^{-3}．HCl 水溶液中の溶解度を x mol dm^{-3} とすると，
 $K_{sp}\simeq x(x+0.02)$, $x=9.0\times 10^{-9}$ mol dm^{-3}．

6·9 （1） Al|Al^{3+}‖Cu^{2+}|Cu, $E^\ominus=1.999$ V, $\Delta G^\ominus=-1157$ kJ mol^{-1}, $K_a=5\times 10^{202}$
（2） Li|Li$^+$‖F$^-$|F$_2$(g), Pt, $E^\ominus=5.92$ V, $\Delta G^\ominus=-1140$ kJ mol^{-1}, $K_a=1\times 10^{200}$
（3） Pt, H$_2$|HCl(aq)|Hg$_2$Cl$_2$|Hg, $E^\ominus=0.2681$ V, $\Delta G^\ominus=-51.74$ kJ mol^{-1}, $K_a=1.16\times 10^9$．
（4） Pt|Fe^{2+}, Fe^{3+}‖Hg$_2^{2+}$|Hg, $E^\ominus=0.018$ V, $\Delta G^\ominus=-3.5$ kJ mol^{-1}, $K_a=4.1$．

6·10 （1） 左 の 極　　　 $2\text{ Ag}=2\text{ Ag}^++2\text{ e}^-$
　　　 右 の 極　　　 Hg$_2$Cl$_2$(s)$+2\text{ e}^-=2$ Hg$+2$ Cl$^-$
　　　 電池反応　　　 2 Ag$+$Hg$_2$Cl$_2$(s)$=2$ AgCl$+2$ Hg
（2） $\Delta G^\ominus=-zFE^\ominus=-8.82$ kJ mol^{-1}．
（3） $\Delta S^\ominus=zF(\partial E^\ominus/\partial T)_P=65.8$ J K^{-1} mol^{-1}, $\Delta H^\ominus=\Delta G^\ominus+T\Delta S^\ominus=10.80$ kJ mol^{-1}．
（4） $\Delta H^\ominus=10.8$ kJ mol^{-1}, $\Delta S^\ominus=65.8$ J K^{-1} mol^{-1},
　　　 $\Delta G^\ominus=\Delta H^\ominus-T\Delta S^\ominus=-8.8$ kJ mol^{-1}．

6·11 Cu$+$Cl$_2$(P)$=$Cu$^{2+}(a_1)+2$ Cl$^-(a_2)$,
 $E=E^\ominus-\dfrac{RT}{2F}\ln\dfrac{a_1 a_2^2}{P/P^\ominus}$, $E^\ominus=1.021$ V, $E=1.101$ V．

6·12 $[(-0.79)\times 2+(-0.42)]/3$ V $=-0.67$ V．

6·13 Ag|Ag$^+$‖Br$^-$|AgBr(s)|Ag, $K_{sp}=4.9\times 10^{-13}$ mol^2 dm^{-6}．

6·14 $E=E^\ominus-(RT/F)\ln[a(H^+)a(Cl^-)]$, $a(H^+)a(Cl^-)=\gamma_\pm^2(m/m^\ominus)^2$ より $\ln\gamma_\pm=(F/2RT)(E^\ominus-E)-\ln(m/m^\ominus)$，この式に $E^\ominus=0.2224$ V, $E=0.3858$ V, $m/m^\ominus=0.05$ を入れて $\gamma_\pm=0.832$．

6·15 $E=-\dfrac{RT}{2F}\ln\dfrac{a_1^2(H^+)P_2}{a_2^2(H^+)P_1}$．$P_1=P_2=1$ atm，活量係数が 1 のとき，
 $E=-\dfrac{RT}{F}\ln\dfrac{[H^+]_1}{[H^+]_2}=-\dfrac{RT}{F}\ln\dfrac{K_W}{[H^+]_2[OH^-]_1}$, $K_W=1.3\times 10^{-14}$ mol^2 dm^{-6}．

索引

ア

圧縮因子	10
圧縮率	11
圧平衡定数	131
Avogadro の法則	9
アマルガム電極	216
アマルガム濃淡電池	226

イ

イオン移動度	198, 199
イオン強度	208
イオン積	204
イオン独立移動の法則	197
イオン雰囲気	207
逸散能	145

ウ

Weston 電池	211

エ

永久機関	34
液化	20
液間電位差	212
SI 単位系	9
エネルギー等分配則	17
エネルギー保存則	33
塩橋	212
エンタルピー	39
エントロピー	88, 89〜102

オ

オキソニウムイオン	200
Otto サイクル	106
温度	5〜9
——計	6

カ

外界	1
解離定数	202, 203
化学動力学	3
化学反応論	3
化学平衡	128
——の法則	128
化学ポテンシャル	119, 120〜128
化学量論係数	51
可逆過程	71
可逆電池	211
可逆熱機関	76, 80
活量	183〜191
——係数	184
ガラス電極	228
過冷	48
Carnot サイクル	63〜66
カロメル電極	213
還元電位	219
換算変数	24
完全微分	29, 236

キ

機械変数	115
希釈率	202
基準電極	214
気体定数	9
気体電極	213
気体濃淡電池	226
気体の混合	96
気体分子運動論	13〜19
Gibbs（の自由）エネルギー	109, 113
Gibbs-Duhem の式	124
Gibbs-Helmholtz の式	117
希薄溶液	171〜174
吸熱反応	51
凝固点降下	178
共晶	156
強電解質	194
——溶液	205
共沸混合物	154
共融混合物	156
共融点	156
極限モル伝導率	197
巨視的現象	1
Kirchhoff の式	57
金属電極	219
金属-難溶性塩電極	213

索　引

ク

Clausius の原理	68
Clausius の式	87
Clapeyron–Clausius の式	158

ケ

系	1
経験的温度	8
結合エネルギー	62
原系	51

コ

効率	64
黒鉛	50
国際単位系	9
孤立系	1, 91
混合のエントロピー	98
コンダクタンス	196
根平均二乗速度	18

サ

サイクル	27, 68
作業物質	63
酸化還元電極	213
酸化電位	219
三重点	48

シ

示強性状態量	4
仕事	7
自然な変数	115
実在気体	19〜20
弱塩基	203
弱酸	203

弱電解質	194
——— 溶液	201〜205
斜方硫黄	49
自由エネルギー	109
自由度	150
自由膨張	42
重量モル濃度	188
Joule の実験	93
Joule の法則	42
循環過程	68
準静的過程	36, 73
昇華	49
蒸気圧降下	176
状態図	48, 152
状態変数	5
状態方程式	5
状態量	4, 25〜29, 236〜239
蒸発熱	49
正味の仕事	112, 215
示量性状態量	4
浸透	180
——— 圧	180〜183
侵入型合金	156

ス

水蒸気蒸留	155
水素イオン指数	205
水素電極	213
水和	193

セ

生成系	51
生成熱	54
絶対温度	9, 17, 83
セルシウス温度	7, 9

全圧	12
線積分	26
全微分	236

ソ

相	5
——— 変化	95
相律	150, 151
束縛エネルギー	111
束一的性質	183, 194
速度分布関数	18

タ

ダイヤモンド	50
第一種永久機関	34
第二種永久機関	69
第三法則エントロピー	104
対償法	211
体膨張率	11, 118
Daniell 電池	209, 244
Dalton の法則	12
単斜硫黄	49
断熱圧縮	60
断熱過程	59
断熱系	91
断熱材	59
断熱変化	59
断熱膨張	60

チ

置換型合金	157

テ

定圧熱容量	40
定圧反応熱	51

索引

定圧変化	38
定圧平衡式	139
定温変化	110
抵抗率	196
定積熱容量	40
定積反応熱	51
定積変化	38
てこの関係	153
Debye-Hückel の式	207, 225
電位差	215, 240
── 計	210
転移点	49
転移熱	49
電解質	193
── 濃淡電池	226
電気化学ポテンシャル	216, 241
電気的仕事	240
電気伝導	195
電極電位	219
伝導率	196
電池	208
── 図	209
── の起電力	210, 214～218, 244
── の電位差	209
── 反応	209
電離	193
── 定数	202
── 平衡	201

等温圧縮率	118
等温線	21
統計力学	4

逃散能	145
独立成分	152
閉じた系	1
Thomson の原理	68, 90
Trouton の通則	159

ナ

内部エネルギー	32

ネ

熱	30, 31
── の仕事当量	33
── 変数	115
── 容量	40, 41～48
熱化学方程式	52
熱機関	63
── の効率	76～80
熱平衡	6
── 状態	1
熱力学第零法則	6
熱力学第一法則	31
熱力学第二法則	67
熱力学第三法則	103
熱力学的温度	82, 83
熱力学的状態	3
Nernst の式	217, 243
Nernst の熱定理	102
燃焼熱	53

ノ

濃淡電池	226
濃度平衡定数	128

ハ

白金黒	213
発熱反応	52

Harned 電池	224
半電池	212, 243
半透膜	180
反応系	51
反応進行度	129
反応熱	51～59

ヒ

微視的現象	1, 99
非静的過程	75
Hittorf の方法	198
比熱	40
非平衡状態	3
比誘電率	193
標準圧平衡定数	131
標準エントロピー	104, 105
標準化学ポテンシャル	124, 172, 188, 189
標準 Gibbs エネルギー変化	130
標準起電力	217
標準状態	52
標準水素電極	218
標準生成エンタルピー	54～56
標準生成エントロピー	223
標準生成 Gibbs エネルギー	134, 135～138
──（無機化合物）	135
──（有機化合物）	136
標準生成熱	54
標準電極電位	218～222
標準電池	210
標準反応熱	56

標準沸点 159	平衡条件 113	モル凝固点降下定数 179
標準モル濃度 188	平衡状態 1	モル伝導率 196
開いた系 1, 119〜121	平衡定数 **128**, 131, 141,	モル濃度 189
ビリアル方程式 24	190, 191, 223	モル沸点上昇定数 179
	——（温度変化）	モル分率 21
フ	138〜141	
Faraday 定数 199	並進運動 44	**ユ**
van der Waals 定数 20, 23	Hess の法則 53	融解熱 49
van der Waals の状態	pH 227	誘電率 193
方程式 20	——計 229	輸率 198
van der Waals 力 205	Bernoulli の式 16	
van't Hoff 係数 194	Helmholtz（の自由）	**ヨ**
van't Hoff の法則 182	エネルギー 109, 112	溶解度積 224
不可逆過程 71	偏導関数 232	溶 質 171
——の熱力学 3	偏微分 233	溶 媒 171
不可逆熱機関 76, 80	Henry の法則 175, 185	
沸 点 49		**ラ**
——上昇 177	**ホ**	Raoult の法則 165, 185
——図 153	Poisson の式 60	Rast 法 179
部分モルエントロピー 171	Boyle の法則 8	乱雑さ 99
部分モル Gibbs	ポテンシャルエネルギー	
エネルギー 168	45	**リ**
部分モル体積 168	Boltzmann 定数 17	理想気体 8〜13, 92, 124
部分モル内部エネルギー		——温度計 8
171	**マ**	理想希薄溶液 173
部分モル量 168〜171	Maxwell の関係式 116	理想混合気体 12, 126, 161
分 圧 12	摩 擦 73	理想溶液 161〜164
分子振動 44		臨界圧力 21
分子の回転 44	**ム**	臨界温度 20, 21
分 留 154	無秩序性 99	臨界共溶温度 155
		臨界体積 22
ヘ	**メ**	臨界定数 23
平均化学ポテンシャル 206	Mayer の関係式 46	臨界点 21
平均活量 206		
——係数 206, 225	**モ**	**ル**
平均速度 18	モルイオン伝導率 198	Le Chatelier の原理 139

著者略歴
　原 田 義 也
1934年　山口県に生まれる
1957年　東京大学理学部化学科卒業
1961年　　〃　　物性研究所助手
1969年　　〃　　教養学部助教授
1983年　　〃　　教養学部教授
1994年　東京大学名誉教授
1994年　千葉大学教授
1999年　聖徳大学教授
2012年　聖徳大学名誉教授　現在に至る

化 学 熱 力 学（修訂版）

1984年11月25日　第1版　　　発行
2002年 4月10日　修訂第15版発行
2014年 1月15日　修訂第23版1刷発行

検印省略

定価はカバーに表示してあります。

増刷表示について
2009年4月より「増刷」表示を「版」から「刷」に変更いたしました。詳しい表示基準は弊社ホームページ
http://www.shokabo.co.jp/
をご覧ください。

著作者　　原 田 義 也
　　　　　　（はら　だ　よし　や）

発行者　　吉 野 和 浩

発行所　　東京都千代田区四番町8−1
　　　　　電話 東 京 3262−9166(代)
　　　　　　　　郵便番号 102-0081
　　　　　株式会社　裳　華　房

印刷所　　株式会社　真　興　社

製本所　　牧製本印刷株式会社

社団法人
自然科学書協会会員

JCOPY　〈(社)出版者著作権管理機構 委託出版物〉
本書の無断複写は著作権法上での例外を除き禁じられています。複写される場合は、そのつど事前に、(社)出版者著作権管理機構（電話03-3513-6969，FAX 03-3513-6979，e-mail: info@jcopy.or.jp）の許諾を得てください。

ISBN 978-4-7853-3065-1

© 原田義也，2002　　Printed in Japan

化学の指針シリーズ

化学環境学	御園生　誠 著	本体 2500 円＋税
生物有機化学 －ケミカルバイオロジーへの展開－	宍戸・大槻 共著	本体 2300 円＋税
有機反応機構	加納・西郷 共著	本体 2600 円＋税
有機工業化学	井上祥平 著	本体 2500 円＋税
分子構造解析	山口健太郎 著	本体 2200 円＋税
錯体化学	佐々木・柘植 共著	本体 2700 円＋税
量子化学 －分子軌道法の理解のために－	中嶋隆人 著	本体 2500 円＋税
超分子の化学	菅原・木村 共編	本体 2400 円＋税
化学プロセス工学	小野木・田川・小林・二井 共著	本体 2400 円＋税

Catch Up　大学の化学講義 －高校化学とのかけはし－	杉森・富田 共著	本体 1800 円＋税
理工系のための　化学入門	井上正之 著	本体 2300 円＋税
一般化学（三訂版）	長島・富田 共著	本体 2300 円＋税
化学の基本概念 －理系基礎化学－	齋藤太郎 著	本体 2200 円＋税
化学はこんなに役に立つ －やさしい化学入門－	山崎　昶 著	本体 2200 円＋税
基礎無機化学（改訂版）	一國雅巳 著	本体 2300 円＋税
無機化学 －基礎から学ぶ元素の世界－	長尾・大山 共著	本体 2800 円＋税
演習でクリア　フレッシュマン有機化学	小林啓二 著	本体 2800 円＋税
基礎化学選書2　分析化学（改訂版）	長島・富田 共著	本体 3500 円＋税
基礎化学選書7　機器分析（三訂版）	田中・飯田 共著	本体 3300 円＋税
量子化学（上巻）	原田義也 著	本体 5000 円＋税
量子化学（下巻）	原田義也 著	本体 5200 円＋税
ステップアップ　大学の総合化学	齋藤勝裕 著	本体 2200 円＋税
ステップアップ　大学の物理化学	齋藤・林 共著	本体 2400 円＋税
ステップアップ　大学の分析化学	齋藤・藤原 共著	本体 2400 円＋税
ステップアップ　大学の無機化学	齋藤・長尾 共著	本体 2400 円＋税
ステップアップ　大学の有機化学	齋藤勝裕 著	本体 2400 円＋税

裳華房ホームページ　http://www.shokabo.co.jp/　　2014 年 1 月現在

圧力の換算

単 位	Pa	atm	Torr
1 Pa ($=1$ N m^{-2})	1	$9.869\ 23 \times 10^{-6}$	$7.500\ 62 \times 10^{-3}$
1 atm	$1.013\ 25 \times 10^{5}$	1	760
1 Torr	$1.333\ 22 \times 10^{2}$	$1.315\ 79 \times 10^{-3}$	1

1 Pa $= 1$ N m$^{-2} = 10^{-5}$ bar 1 atm $= 1.013\ 25$ bar

エネルギーの換算

単 位	J	cal	dm^3 atm
1 J	1	$2.390\ 06 \times 10^{-1}$	$9.869\ 23 \times 10^{-3}$
1 cal	4.184	1	$4.129\ 29 \times 10^{-2}$
1 dm^3 atm	$1.013\ 25 \times 10^{2}$	$2.421\ 73 \times 10^{1}$	1

単 位	J	eV	kJ mol^{-1}	cm^{-1}
1 J	1	$6.241\ 51 \times 10^{18}$	$6.022\ 14 \times 10^{20}$	$5.034\ 12 \times 10^{22}$
1 eV	$1.602\ 18 \times 10^{-19}$	1	$9.648\ 53 \times 10^{1}$	$8.065\ 54 \times 10^{3}$
1 kJ mol^{-1}	$1.660\ 54 \times 10^{-21}$	$1.036\ 43 \times 10^{-2}$	1	$8.359\ 35 \times 10^{1}$
1 cm^{-1}	$1.986\ 45 \times 10^{-23}$	$1.239\ 84 \times 10^{-4}$	$1.196\ 27 \times 10^{-2}$	1